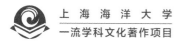

上海海洋大学
一流学科文化著作项目

上海海洋大学水产学科史（养殖篇）

张宗恩　谭洪新　主编

THE DISCIPLINARY HISTORY OF FISHERIES OF
SHANGHAI OCEAN UNIVERSITY（AQUACULTURE）

上海三联书店

编审委员会成员

主　　编　吴嘉敏　程裕东

副 主 编　闵　辉　郑卫东

编委成员　黄旭雄　江卫平　陈　慧　施永忠　张登沥

　　　　　张雅林　程彦楠　俞　渊　韩振芳　周　辉

　　　　　钟俊生　宁　波　屈琳琳　叶　鸣　张亚琼

总　序

　　浩瀚深邃的海洋，孕育了她海纳百川、勤朴忠实的品格；变化万千的风浪，塑造了她勇立潮头、搏浪天涯的情怀。作为多科性应用研究型高校，上海海洋大学前身是张謇、黄炎培1912年创建于上海吴淞的江苏省立水产学校，1952年升格为中国第一所本科水产高校——上海水产学院，1985年更名为上海水产大学，2008年更为现名。2017年9月，学校入选国家一流学科建设高校。在全国第四轮学科评估中，水产学科获A+评级。作为国内第一所水产本科院校，学校拥有一大批蜚声海内外的教授，培养出一大批国家建设和发展的杰出人才，在海洋、水产、食品等不同领域做出了卓越贡献。

　　百余年来，学校始终接续"渔界所至、海权所在"的创校使命，不忘初心，牢记使命，坚持立德树人，始终践行"勤朴忠实"的校训精神，始终坚持"把论文写在世界的大洋大海和祖国的江河湖泊上"的办学传统，围绕"水域生物资源可持续开发与利用和地球环境与生态保护"学科建设主线，积极践行服务国家战略和地方发展的双重使命，不断落实深化格局转型和质量提高的双重任务，不断增强高度诠释"生物资源、地球环境、人类社会"的能力，努力把学校建设成为世界一流特色大学，水产、海洋、食品三大主干学科整体进入世界一流，并形成一流师资队伍、一流科教平台、一流科技成果、一流教学体系，谱写中国梦海大梦新的篇章！

文化是国家和民族的灵魂，是推动社会发展进步的精神动力。党的十九大报告指出，文化兴国运兴，文化强民族强。没有高度的文化自信，没有文化的繁荣兴盛，就没有中华民族伟大复兴。习近平总书记在全国宣传思想工作会议上强调，做好新形势下的宣传思想工作，必须自觉承担起举旗帜、聚民心、育人、兴文化、展形象的使命任务。国务院印发的"双一流"建设方案明确提出要加强大学文化建设，增强文化自觉和制度自信，形成推动社会进步、引领文明进程、各具特色的一流大学精神和大学文化。无论是党的十九大报告、全国宣传思想工作会议，还是国家"双一流"建设方案，都对各高校如何有效传承与创新优秀文化提出了新要求、作了新部署。

大学文化是社会主义先进文化的重要组成部分。加强高校文化传承与创新建设，是推动大学内涵发展、提升文化软实力的必然要求。高校肩负着以丰富的人文知识教育学生、以优秀的传统文化熏陶学生、以崭新的现代文化理念塑造学生、以先进的文化思想引领学生的重要职责。加强大学文化建设，可以进一步明确办学理念、发展目标、办学层次和服务社会等深层次问题，内聚人心外塑形象，在不同层次、不同领域办出特色、争创一流，提升学校核心竞争力、社会知名度和国际影响力。

学校以水产学科成功入选国家"一流学科"建设高校为契机，将一流学科建设为引领的大学文化建设作为海大新百年思想政治工作以及凝聚人心提振精神的重要抓手，努力构建与世界一流特色大学相适应的文化传承与创新体系。以"凝聚海洋力量，塑造海洋形象"为宗旨，以繁荣校园文化、培育大学精神、建设和谐校园为主线，重点梳理一流学科发展历程，整理各历史阶段学科建设、文化建设等方面的优秀事例、文献史料，撰写学科史、专业史、课程史、人物史志、优秀校友成果展等，将出版《上海海洋大学水产学科史（养殖篇）》《上海海洋大学档案里的捕捞学》《水族科学与技术专业史》《中国鱿钓渔业发展史》《沧海钩沉：中国古代海洋文化研究》《盐与海洋文化》、等专著近20部，切实增强学科文化自信，讲好一流学科精彩故事，传播一流学科好声音，为学校改革发展和"双一流"建设提供强有力的思想保证、精神动力和舆论支持。

进入新时代踏上新征程，新征程呼唤新作为。面向新时代高水平特色大学建设目标要求，今后学校将继续深入学习贯彻落实习近平新时代中国特色社会主义思想和党的十九大精神，全面贯彻全国教育大会精神，坚持社会主义办学方向，坚持立德树人，主动对接国家"加快建设海洋强国""建设生态文明""实施粮食安全""实施乡村振兴"等战略需求，按照"一条主线、五大工程、六项措施"的工作思路，稳步推进世界一流学科建设，加快实现内涵发展，全面开启学校建设世界一流特色大学的新征程，在推动具有中国特色的高等教育事业发展特别是地方高水平特色大学建设方面作出应有的贡献！

上海海洋大学党委书记　**吴嘉敏**

目　录

第七章 科技服务 / 233

结语 / 239

主要参考文献 / 240

附录 / 241

前　言

　　1912 年，江苏省立水产学校成立。1921 年开设养殖科，从此几代人共同努力，开展了水产养殖学科建设之路。随着学校从江苏省立水产学校发展成 1952 年的上海水产学院，进一步发展为 1985 年的上海水产大学再至 2008 年更名为上海海洋大学，养殖科也从最早的单一学科发展成为包括鱼类增养殖、水生生物、水产动物医学、种质资源与遗传育种、营养饲料与生理、海洋环境与生态和海洋生物等诸多分支学科的复杂学科。

　　从 1921 年迄今，一批又一批水产人投身到水产养殖学科的研究和教学工作中来。老一辈水产人为我国水产事业的发展做出艰苦卓绝的贡献，如鱼类学的朱元鼎、王以康、骆启荣，水生生物学和遗传学的陈子英，水生生物学的肖树旭，生物学的陆桂、张菡初、王义强，贝类学的郑刚，植物学的华汝成，微生物学的宋德芳等为我国水产养殖学科的课程开发、专业建设以及支撑学科的丰富与发展奉献了一生，成为推动我国水产养殖发展的领航人。

　　自始至终，水产养殖学科建设者们秉承"勤朴忠实"校训，上下求索江河湖海，足迹遍及大江南北。在鱼虾贝藻等诸多品种中开展了许多具有划时代意义的研究工作，如海带南移舟山研究，小球藻大面积培养试验，天然水域鱼类增养殖学研究，河鳗人工繁殖，贻贝育苗和养殖，紫菜养殖、紫菜自由丝状体采苗，人工合成多肽激素及其在家鱼催产中的作用,鱼类促性腺激素放射免疫测定法,池塘养鱼高产、稳产理论体系,池塘养鱼高产大面积综合试验,水产动物种质资源研究与挖掘等,获得了一批国家科技进步奖及各类省部级科研奖项。

进入21世纪以后,科学研究与科技服务全面结果,台湾养蟹,西藏养鱼,河蟹、虾类及珍珠等各类产业体系的建设提升了我国水产养殖学科的科技应用水平,保水渔业和稻渔共生技术的开发与研究是产业转型与生态实践的优秀成果,是习近平总书记"两山理论"在水产养殖学科建设上的实践应用。

本书共分七章,从历史沿革,水产养殖学科的建设与发展,人才培养(本科、研究生教育),科学研究,水产养殖学科研究队伍,科教平台以及科技服务这七个方面,对上海海洋大学水产养殖学科的发生、发展进行了全面阐述。

2017年9月21日,上海海洋大学被批准为"双一流"学科建设高校。这是学校水产养殖学科的又一里程碑,是荣誉,更是责任,但我们有信心做好水产产业转型的科学研究工作、人才培养工作和科技推广工作,进一步推动我国水产养殖学科的可持续发展。

2018 年 8 月 13 日

第一章 历史沿革

　　水产养殖学是研究在自然水域和人工水域中水产经济动植物增养殖原理和技术、增养殖水域生态环境的应用科学,是渔业科学分支之一。水产养殖学学科是上海海洋大学主干学科之一,经近一个世纪的办学历程,积累了丰富的办学经验。水产养殖学科是水产一级学科下设重要的二级学科之一,是水生生物学、鱼类学、组织胚胎学、鱼类生理学、鱼类增养殖学、藻类栽培学、水产动物疾病学、水产动物营养与饲料学等多个三级学科组合而成的综合学科。随着这些三级学科的发展,其研究内容不断增加,逐渐形成不同专业,发展出具有各自特色的课程群,为水产养殖学科的进一步发展起到有效支撑作用。水产养殖学科自1921年在全国率先发端至今,为国家培养和输送了大批水产养殖及相关专业人才。与此同时,除承担繁重的教学任务外,还开展了大量科学研究工作,多次获得国家级及省部级科技进步奖等奖项。

　　水产养殖学科于1983年12月被国务院学位委员会授予硕士学位招生权,1998年被国务院学位委员会授予博士学位授予权。1993年水产养殖学科被农业部评为部重点学科,1996年被评为上海市第三期重点学科,1999年经农业部批准再次评为部重点学科,2001年被评为上海市第四期重点学科,2002年1月被评为教育部重点学科,2002年2月被评为国家级重点学科,2007年再次被评为国家级重点学科,2008年获得水产养殖上海高校创新团队,2009年又获得水产动物营养与饲料上海高校创新团队,2014年水产学科入选上海市高峰学科建设序列,2017 年水产学科入围国家世界一流学科建设行列,并在教育部第四轮学科评估中获得 A＋评级。目前,拥有 3 个一级学科博士点(水产、生物学、海洋科学),1 个博士后流动站(水产),6 个本科专业(方向)(水产养殖学、水族科学与技术、水生动物医学、生物科学、生物技术、生物科学海洋生物学方向)。

民国元年(1912 年)江苏省立水产学校创办。1921 年设立全国第一个养殖科,开始了水产养殖学科的建设与发展,先后经历水产学科的发生、发展、再起步以及创新与提升等四个阶段,现综述如下。

第一节　水产养殖学科的初创(1921—1951 年)

水产养殖学科的前身是 1921 年设立的养殖科。当年,由留学日本回国的陈椿寿筹创并担任首任科主任。当时的教学计划、教学内容大多沿用日本模式。开设淡水养殖学、咸水养殖学、饵料学、鱼病学、组织学、细菌学、水产生物学等课程,并适时组织学生到养殖场或长江、湘江采集鱼苗等生产实践活动。1925 年第一届毕业生毕业。1922 年停招。1933 年复招一届后又停招。由于连年战事,招生时断时续。其间,1939 年在四川合川国立第二中学成立水产部,设普通科,兼学养殖和制造,学制为三年;1943 年该水产部独立为国立四川省立水产职业学校,设养殖科。1950 年秋上海市立吴淞水产专科学校增设养殖科正式招收高中毕业生,学制为三年;1951 年 4 月,吴淞水产专科学校改名为上海水产专科学校,续招高中毕业生三年制养殖科。至此,养殖科学生招生、课程和师资队伍已基本稳定,这一阶段是水产养殖学科的初创期。

第二节　水产养殖学科的发展：开启教学与
　　　　实践结合传统(1952—1979 年)

1952 年学校改制成立上海水产学院,本科,学制四年。改制后,水产养殖学科为了从初创期的专科向大学本科提升,面临重新组建学科、开展科研工作等诸多问题。1955 年起,在教学上主要学习苏联模式,在科研上效仿苏联科研理念。与此同时,很多骨干教师一边积极搞好教育工作,一边积极投身生产实践,进行科学调查与研究,还与中国科学院实验生物研究所所长朱洗等合作,使学校教师的科研理念、科研水平有一定提高和促进,并相应提升了学科发展水平。谭玉钧、雷慧僧等积极投入家鱼人工繁殖试验。陆桂、赵长春等天然水域鱼类增养殖教研室的教师,从 1958 年开始多年从事浙江省钱塘江渔业资源和鱼类生物学调查。陆桂、孟庆闻等开展上海淀山湖渔业生物学调查。王素娟等带领藻类教研组,深入舟山渔区进行藻类学和藻类栽培的现场教学和调查。郑刚、李松荣、张媛溶等也到现场进行贝类学教学,并对褶纹冠蚌进行育珠实验,首次获得淡水珍珠,并在苏州地区推广应用。当时,鱼病学是学校比较薄弱的一门课程,1954 年聘请中国科学院水生生物研究所的倪达书、陈启鎏、尹文英、王德铭等首次开设鱼病学课程,本校黄琪琰担任助教。在外聘专家指导下,黄琪琰、唐士良等边教学边进行科学研究和调查,逐渐自主开设鱼病学课程。在朱元鼎、王以康指导下,骆启荣、孟庆闻、苏锦祥、伍汉霖、金鑫波等在鱼类学研究上取得很多享誉中外的成果。水生生物学有关人员在肖树旭、王嘉宇、梁象秋、严生良、杨亦智等带领下参加太湖、淀山湖、新安江水库及长江等水域进行渔业及水生生物的调查和科研。这一时期所开展的相关科学研究对水产养殖学学科起到极其重要的作用。不但提高了教学质量,也提升了学术水平。1966 年起一段时间,受“文化大革命”干扰,教学和科学研究均处于停滞状态。

　　1972 年学校搬迁到福建厦门更名为厦门水产学院。其间,尽管仍受“文化大革命”影响,但水产养殖学科的许多教师排除干扰开展多项科学研究,如王义强、赵长春等开展的河鳗人工繁殖的研究,在国际上取得突破性进展。又如,“四大家鱼”应用释放素的催产研究、鱼类性激素放射免疫测定技术、池塘水质变化规律和调控技术、澄湖和太湖生态渔业研究、钱塘江鱼类资源调查、网拦设计与应用、电栅栏鱼试验、鱼类营养及配合饲料研究、鱼病防治研究、草浆养鱼、紫菜的栽培与病害防治、虾类育苗与养殖、精养池塘水质调控原理与技术研究等都取得不菲成果,对学科发展和水平提升起到积极作用。

第三节 水产养殖学科的再发展(1980—1999 年)

1977 年,全国恢复高考,开始招四年制本科生。经国务院批准,学校于 1979 年起陆续由厦门迁回上海,重新恢复上海水产学院。20 世纪 80 年代中期利用世界银行农业教育贷款,增添许多进口的科研仪器和设备,同时学院还派遣一批原本就是教学和科学研究的骨干教师去国外学习或进修。20 世纪 80 年代中后期,赴国外进修和深造的教师陆续回国,从而使水产养殖学科的相关研究水平得到提升。水产养殖学学科继 1983 年获硕士学位授予权后,于 1998 年又获得博士学位授予权,2003 年国家人事部批准学校设立水产一级学科博士后科研流动站。至此水产养殖学学科已成为学校第一个拥有本科生、硕士生、博士生和博士后流动站的学科体系。

其间,开展了大量科学研究活动:谭玉钧主持的精养池塘水质调控原理和技术研究;姜仁良、黄世蕉、赵维信的鱼类脑垂体中促性腺激素的释放规律和数量等的研究;王武、成永旭等的河蟹育苗、稻田养蟹的推广应用研究;朱学宝、施正峰主持的与日本京都大学等开展的中国淡水养殖池塘生态学研究;陆桂指导的大水面增养殖等的研究;朱学宝主持的工厂化养殖技术研究;肖树旭、纪成林、臧维玲开展的对虾低盐度育苗技术的研究;王素娟、朱家彦、陈国宜、马家海、严兴洪、何培民等进行条斑紫菜、坛紫菜的生物学、细胞工程育种、栽培、病害防治和加工等系列研究;李思发领导下的鱼类种质资源与遗传育种的研究;黄琪琰、蔡完其、杨先乐进行的鱼类病虫害防治研究;杨先乐进行的鱼虾等病毒防治及病原库建立和运作的研究;王道尊、王义强、周洪琪的水产动物营养与饲料配制研究,等等。均取得累累硕果,极大地推动了学科发展。此外,王瑞霞对鱼类受精生物学的研究发现卵膜上受精孔的超微结构,从而阐明鱼类受精机理。

第四节　水产养殖学科的创新与提升（2000 至今）

20 世纪末，水产养殖学科老一辈带头人，如陆桂、谭玉钧、王义强、王素娟、孟庆闻、肖树旭等相继退休。进入 21 世纪后，一批 60 多岁的学科中坚专家也相继退休，科研力量有所削弱。此时，一批 20 世纪 90 年代国内外培养的年轻学术骨干开始发挥作用，如养殖方面的李家乐、成永旭，藻类方面的严兴洪、周志刚、何培民，虾类方面的邱高峰，鱼类方面的唐文乔、钟俊生、鲍宝龙等成为教学和科研的骨干力量。随后，学院又相继引进了许多既具博士学位又有国外研究经历的专家型学者，如吕为群、吕利群、宋佳坤、张俊彬、严继舟等。而陈良标、李伟明等学者的加入，极大开拓了我校水产养殖学科的研究视野。这些科研中坚继往开来，研究成果屡获国家或者省部级科技进步奖，使学科的科研能力达到新的水平。

随着研究内容不断增加，水产养殖学科在最早主干课程基础上逐渐形成水生生物学、鱼类学、组织胚胎学、鱼类生理学、鱼类增养殖学、藻类栽培学、水产动物疾病学、水产动物营养与饲料学等多个三级学科，并随着研究方向的不断深入开发出不同课程群，衍生出系列水产养殖学科的支撑专业。为了有效开展水产养殖学科的可持续发展，在学科的组织管理上，由最早的教研室发展成为独立科系。这些科系的设置有效推动了水产养殖学科的快速发展。为详细阐述水产养殖学科发展脉络，将在第二章中按科系进行发展综述。

第二章 学科建设与发展

水产养殖学科最早只是单一的养殖科,研究内容也局限于养殖对象的增殖生长。随着对水产养殖学科研究的逐步深入,研究内容不断增加,水产养殖方向涵盖与增殖生长相关的水生生物学、水产动物医学、种质资源与遗传育种、饲料营养与生理学、海洋环境与生态学和海洋生物学等诸多分支,并且随着水产养殖学科发展,这些相关的研究方向在研究内容的深度和广度上不断拓展,在学科管理上形成独立的专业体系,支撑并推动着水产养殖学科的进一步发展。本章主要简述水产养殖及相关支撑科系的发展沿革。

第一节 水产养殖系

水产养殖系包括水域生态与水产增养殖学、循环水养殖系统工程与技术和水族科学与技术三个教研室,具有专业管理、课程教学和科学研究等基本职能。水产养殖系是水产养殖学科最直接的基层教学组织之一,承担着"水产养殖"(国家特色专业)和"水族科学与技术"两个本科专业和相关硕士点和博士点的建设重任。2002年开始水产养殖系承担"鱼类增养殖学"国家精品课程建设。2012年,全系共有教师14人,其中教授3人、副教授8人、讲师3人;10名教师具有博士学位,2名教师具有硕士学位,2名教师具有学士学位。

一、发展沿革

水产养殖系最早可追溯到始建于 1921 年的江苏省立水产学校养殖科。在漫长的岁月中,水产养殖系涌现出一批在国内外有一定影响的知名学者,并培养了大批水产养殖高级人才,为发展我国水产养殖事业做出重大贡献,在国内外享有很高声誉。我国水产教育界的著名专家如陆桂教授、谭玉钧教授、李思发教授、朱学宝教授、陈马康教授、王道尊教授、姜仁良教授、王武教授、蔡完其教授、周洪琪教授等都曾是该系前身相关教研室教授。

水产养殖系发展历史,大致可分为以下六个阶段。

(一) 初创阶段

学校前身江苏省立水产学校 1921 年招收第一届养殖科开始到 1951 年招收大专(三年制)止,前后共 28 年。由于连年战乱,招生时断时续,前后仅毕业了 11 届学生。我国水产养殖业的历史虽然悠久,但作为一门学科的建立,还是经历了漫漫长路。初创阶段的教学计划、教学内容大多沿用日本的方式和讲授日本的养殖技术,专业课、专业基础课的教材均采用自编讲义。

(二) 恢复阶段

自 1952 年全国高校院系调整,成立上海水产学院,水产养殖专业开始招收第一届本科生,至 1966 年"文化大革命"前,共毕业了 9 届学生,其中,1956—1960 届为四年制;1962—1965 届为五年制(原 1961 届因学制延长 1 年,到 1962 年毕业)。

水产养殖系初创时,主要学习苏联教育模式。以后通过多次教学改革,初步建立符合我国特色的水产养殖学科。教改的重点是:"强调教学为经济建设服务,教育与生产劳动相结合";渔民群众具有丰富的养殖经验,"强调知识分子要与工农相结合,要当好老师,先要当好学生"。因此,在此阶段,每年均有一大批教师到渔区第一线蹲点,并带领学生在渔区进行科学试验。广大教师在实践中吸取营养,通过科研上升至理论,逐步建立起完整的学科。多年来的本科教学实践,形成学科的整体框架,教学内容逐步充实,从而推动教材的编写。到20世纪60年代初期,编写出版第一批供水产养殖专业用的大学本科教材。此阶段的代表性理论与成果有:

1. 家鱼人工繁殖的理论与实践。自1958年起,从事池塘养鱼学的谭玉钧组织开展家鱼人工繁殖试验研究,并于1960年在上海、江苏取得突破,并逐步建立起鱼类人工繁殖理论体系和技术体系。此项目1978年获全国科学大会奖。

2. 海藻栽培的理论与技术。自1958年起,从事藻类学与海藻栽培学的王素娟带领学生赴舟山渔区进行海带南移与养殖试验。在此基础上通过两年努力,于1960年建立海水养殖专业。从此,水产养殖专业自1960年起分为淡水养殖和海水养殖两个专业。

3. 天然水域资源开发利用。自1960年起,从事天然水域增养殖学的陆桂、赵长春、钟展烈组织鱼类学、水生生物学等教师先后进行钱塘江渔业资源调查、淀山湖渔业资源调查和太湖渔业资源调查等项目,并在太湖进行鲤鱼人工放流试验,是国内首次,并取得明显效果。

4. 池塘养鱼高产理论与技术。自1963年起,谭玉钧、王武赴无锡河埒口进行池塘养鱼高产经验总结,并进行大量科学试验,经多年努力建立起具有我国特色的池塘高产稳产理论体系和技术管理体系,不仅大大丰富了池塘养鱼学的内容,而且为20世纪80年代商品鱼基地建设、解决人民"吃鱼难"问题提供了理论指导。此项目1978年获全国科学大会奖。

5. 淡水河蚌育珠技术。以郑刚、张英为首,对生活在淡水中的三角帆蚌、褶纹冠蚌进行育珠试验取得成功。此项目1978年获全国科学大会奖。

与此同时,一大批青年教师成长起来,学术梯队建设也初见成效;不仅建立了完整的教学计划和教学秩序,而且树立了刻苦、奉献的良好学风,即学生热爱水产养殖事业,生活朴素,学习刻苦,对艰苦环境的适应能力强,动手能力强,被后人称为"老水院"的传统学风。

（三）徘徊阶段

1966—1976 年，共有 10 届学生毕业，其中 1966 年前已招生的共 5 届（1966 届—1970 届），五年制，俗称老五届；"文化大革命"中招生的共 5 届（1975 届—1979 届），俗称新五届。"文化大革命"中，淡水养殖专业改为淡水渔业专业。

由于"文化大革命"干扰，教学无法正常进行，教师的思想、生活和工作很不稳定，更谈不上学科建设。1966—1971 年水产养殖系停办 6 年。1972 年学校由上海搬迁至厦门集美，在设施更新、基地建设、师资队伍建设等方面遭受很大损失。广大教师为保住学校、恢复办学作了很大努力，搬迁当年（1972 年）就开始招生。但由于受"左"倾思想干扰，教学思想、教学秩序混乱，特别是所谓开门办学，实际上将大学办成技术培训班。致使学科建设徘徊不前，发展缓慢。

（四）发展阶段

"文化大革命"后，自 1977 年招收恢复高考后第一届学生起至 2000 年，学制改为四年，共有 20 届学生毕业（1981 届—2000 届）。1980 年，学校从厦门集美迁回上海原址。教师的思想、工作、生活稳定，教学与科研秩序正常。根据邓小平同志教育要面向世界、面向未来、面向现代化的要求，水产养殖系树立新的教学思想，重新建立新的教学计划、设置了一批新的课程。世界银行的三批农业贷款有力地支持了教学设备更新；新建农业部重点生态、生理实验室；淡水和海水实习基地的重建，为教学科研创造了良好的条件。与此同时，学校派出一大批青年教师赴英国、美国、加拿大、日本等国家留学或作访问学者，学习国外先进的科学技术，为学科现代化奠定扎实基础。

通过多次教育改革，推出一批新的课程，更新了教学内容。第二批适用于水产养殖本科生的教材逐步完成。招生人数也逐步扩大。自 1983 年开始招收水产养殖学科的硕士生。此阶段的重要理论与成果有：

1. 池塘大面积高产的理论与实践。以谭玉钧、王武为首，先后在上海、无锡等商品鱼基地进行池塘养鱼大面积高产高效试验研究(共主持或参与6个项目),为解决"吃鱼难"作出贡献。分别获国家科技进步奖二等奖、国家星火计划奖二等奖、全国农林牧渔科技成果推广应用奖、上海市科技进步奖一等奖、二等奖、江苏省重大科技成果奖三等奖。为此,王武被国家科委、国家经委、农业部、林业部授予全国农村科技推广先进个人(1984年),上海市劳动模范(1986年),上海市菜篮子十佳科技功臣(1990年);谭玉钧荣获上海市菜篮子工程科研奉献奖。

2. 鱼类种质资源的研究。以李思发为首,对我国主要养殖鱼类种质资源进行系统研究,撰写《中国淡水主要养殖鱼类种质研究》;对我国主要养殖鱼类鲢、鳙、草鱼、青鱼的标准化研究,其成果作为国家标准颁布。分别获农业部科技进步奖二等奖、首届上海市科学技术博览会金奖。

3. 上海地区低盐度人工调配海水对虾育苗技术研究。以肖树旭、纪成林、臧维玲为首,攻克上海地区低盐度对虾育苗难关。为此,海水养殖教研室获得上海市模范集体(1989年)称号。

4. 池塘水质变化与控制的研究。以王武为首,开展精养鱼池水质管理的原理与技术研究,从研究池塘溶氧与营养盐类的变化规律入手,解决了增氧机的合理使用和无机磷肥的合理使用,分别获农牧渔业部科技进步奖二等奖和上海市科技进步奖三等奖。编印《精养鱼池水质管理的原理与技术》专著一本(学校内部资料)。

5. 鱼类繁殖生理研究。以姜仁良、赵维信为首,通过对鱼类促性腺激素、性激素的变化规律的研究,阐明了鱼类脑垂体中GtH的释放规律和数量,并建立了鱼类促性腺激素、性激素放射免疫测定技术。该项成果获农牧渔业部科技进步奖二等奖,并编印《鱼类繁殖与发育生物学》专著一本(学校内部资料)。

(五) 提高阶段

2000—2006年,共毕业6届(2000届—2006届,4年制)学生。上海水产大学编制落地上海。在教育部下达水产养殖专业(本科)人才培养方案及教学内容和课程改革的研究与实践(04-16-5)教学改革项目的推动下,本学科根据 21 世纪保护和合理利用水域环境和水产资源,走可持续发展之路,实现水产养殖业现代化的总体目标,根据水产养殖学科特色和存在问题,提出加强基础、拓宽专业、重视素质、增强能力、培养创新的改革要求。通过教育思想大讨论、总结本学科存在的问题,结合国内外学科进展,对主要经验和教训进行反思与研讨,从而更新教育思想和教育观念,加大改革力度。通过教学改革的理论与实践,在教学与科研方面取得如下进展:

1. 组建新的水产养殖专业,将水产养殖类本科原有淡水渔业、海水养殖专业合并为一个专业,定名为水产养殖专业。

2. 增加新的专业——水族科学与技术专业(2003.9),编制水族科学与技术专业(本科)课程体系教学方案(2003.4),编制水族科学与技术专业(本科)教学计划(2003.4)。

3. 制定新的教学计划和课程教学大纲。更新教学内容,改革教学方法,采用现代化教学手段,加强实践性环节(生产实习和毕业论文),培养学生个性。

4. 评为重点学科后,投入增大。1996 年水产养殖学科被评为农业部和上海市重点学科;2001 年再次被评为上海市重点学科;2002 年水产养殖学科被评为国家级重点建设学科。军工路校区科技楼竣工投入使用,学科硬件设施明显改善。

5. 第三批教材建设——开始编写面向 21 世纪课程教材。

6. 强化学科管理,加强师资队伍建设,通过师资培养和引进计划,引进一大批具有博士学位的教师。

7. 明确学科定位:定位为科研教学型学科,重点向研究生教学倾斜。研究生招生人数逐年增加,并于 1998 年成为学校第一个博士点:水产养殖博士点学科日趋成熟和完整。目前,大批科研项目陆续开展,水产养殖学科在 21 世纪进程中激流勇进。

(六) 创新阶段

2007 年,在原先 11 个教研室基础上改制,将水产养殖教研室、设施渔业教研室合并组建成为水产养殖系,其中的水产养殖学科点(教研室)则在 1996 年由原池塘养殖学教研室、天然内陆水域鱼类增养殖学教研室和海水养殖学教研室合并组建而成。自 2007 年起,水产养殖学科划分为 7 个专业,其中水产养殖专业开设鱼类增养殖学、设施渔业学、观赏水族养殖学、游钓渔业学等专业课程。2003 年开始招生的水族科学与技术专业和水族科学与技术教研组也归口在水产养殖系。此外,上海海洋大学设施渔业研究所挂靠本系。2007—2016 年共毕业 6 届(2007 届—2012 届,四年制)。

2008 年学校更名为上海海洋大学,同年学校主体搬迁至临港新城,水产养殖系获得更多发展空间。目前,全系有水域生态与水产增养殖、设施渔业、水族科学与技术 3 个教学与科研团队,负责水产养殖和水族科学与技术两个本科专业、水产养殖硕士点和博士点。

历史沿革:

1996 年以前	分设三个教研室:池塘养殖、大水面增养殖、海水养殖
1996 年	三个教研室合并组建水产养殖教研室
1999 年	成立设施渔业教研室(学科点)
2001 年	海水养殖从水产养殖教研室分离成立海洋生物教研室(学科点)
2003 年	水族科学与技术专业开始招生
2007 年	水产养殖教研室与设施渔业教研室合并组建水产养殖系

二、组织架构

水产养殖系现有水域生态与水产增养殖学教研室、循环水养殖系统工程与技术教研室和水族科学与技术教研室 3 个教研室。2007—2017 年系主任由刘其根教授担任,系副主任由陈再忠副教授、罗国芝副教授担任。

1. 水域生态与水产增养殖学教研室

成员:刘其根教授、马旭洲副教授、曲宪成副教授、刘利平副教授、

胡忠军副教授、钟国防高级工程师、胡梦红副教授、张文博讲师

2. 循环水养殖系统工程与技术教研室

成员：谭洪新教授、罗国芝副教授、孙大川实验师

3. 水族科学与技术教研室

成员：陈再忠副教授、潘连德教授、高建忠副教授、何为副教授

三、教学

教学建设任务涵盖以下方面：

1. 主持的学科

水产养殖学：国家级重点学科、农业部重点学科、上海市重点学科（"重中之重"优势学科）

2. 委托管理的专业

水产养殖学（国家特色专业）学士学位授予点

水族科学与技术（上海市教育高地）学士学位授予点

水产养殖学一级硕士学位授予点

水产养殖学一级博士学位授予点

3. 承担建设的精品课程：

国家级精品课程：鱼类增养殖学

上海市精品课程：鱼类增养殖学

4. 承担教改项目

"水族科学与技术"上海市教育高地建设项目（第一期）

"水产养殖"上海市教育高地建设项目（第三期）

5. 承担的主要课程

本科：鱼类增养殖学、普通生态学、行为生态学、全球化的水产养殖、观赏水族养殖学、水产养殖概论、水族工程学、观赏水族疾病防治学、水域生态工程与技术、渔业与环境、观赏鱼养殖学、游钓渔业学、水产养殖工程学、水产养殖专业英语、水族馆创意与设计、湿地生态工程等

硕士：高级水产养殖学、水产养殖前沿科学、水域生态学、环境生

态学、实验生态学、繁殖生物学、水污染控制原理与技术、水产动物病原学等

博士：高级水产养殖学、水产养殖前沿科学、水产养殖讲座

6. 承担的野外实习任务

水产养殖生产实习、大水面实习、水族科学与技术教学实习、生态学实习等

第二节 水生生物系

一、发展沿革

水生生物系是 2007 年由鱼类学教研室（1952 年建）和水生生物学教研室（1956 年建）合并而成，涵盖鱼类学科和水生生物学科两个学科，围绕国内外生物科学前沿领域以及学科发展的建设目标，制定、实施科研和教学计划，具有学科建设、专业管理、教学、科学研究等功能。上海海洋大学鱼类研究室和鱼类神经科学研究所教学任务也归属本系。

（一）鱼类学科的发展沿革

1952 年上海水产学院成立后，在著名鱼类学家朱元鼎（一级教授）和王以康（三级教授）悉心指导下建立鱼类学科。朱元鼎领导鱼类研究室（前称"海洋渔业研究室"），王以康则在水产养殖系主持鱼类学教学工作。1957 年王以康逝世以后，朱元鼎不仅亲自领导鱼类学研究室，而且对养殖系鱼类学教研室的教学、科研工作也十分关心和热心指导。在朱元鼎、王以康、孟庆闻、缪学祖、伍汉霖、苏锦祥、金鑫波和殷名称等多位鱼类学家几十年努力奋斗下，鱼类学科在科研、教学、标本收藏、科学普及和人才培养诸多方面都取得丰硕成果，在国内外鱼类学界中有一定影响和声誉。主持了包括国家自然科学基金项目在内的大量科研课题，出版专著 44 部，获得国家自然科学奖三等奖 1 项、省部级以上奖

项 23 项。承担大量教学任务,编写出版教材 10 本,并取得多项教学奖励。"鱼类学"被评为国家级精品课程。学校是中国鱼类学教学和研究的主要基地之一。

学校鱼类学的教学、科研人员长期以来分别属于鱼类研究室和养殖系鱼类学教研室,两个团队在朱元鼎领导下互相配合、共同协作,做了大量工作。2002 年鱼类研究室与鱼类学教研室合并,组建新的鱼类研究室(水产与生命学院水生生物系鱼类学教研室)。下面对这两个教研室分别进行概述。

1. 鱼类研究室

鱼类研究室是我国较早建立的鱼类学专门研究机构之一,也是学校从事科普教育的主要基地。其创始人为我国著名鱼类学家、中国现代鱼类学主要奠基人之一的朱元鼎(1896—1986),他于 1931 年出版我国第一部鱼类学专著《中国鱼类索引》,1934 年在美国密歇根大学获得博士学位,后历任上海圣约翰大学教授、生物系主任、研究院院长、理学院院长等职,1952 年组建上海水产学院时调入学校,主持创立"海洋渔业研究室"。该室被当时的华东军政委员会教育部批准为高校直属研究室,是与学院各系、处平行的一个单位,直接受院长领导。研究室下设鱼类分类组、鱼类标本室和资料室。1958 年 10 月东海水产研究所创立,该室由上海水产学院及东海水产研究所合办,并更名为"鱼类研究室"。朱元鼎任上海水产学院院长,兼任东海水产研究所所长及室主任。1972 年上海水产学院迁往厦门办学,鱼类研究室的研究人员及标本被一分为二,东海水产研究所的伍汉霖、金鑫波随朱元鼎南迁,在厦门水产学院另组鱼类研究室(当时的研究人员有伍汉霖、金鑫波、沈根媛、李树青及绘图员孔繁柱)。1980 年学院迁回上海,鱼类研究室再次被分割,但主要研究力量和多数鱼类标本随迁上海。1999 年,该室被中共上海市委宣传部、上海市科委、市科协和市教委命名为"上海市水生生物科普教育基地"。2002 年该室归属生命科学与技术学院领导,并与原鱼类学教研室(当时称鱼类学科点)合并,组建成新的鱼类研究室。

1952 年鱼类研究室成立之初有研究人员 2 名(朱元鼎、缪学祖)、绘图员 1 名(金仲渔),管理员 1 名(施鼎钧)、标本剥制员 1 名(虞纪刚)。至 1962 年鼎盛时期共有研究人员 11 名(朱元鼎、罗云林、伍汉霖、金鑫波、许成玉、王幼槐、陈葆芳、邓思明、黄克勤、倪勇、詹鸿禧),绘图员 2 名(尹子奄、吕少屏),管理员 1 名(高保云)。郑文莲、郑慈英、梅庭安(越南)等曾先后在这一时期师从朱元鼎教授,在该室从事鱼类学研究。20 世纪 80 年代初上海水产学院复校后,在该室工作过的人员先后有朱元鼎、伍汉霖、金鑫波、沈根媛、屠鹏飞、安庆、彭德熹、虞纪刚、赵盛龙、钟俊生、牟阳、翁志毅、张晓明、唐文乔、杨金权等。

自 1952 年建室至 1986 年,鱼类室的各项工作一直由朱元鼎亲自领导。1986 年朱元鼎逝世后,研究室主任由伍汉霖担任。2002 年初由唐文乔继任,并聘请以下学者为学术顾问:首席学术顾问伍汉霖、学术顾问孟庆闻、苏锦祥、王尧耕、李思发、曹文宣院士(中国科学院水生生物研究所)、张春光(中国科学院动物研究所)和庄棣华(香港鱼类学会会长)等国内著名学者。

2. 鱼类学教研室

王以康是我国老一辈的鱼类学家之一,养殖系的鱼类学课程就是由王以康在 1951 年首先建立并亲自任课。当时条件十分艰苦,既无教材,又缺少实验标本。他一边教学,一边编写讲义和收集鱼类标本,为以后的鱼类学教学打下扎实基础。1952 年上海水产学院成立后,鱼类学教学工作由王以康和林新濯承担。1956 年养殖系成立鱼类学教研组,王以康是学院教务长兼鱼类学教研组主任。1957 年王以康逝世后,鱼类学教学由林新濯负责。1958 年孟庆闻由华东师范大学调到养殖系鱼类学教研组,并成为鱼类学新的学科带头人,林新濯则调至东海水产研究所。1956 年以后由海洋渔业研究室调入缪学祖并陆续有苏锦祥、俞泰济、刘铭、李婉端、周碧云、殷名称、凌国建等充实到鱼类学的教学、科研队伍中,经过几十年的共同奋斗,为学科发展作出贡献。20 世纪 80 年代以来,又补充新生力量(唐宇平、鲍宝龙、龚小玲等)。2002 年鱼类学教研室(当时称鱼类学科点)与鱼类研究室合并,组成新的、统一的鱼类科研和教学队伍。2011 年鱼类学教师有唐文乔、鲍宝龙、钟俊生、龚小玲、刘至治、杨金权、刘东等,均具有博士学位。实验技术人员有朱正国、翁志毅。

(二) 水生生物学科的发展沿革

水生生物学教学可以追溯到江苏省立水产学校时期(1921 年)。当时养殖科的课程设置中包含了浮游动植物、底栖生物、无脊椎动物等教学内容,此即为早期水生生物学所含的教学内容。1952 年全国高等学校院系调整,成立上海水产学院,因学科发展需要,学校在国内率先设立水生生物学专业,招收四年制本科生 44 名,1956 年毕业时有毕业生 36 名。随后水生生物专业长期处于停办状态,直到 32 年后的 1988 年才恢复招生。按当时国家教委统一的专业目录,专业名称为"生物学(水生生物)",以示该专业突出水生生物学方向。1998 年教育部颁布新的本科专业目录设置,专业名称又更改为"生物科学"。生物科学专业自 1988 年至今,基本上每年招生。

1952 年设置水生生物学专业时专业教师只有华汝成教授,陆桂副教授,肖树旭、王嘉宇讲师及杨亦智助教。当初既缺教师又无教材和标本,专业课程开设十分艰难。为了办好水生生物学专业,对于没有教师的课程就邀请外单位的著名学者来校授课。例如,浮游生物学请刚留美回国的李冠国主讲,遗传学、达尔文主义、藻类学分别请复旦大学的谈家桢、黄文几和史久莊授课,寄生虫学请上海第一医学院的包鼎成授课,原生动物学、微生物学等请中国科学院水生生物研究所的倪达书、陈启鎏、王德铭、尹文英等授课;专业实习也委托有关科研院所如中国科学院海洋研究所、黄海水产研究所等单位"代培",以解燃眉之急。以上措施有效地推动水生生物学科的初期发展并奠定良好基础。1956 年以后,梁象秋、严生良、李秉道、方纪祖、杨和荃、陈曦、虞冰如、李亚娟、王树业、周昭曼等先后充实到教师队伍,水生生物学相关课程都由本校教师承担,从而使水生生物学成为一个独立专业。其中肖树旭、梁象秋、严生良获得国务院 1992 年颁发的政府特殊津贴。20 世纪 80 年代以后,林俊达、张宝善、王丽卿、王发进、陈立婧、周志刚、王岩、杨东方、季高华、张瑞雷、薛俊增等年轻教师相继来校工作,组建成为一支专业知识结构互补、学缘关系丰富、学历层次较高、年富力强的师资队伍，弥补了20世纪60年代进校的教师先后退休造成教学与科研力量的不足。

近年来，人才引进的力度进一步加大。特聘美国密歇根州立大学终身教授李伟明为学科带头人；聘任美国马里兰大学教授宋佳坤博士作为特聘教授；引进美国宾夕法尼亚大学医学院助理研究员严继舟博士任教授；先后从日本东京大学引进于克峰博士，在国内著名大学或研究所引进范纯新、王晓杰、霍元子、陈阿琴、方淑波、刘东、潘宏博等多名年轻博士；鲍宝龙在美国内布拉斯卡大学完成博士后研究后，2010年被聘为上海市"东方学者"。同时，王丽卿被聘任为博导，陈立婧、龚小玲、刘至治副教授被聘为硕士生导师。唐文乔主持的鱼类学教学团队被评为2009年度上海市教学团队。王丽卿被评为上海市2009年度"三八红旗手"。2010年成功申报生物学一级学科硕士点和博士点（培育），提高了人才培养的层次。

年轻一代的师资队伍在继承上海海洋（水产）大学半个多世纪（55年）在"水生生物学"学科深厚积淀的基础上，在水生生物学课程的授课以及相关水生生态学领域、分子生物学领域等均富有较大的创新和提高。

二、组织架构

本系现有水生生物系、鱼类学教研室、水生生物学教研室等三个教学科研基层组织，具体人员结构情况如下：

1. 水生生物系

系主任：唐文乔教授

系副主任：王丽卿教授、鲍宝龙教授

2. 鱼类学教研室

正副主任：鲍宝龙教授，龚小玲副教授

成员：唐文乔教授、钟俊生教授、刘至治副教授、杨金权副教授、刘东讲师

3. 水生生物学教研室

正副主任：王丽卿教授,陈立靖副教授

成员：张瑞雷副教授、季高华讲师、潘宏博讲师

三、现有教学建设任务及科学研究方向

(一) 现有教学建设任务

1. 主持的学科

上海市重点建设学科：水生生物学

2. 委托管理的专业

生物科学(国家特色专业)学士学位,水生生物学硕士、博士学位

3. 承担建设的精品课程

鱼类学(国家级)、水生生物学(上海市级)

4. 承担的主要课程

本科生课程：水生生物学、普通动物学、水域生态学、污水生物学、海洋生物学、甲壳动物学、水草栽培学、甲壳动物学、鱼类学、水生野生动物保护、保护生物学、生命科学史、生物分类学、生物多样性、生命科学导论

硕士生课程：水域生态学、分子发育生物学、生物多样性科学、浮游生物学、湿地生态与保护、高级水生生物学

博士生课程：水生动物保护研究进展、繁殖生物学进展、营养生态操控讲座

5. 承担的野外实习任务

水生生物学教学实习、渔业环境生物调查实习、海洋生物多样性调查实习、水族生物调查实习、水生花卉认知实习

(二) 主要科学研究方向

1. 水生生物多样性及其保护

2. 水生动物发育与进化生物学

3. 和谐水生态构建与修复

第三节 营养饲料与生理系

一、发展沿革

营养饲料与生理系的发展是伴随着水产养殖学科的发展而逐步发展起来的。该系成立于2007年1月,主要承担动物科学本科专业(水产动物营养与饲料方向,2006年获教育部批准)和动物营养与饲料科学硕士专业(2000年获教育部批准)的教学和科研工作,其发展沿革如下:

1952年以前,我国水产教育体系中尚无鱼类生理学和水产动物营养与饲料相关课程,随着全国水产教育形势的发展,1956年学校生理课被定为基础课程,并编写教学大纲。1960年王义强组织主编第一本《鱼类生理学》教材,1990年王义强又主编《鱼类生理学》全国统编教材。1992年,赵维信主编出版全国农林高等专科学校的《鱼类生理学》教材。2011年,魏华主编并出版全国"十一五"规划教材《鱼类生理学》。

1983年开始招收第一届鱼类生理学硕士研究生,成为全国水产院校最早招收硕士研究生的单位之一。1986年开始王道尊为淡水渔业和海水养殖专业本科生开设水产动物营养和饲料学课程,1994年初农业部组织编写全国高等农业院校通用教材《水产动物营养和饲料学》,王道尊副主编。1995年周洪琪为研究生开设"水产动物营养学"。2000年以后,殷肇君开设水产"饲料加工工艺学",冷向军开设"饲料毒物学及水产品安全学",周洪琪开设"饲料质量检验",陈乃松开设"水产饲料学",黄旭雄开设"生物饵料学",2005年成永旭主编全国高等农业院校教材《生物饵料培养学》。2006年以后,成永旭同时为本科和研究生开设"水产动物营养繁殖学"课程。1988年水产动物营养和饲料学开始招收硕士研究生。1998年建立水产养殖学博士点,2000年开始招收营养饲料方向博士研究生,周洪琪为第一届营养与饲料方向的博士研究生导师。2018 年,该系博士生导师有成永旭、吕为群、魏华和冷向军。

2006 年新设农学专业-动物科学,专业主要定位于水产动物的营养与饲料方向,由本系承担动物科学本科专业的教学工作。2007 年 6 月完成本科专业教学计划的修订工作。

二、组织架构

目前本系共有 16 名教师,其中教授 7 人,副教授和高级工程师 5 人,讲师 4 人,全部具有博士学位。其中东方学者 1 名,学校海洋学者 1 名,海鸥学者 1 名,海燕学者 1 名,具有海外留学经历者 5 人。博士生导师 4 人,硕士导师 6 人。主要组织架构和人员组成如下:

系主任:成永旭教授

系副主任:黄旭雄教授、吕为群教授

1. 生理教研室及研究团队(7 人)

主任:吕为群教授

成员:李伟明教授、陈阿琴副教授、陶贤继讲师、王有基副教授

2. 营养与饲料教研室及研究团队(4 人)

主任陈乃松教授　副主任华雪铭副教授

成员:冷向军教授、黄旭雄教授

3. 水产动物营养繁殖教研室及研究团队(5 人)

主任成永旭教授　副主任吴旭干教授

成员:杨筱珍副教授、杨志刚副教授、王春高级工程师

三、教学

1. 主持的学科

动物科学

2. 下设专业

本科专业:动物科学(水产动物营养与饲料学方向),学士学位授

予点

硕士专业：动物营养与饲料科学,硕士学位授予点

3. 承担的主要课程

本科主干课程：生物化学、动物学、动物生理学、动物营养学、配合饲料学、饲料加工工艺与设备、生物饵料培养、营养繁殖学、饲料分析与检测、水产养殖、畜禽养殖概论、水产动物疾病学、兽医学。

研究生主干课程：水产动物营养学、饲料加工学、水产经济动物营养繁殖学、水产动物营养原理与饲料配制技术、营养免疫学、免疫组织化学、营养生态学、生物饵料培养学、饲料质量分析检测、脂类营养前沿等课程。

第四节　水产动物医学系

一、发展沿革

水产动物医学系前身是鱼病学和微生物学两个教研室。1953 年中国科学院水生生物研究所在浙江省吴兴县菱湖镇建立第一个鱼病工作站,开创我国鱼病防治及其系统研究的新篇章。1954 年学校首次开设"鱼病学"课程。为保证授课质量,学校邀请中国科学院水生生物研究所菱湖鱼病工作站的倪达书、陈启鎏、尹文英、王德铭等研究员来校集体讲课,由黄琪琰担任鱼病课助教。当时教学基础比较薄弱,教学内容零散,没有教材和讲义,学生听课靠笔记。在此后许多年,黄琪琰利用教学间隙进修与鱼病相关的基础科学,如寄生虫学、微生物学、病理学、药理学、免疫学等,为进一步开展鱼病学的教学、科研创造条件,并利用暑假深入渔区,收集鱼病材料,制作鱼病标本,绘制教学用挂图;同时参照国外有关鱼病教材编写第一部系统的《鱼病学》讲义,为鱼病学的教学、实验初步奠定基础。1960 年水产部组织编写全国水产院校统一教材,由本校黄琪琰、唐士良编写,于 1961 年由农业出版社出版,全国发行。这是第一本全国高等水产院校使用的鱼病学统一教材。1978

年国家农牧渔业部组织全国农业与水产院校重新编写高校统一教材,指定由上海水产学院、华中农学院以及湛江水产学院合作编写《鱼病学》教材,由黄琪琰任主编,于 1983 年由上海科学技术出版社出版。1988 年,黄琪琰率先开设"鱼类病理学"课程,编印鱼类病理学讲义和实验讲义,积累了病理学方面的标本。

黄琪琰为鱼病学科的建立奠定了坚实基础,并在此基础上扩大鱼病学内涵和外延,形成目前的"水产动物疾病学"。1993 年,她主编的《水产动物疾病学》由上海科学技术出版社出版,发行之后被全国高等水产院校及综合性大学、农林院校、师范院校的水产或生物学院系采纳为教材。该书还被评为 1993 年度华东地区优秀图书二等奖,1995 年获农业部第二届全国高等农业院校优秀教材一等奖。台湾水产出版社经上海科学技术出版社授权于 1995 年 1 月出版该书。此书的发行得到我国水产界的普遍称赞和使用。黄琪琰、蔡完其等鱼病学教师牵头,在电教室、系摄影室等部门配合下,制成《尼罗罗非鱼溃烂病的防治》《中华鱼蚤病的防治》《暴发性鱼病的防治》和《河蟹疾病的防治》等录像带和 DVD 光盘,积累了大量教学标本、教具等教学材料。

为适应水产养殖业的发展,水产动物疾病学学科越来越显得快速发展的必要性,学校选派青年教师在国内和国外进修和攻读学位,引进人才,加强学科师资队伍建设。

1986 年陆宏达被选派到英国 Stirling 大学水产研究院改读水产动物疾病方面的硕士学位,后于 1989 年返校继续任教,主要承担鱼病学、水产动物疾病学、专业外语和微生物学实验的本、专科教学任务,水产动物病理学的研究生教学任务,还多次为函授班、各种培训班以及农业部委托举办的鱼病高级研修班授课。参编《水产动物疾病学》。主持上海市农委科技兴农重点攻关项目"中华绒螯蟹的池塘养殖及病害防治综合技术的开发"等多项研究。

微生物学教研室的教学和科研工作对水产动物疾病学科的建立和发展起到相辅相成的作用。曾在微生物学教研室工作过的教师包括宋德芳、柳传吉、许为群、李兰芳、孙其焕、孙佩芳、魏海丽、吴建农、孙玉华、张燕、张庆华、席平、孙敬峰、熊清明、杨筱珍、高建忠、宋增福、姜有声、胡乐琴等。

开拓微生物学的宋德芳教授，1931年毕业于复旦大学生物系微生物专业并留校任助教。1939年获德国玛堡大学博士学位。曾在南京高等师范学校、中央大学、上海大学、南通学院等校任教。1953年调入上海水产学院任微生物教研组主任，建立微生物学科。学校当时没有微生物实验室，而微生物实验仪器对无菌要求较高。在当时学校建设资金十分紧张的条件下，为节约经费，她特地跑到旧货店选购仪器设备，其中的两个大冰箱和一个恒温培养箱，都是她淘来的宝贝。在20世纪70年代，学校搬迁厦门时，这3件宝贝也随迁到厦门。到1980年，上海水产学院在军工路原址恢复办校时，这三件宝贝又跟随迁回上海。直至生命学院搬迁新建好的科技楼时，才"光荣退役"。

在校期间，宋德芳主讲微生物学。对食品微生物检验，尤其是罐头食品微生物检验，宋德芳不仅经验丰富，而且造诣很深。没有教材，她经过无数个不眠之夜，在1962年为水产加工专业编写了厚厚的一本《微生物学交流讲义》。她还经常带学生到上海商检局畜检处细菌检验室观察学习罐头微生物检验的全部操作过程和肉毒梭菌的形态和培养等。

宋德芳非常重视对年轻教师的培养。作为教研室组长，她除了在专业上耐心指导，还在生活上予以关心、鼓励和帮助，因此年轻教师都很信任她，把她当成老大姐。孙其焕副教授说，水大的微生物学是在宋德芳教授的带领下建立起来的，她团结年轻教师，刻苦钻研，逐渐发展，并越来越好。1960年，她被评为上海市先进工作者，1963年，她主编的《微生物学》教材由农业出版社出版，得到学界好评。

后来，鱼病学教研室和微生物学教研室适应水大水产动物疾病学科发展需要，逐渐趋于合并。

1991年引进涂小林任教，主讲水产动物疾病学、微生物学实验等课程，从事微生物与免疫相关的科研工作，1996年公费留学日本爱媛大学（Ehime University），攻读博士学位，后去加拿大和美国。1996年引进潘连德任教。1998年潘连德教授主讲并编印《鱼类病理学》本科教材，主讲"海水养殖病害学"，和陆宏达轮流主讲"水产动物疾病学"，主讲"水产动物病原学"研究生课程,主持国家自然科学基金项目"养殖中华鳖药源性肝病病理机制研究(39970582)"和其他研究,开展"水产动物医学"的临床诊断和控制技术攻关。2005年主讲"观赏水族病害学"新课程,2006年创建首家"水族宠物诊所"开展水族宠物的临床治疗和教学实践。主编《水产动物病害防治》,2004年由北京农业大学出版社出版。独立编写《鱼类病理学》,并于1998年8月,由上海水产大学教材科印刷。1997年引进杨先乐任教,主讲水产动物免疫学、鱼类药理学、高级水产养殖学、水产动物健康养殖、动物组织培养的理论与技术等博、硕士生课程。主持建立"农业部渔业动植物病原库"。2005年主编《新编渔药手册》,中国农业出版社出版;2004年参编《水产动物病害学》,中国农业出版社出版;主持和参加编写《鱼类药理学》《鱼类病害学》《水产动物医学概论》《鱼类育种学》等硕士、本科教材。自1985年以来,曾先后主持和参加了"六五""七五""八五""九五""十五""十一五"国家科技攻关(支撑计划)和"863"计划、国家自然科学基金项目、农业部重点科研项目等数十余项。首次研制出解决我国鱼类第一个病毒病的草鱼出血病细胞培养灭活疫苗,使草鱼成活率提高25%以上。2008—2010年在担任"国家大宗淡水鱼类产业技术体系"渔药临床岗位科学家期间,成绩突出,曾经2次获得优秀。

1997年后,鱼病学在前辈创建的基础上有了进一步发展。具体表现在以下几个方面:(1)在人才上,通过引进、培养,基本解决了人才断层的问题,为鱼病学的发展奠定基础;(2)在教学上,1996年招收首届硕士研究生,第一名自己培养的鱼病硕士研究生于1999年以优异成绩毕业,此后硕士生导师的人数也不断增加。2000年,鱼病硕士招生从水产养殖硕士点中独立出来,获得专门培养鱼病学人才硕士点的招生资格,硕士生课程有:水产动物病理学(1993年)、水产动物疾病学(1994年)、水产动物免疫学(1998年)、水产动物药理学(1998年)。同年又获得鱼病博士生培养的资格,2001年招收第一名博士生,本学科开设的博士生课程有:病理学(2002)。

1999年引进张庆华、席平任教,主要研究方向为水产动物医学,从事水产动物疾病相关病原的检测和免疫研究工作。主讲微生物学、免疫学、病毒学、水产动物医学概论、微生态与健康等课程。主持和参加上海市科研项目多项。

水产动物医学系组建于2007年,其基础是水产动物疾病学和微生物学两个教研室以及国家水生动物病原库。水产动物疾病学教研室主要从事水产动物疾病及其控制理论与实践的教学与研究,涉及到水产动物病原生物学、病理学、免疫学和渔药药物学;微生物学教研室主要从事微生物学、细胞生物学、分子生物学,水域生态学、微生态学等方面的教学与研究。水产动物疾病学教研室的前身是鱼病教研室,曾在该教研室工作过的教师包括黄琪琰、钱嘉英、唐仕良、蔡完其、金丽华、涂小林、陆宏达、潘连德、杨先乐等。2008年10月引进海外留学回国的吕利群教授任教,现任系主任。

在"十二五"期间,本系重点研究"鱼虾用疫苗与药物的研究开发""渔药安全性评价及其控制技术""微生态制剂菌种鉴定及安全性""草鱼呼肠孤病毒逃逸宿主细胞RNAi作用通路的分子机制""水产动物疾病预警防控技术"等,重点开拓渔药安全性评价研究方向。

2006年迄今,本系围绕水产动物病害与防控研究领域的创新需要,整合现有人力资源,组建"水生动物医学科研-教学创新团队",并在2008年搬迁至沪城环路校区后,引进国外高级人才1名,具有海外留学背景的博士1名。以实验室现有研究人员为主体,利用已有研究工作的基础及优势,开拓和加强国内外相关领域的合作,大大提高本系学科竞争实力和创新水平以及和承担国家重大研究课题的能力。科研方向与现有专业的主要课程紧密结合,并建立团队联系专业制度,把专业课程和培养方案改革、新专业申报、人才培养、实践基地建设、学生就业及发展指导、就业推荐与团队捆绑。促进教学内容和科研内容交融互补、教学科研同步交流、科研和教改项目互促,形成了具有水生动物医学学科特色的教学创新团队。

二、组织架构

医学系主任:吕利群教授

医学系副主任：张庆华副教授、胡鲲副教授。

医学系秘书：宋增福副教授

1. 国家水生动物病原库

主任：杨先乐教授

副主任：胡鲲副教授

成员：吕利群,宋增福,姜有声,邱军强,李怡,俞文娟,曹海鹏,许丹

2. 微生物学教研室

主任：张庆华副教授

3. 水产动物疾病学教研室

主任：陆宏达教授

三、教学

1. 委托管理专业

水生动物医学学士学位(2012 年新增专业方向)、临床兽医学硕士学位

2. 承担主要课程

本科：水产养殖学,水产动物疾病学,水生动物病理学,水生动物病原生物学,水生动物检验检疫,兽医法律法规与职业道德,管理学,普通动物学,鱼类学,生物化学,微生物学,免疫学,病毒学,寄生虫学,细胞生物学,分子生物学,水生生物学,动物生理学,水生动物解剖学,组织与胚胎学,养殖水化学,水产动物营养学,动物微生态学,鱼类药理学,水生动物公共卫生学,流行病学等。

研究生课程：现代微生物学专题、组织培养、病理学、药理学等。

3. 承担实习任务

水生动物疾病学实习、水族宠物临床实习、生产实习、社会调查、毕业设计和论文

四、科研

主要研究方向：

1. 水产动物病害的防治

本系主要开展水产动物病害诊断试剂、防治试剂、高效低毒的化学药品、微生物制剂以及生物制品的研究和开发,推动试、制剂的商品化进程,提高我国水产病害防治的科研水平。主要研究内容有:

(1)水产种质资源标准化整理、整合与共享,病原、细胞株(系)、工程细胞或其他微生物体等代保管、鉴定;

(2)渔药安全使用技术和新型渔药制剂开发;

(3)渔用药物代谢动力学及药物残留检测技术和渔药急、慢性毒理学试验方法;

(4)制定水产行业标准《绿色食品标准——渔药使用准则》和《水产品中诺氟沙星、环丙沙星、恩诺沙星残留的测定》等;

(5)大宗淡水鱼类现代产业技术体系建设。

2. 水产动物病原微生物学

集中研究草鱼呼肠孤病毒分子病理学、水霉病的综合防控策略和细菌性出血病的药物控制,主要内容有:

(1)草鱼呼肠孤病毒逃逸宿主细胞 RNAi 作用通路的分子机制研究;

(2)草鱼呼肠孤病毒细胞嗜性的分子基础的研究;

(3)桃拉病毒结构蛋白对南美白对虾的免疫保护性的研究。

3. 淡水鱼病防治实用技术

(1)异育银鲫体表疣样增生病的发病机理和防控技术的研究;

(2)中华绒螯蟹产业技术体系建设中的疾病预警防控技术研究和应用;

(3)克氏原螯虾免疫增强作用的研究。

第五节　种质资源与遗传育种系

一、发展沿革

水产种质资源与遗传育种系于 2007 年随学院学科建设调整时成

立,由水产遗传育种与生物技术学科点、水产动物种质资源学科点合并组建而成。截止于 2008 年底,本系设有水产动物种质资源、水产遗传育种与生物技术两个教学与科研团队,主要参与国家级、农业部、上海市重点学科——水产养殖学科的建设任务,负责承担生物技术本科专业、动物遗传育种与繁殖专业硕士点的建设与管理,参与水产养殖专业博士点、水产养殖专业硕士点、渔业专业硕士学位点以及水产养殖专业博士后流动站的建设。具有学科建设、专业管理、教学、科学研究、社会服务等功能。

水产遗传育种与生物技术学科点 水产遗传育种与生物技术学科点的前身是"文化大革命"前水产养殖系动物生理生化教研室属下的组织胚胎教研组。当时,教研组师资力量最多时有王瑞霞、郑德崇、蔡维元、楼允东、张毓人、张克俭和江维琳等 7 名教师。1972 年,学校搬迁厦门后,王瑞霞留驻上海,蔡维元调离学校,同时,又调入江福来和张赞妹。主要课程有组织学、胚胎学、切片技术等。学校迁回上海后,为充实师资队伍,先后吸收吴雅玲、张英培。1984 年,正式组建遗传育种教学小组,开设遗传学、鱼类育种学等课程,1985 年开设遗传学实验。1987 年,引进赵尚林。

20 世纪 90 年代,本学科点又陆续引进姚纪花硕士、邱高峰博士、施志仪博士、汪桂玲硕士、李小勤硕士等,大大增加师资力量。随着生物技术领域的迅速发展,我校于 1995 年开始招收生物技术本科专业(理学学士)学生,由本学科点负责建设与管理。开设课程有细胞生物学、分子生物学、生物工程、基因工程学、发育生物学等。适应学校学科建设与发展需要,组织胚胎教研组先后多次改称为遗传育种教研室(1994 年)、生物技术教研室(1995 年)、遗传育种与生物技术学科点(1999 年)。

21 世纪初,由于新老交替、人员流动,师资队伍一度出现青黄不接。为支持本学科点的建设与发展、满足教学基本需求,2003、2005 年,赵金良、邹曙明分别从原水产动物种质资源学科点调入。2006 年,张俊玲由院部调回本学科点。2006 年,申报获得动物遗传育种与繁殖农学硕士学位授予权。

水产动物种质资源学科点 水产动物种质资源研究室由李思发于 20 世纪 80 年代初创建,是国内最早开展此领域研究的单位。先前主要集中于我国鲢、鳙、草鱼的考种与种质资源。通过形态、养殖性能、生化遗传、分子遗传等不同层次进行水产动物种质特性鉴定、遗传改良等方面综合研究,研制一套较为完整的水产动物种质评估与鉴别技术,编制系列国家水产种质标准,推动了我国水产原、良种体系建设。随后研究室逐步拓展研究对象,重点涉及团头鲂、罗非鱼、彩鲤、鳜鱼、草鱼、中华绒螯蟹、日本沼虾、三角帆蚌、中华鳖等多个重要养殖对象。在种质资源研究的基础上,开展人工选育工作,先后培育出团头鲂"浦江 1 号""吉富品系尼罗罗非鱼""新吉富"尼罗罗非鱼、"吉丽"罗非鱼、康乐蚌、彩鲤"龙申 1 号"等水产新品种。先后在水产动物种质资源研究室工作的有李思发、蔡完其、周碧云、吕国庆、赵金良、李家乐、李晨虹、邹曙明、王成辉。研究室在水产种质资源与遗传育种方面取得较大成绩,获得过国家科技进步奖二等奖等一批成果奖项。

1994 年,研究室开始接手原农业部水产增养殖生态生理重点开放实验室;1998 年,实验室更名"农业部水产种质资源与养殖生态重点开放实验室";2002 年,更名为"农业部水产种质资源与利用重点实验室";2011 年,更名为"农业部淡水水产种质资源重点实验室"。

2007 年,上述两个学科点合并建系后,资源得到较好整合,研究方向得到凝练,研究队伍不断壮大。又一批年轻博士加入本系:陈晓武博士(2007 年)、冯建彬博士(2008 年)、李文娟博士后、唐首杰博士(2010 年)、颜标博士(2011 年),此外,白志毅、沈玉帮分别于 2008 年、2010 年调入本系工作。目前,已形成一支年轻的、素质较高的、稳定的师资队伍。

2010 年,由本系负责申请的农业部团头鲂遗传育种中心建设项目获批,同时,还参与农业部草鱼遗传育种中心建设。

二、组织架构

目前,本系共有教师 16 名,其中教授 6 名(李家乐、施志仪、邱高峰、赵金良、邹曙明、王成辉),副教授 5 名(汪桂玲、李小勤、陈晓武、张俊玲、白志毅),讲师 5 名(李文娟、冯建彬、唐首杰、颜标、沈玉邦)。其中,博士生导师 5 名,硕士生导师 9 名。本系人员为农业部淡水水产种质资源重点实验室、农业部团头鲂遗传育种中心的核心团队。现有国家大宗淡水鱼类、罗非鱼产业技术体系岗位科学家 2 位(李家乐、赵金良)、上海市中华绒螯蟹产业技术体系首席专家 1 位(王成辉)。

系主任:赵金良

系副主任:邹曙明、王成辉

系教研秘书:汪桂玲、张俊玲

三、教学

1. 专业建设

直接建设管理:生物技术(理学学士)、动物遗传育种与繁殖(农学硕士)

参与建设管理:水产养殖(农学博士)、水产养殖(农学硕士)、渔业(专业硕士)

2. 承担主要课程

本科:组织胚胎学、遗传学、细胞生物学、发育生物学、基因工程、鱼类育种学、水产遗传与育种、生物工程、生物安全、生物入侵、珍珠与珍珠文化、水产养殖环球鸟瞰等;

硕士:水产动物育种学、分子遗传学、分子细胞生物学、基因与基因组学、群体遗传学、数量遗传学、分子标记辅助育种、水产种质资源、鱼类种群生态学、生物统计与实验设计等;

博士：水产种质资源研究进展、高级水产养殖学、生物安全等。

3. 教学实习

自 2009 年起，生物技术本科专业开设认知实习、产品研发过程实习和综合技能实习。

四、科研

1. 学科建设

参与国家级、农业部、上海市重点学科——水产养殖学科建设。

2 承担科研项目

目前，本系先后承担国家 973、863、国家自然科学基金、国家科技支撑计划、农业行业公益项目、农业产业技术体系，以及上海市、其他部委、省市级的各类科研项目，并承担了瑞典、加拿大、美国、匈牙利、欧盟等的国际合作项目。主要致力于淡水经济鱼类（草鱼、罗非鱼、团头鲂、彩鲤、鳜鱼）、虾蟹（中华绒螯蟹、日本沼虾）、贝类（三角帆蚌）等的种质资源与遗传育种，已累计发表论文 600 余篇，其中，SCI 论文 110 余篇。经全国水产原种、良种审定委员会审定，农业部公告推广的良种 6 个即"吉富品系尼罗罗非鱼""新吉富罗非鱼""吉丽罗非鱼""团头鲂浦江 1号""康乐蚌""瓯江彩鲤龙申 1 号"，拥有授权专利 15 项。先后获得国家科技进步二等奖等奖项 30 余项。主持建设农业部团头鲂遗传育种中心，参与建设农业部草鱼遗传育种中心，服务于国家水产原、良种建设体系。

第六节　海洋环境生态系

一、发展沿革

海洋环境生态系于 2007 年由原水域生态学学科点和养殖水域环境学学科点合并组建而成。其中养殖水域环境学学科点前身为原水产养殖系水化学教研室,由国内水产界著名水质专家臧维玲教授建立。臧维玲于 1982 年开始在上海市郊开展科研与教学。在简陋条件下,她夜以继日带领科研组刻苦攻关,解决虾类育苗关键技术,帮助合作企业度过中国明对虾病害危机,同时利用科技成果使该企业不断发展壮大,成为上海重要的、也是唯一的虾类育苗场。其培育的罗氏沼虾苗种深受渔民欢迎。臧维玲带领课题组获得一系列研究成果,促进了养虾业发展。由于成绩显著,她所领导的科研组获得上海市模范集体称号,她本人也获得上海市劳模、市首届教学名师、市优秀教育工作者、市十佳科技巾帼、市三八红旗手等多项称号,同时获得多项科研成果奖。

本系建有 4 个研究平台,即"水域环境生态上海高校工程研究中心""上海海洋大学海洋科学研究院-海洋生态环境与生态修复研究所""上海海洋大学船舶压载水检测实验室""上海洋山港海洋生态系统观察站"。

全系有海洋生态环境和水域生态环境 2 个研究与教学团队,负责环境科学和园林 2 个本科专业、生态学一级学科硕士点、环境科学与工程一级学科硕士点。承担环境科学和园林本科专业的 30 余门专业基础必修课和选修课,以及其他专业的相关课程;主要承担的硕士生课程有水环境化学、实用环境监测技术、环境生态修复技术与原理、潮间带生态学、环境生态学、实验生态学、生物化学与分子生物学原理、海藻发育生物学进展等;博士生课程有生物化学与分子生物学原理、海藻发育生物学进展等。

"十二五"期间,本系重点研究内容有"港口与近海生态学""近海生态灾害控制与生态修复工程""滨水景观湿地与生态修复工程"和"近海生态风险评估与生态补偿"等方向,并重点开拓"极地海洋生态学"研究方向。通过优势互补,加强近海生态环境监测与生态修复学术研究实力,加快学科发展速度,提升学术研究水平,力争在部分研究领域有所突破,整体研究实力和学术水平达到国内领先水平,为国家和上海市海洋生态环境保护做出更大贡献。

二、组织架构

系主任：何培民教授

系副主任：张饮江教授、李娟英副教授

1. 港口与近海生态学教研室

主任：薛俊增教授

成员：薛俊增教授、吴惠仙教授、杨东方讲师、袁林实验员

实验室名称：海洋生态系统监测与评估实验室

实验室主任：吴惠仙教授

2. 近海绿潮赤潮控制与生态修复工程教研室

主任：霍元子副教授

成员：何培民教授、马家海教授、施定基客座教授、贾睿副教授、于克锋副教授、霍元子副教授、胡乐琴讲师、蔡春尔博士、孙彬博士

实验室名称：有害藻类分子生态与资源化利用实验室

实验室主任：贾睿副教授

实验室名称：近海海域生态修复工程实验室

实验室主任：霍元子副教授

3. 水域生态与景观工程研究室

主任：张饮江教授

成员：张饮江教授、何文辉副教授、方淑波博士、邵留博士、裘江博士

实验室名称：水域生态修复与景观构建实验室

实验室主任：张饮江教授

4. 近海生态风险评估与生态补偿研究室

主任：李娟英副教授

成员：江敏教授、李娟英副教授、彭自然讲师、凌云博士、吴昊实验员

实验室名称：环境监测与工程实验室

实验室主任：李娟英副教授

围绕海岸带生态修复和评估研究领域的创新需要，整合现有人力资源，组建了一支"海洋生态环境科研-教学创新团队"，并在搬迁至临港之后聘请院士 1 名，引进国外高级人才 2 名，以及现有师资和未来师资的条件确定研究方向，以各实验室各主要研究方向研究人员为主体，利用现有研究工作的基础及优势，开拓和加强国内外相关领域的合作，大大提高本实验室的学科竞争实力和创新水平以及承担国家重大研究课题的能力。科研方向与现有专业的主要课程紧密结合，并建立团队联系专业制度，把专业课程和培养方案改革、新专业申报、人才培养、实践基地建设、学生就业及发展指导、就业推荐与团队捆绑。促进教学内容和科研内容交融互补、教学科研同步交流、科研和教改项目互促，形成具有海洋环境与生态特色的教学创新团队。

三、教学

1. 委托管理专业

环境科学学士学位、园林（水域景观方向）学士学位、环境科学硕士学位。

2. 承担主要课程

本科：环境科学概论、环境科学导论（双语）、环境教育学、环境化学、现代环境监测技术、生态学基础、环境工程学、环境监测、环境影响与评价、环境毒理学、环境与生物技术、城市生态学、水域景观工程与技术、水域生态学、养殖水化学、景观设计初步、景观学概论、景观资源学、湿地生态工程、景观生态学、滨海景观生态工程、生态旅游、滨水自然景观设计理论与实践、园林工程概预算与经济分析、园林规划设计、园艺通论、人居环境学、产品环境行为、景观与文化、行为生态学、微生物学、植物生理学、分子生物学、生物信息学等。

硕士：水环境化学、实用环境监测技术、水域生态学、环境生态学、生物化学与分子生物学、城市水景设计与营建等。

3. 承担实习任务

环境监测与评价、生态学、环境工程、水域生态景观评价、水域生态学、水域生态景观规划与设计。

海洋环境与生态系的科学研究也极大地推动了本科生和研究生的教育和培养,学生培养质量得到明显提高,在科研项目的开展、实施、运行和结题过程中,都凝聚着众多本科生和研究生的心血。海洋生态环境与修复研究所定期开展相关领域的前言讲座,派遣研究生进行校内外交换交流,引进科研人才和新技术,把创新和务实求真的理念融入到研究生培养和教育过程中,不断提高研究生道德水平和论文写作水平,在此基础上提升其综合实力。

四、科研

本系科学研究与国家需求紧密结合,在"十一五"期间,本系已承担国家水专项课题(3 个)、国家海洋局科研项目课题(4 个)、国家科委与上海科委世博专项(1 个)、上海市科委项目(10 多个)等 20 多个纵向课题和 20 多个横向工程项目;"十二五"开局第一年,本系获得国家海洋局国家海洋公益项目、国家科技部国家科技支撑项目课题、国家环保部国家水专项等国家级重大项目和课题,体现出本系在海洋和水域生态环境科研方面具有很大发展潜力和空间。

通过多年理论研究与实践,已基本建立如下富营养化水域生态修复与控藻工程核心技术:(1)对于严重和中度富营养化的城市景观水体,建立了"富营养化水域食藻虫引导沉水植物生态修复工程技术";(2)对于轻度污染和富营养化河道和湖泊,建立了"水体生态修复与景观构建工程集成技术";(3)对于近海富营养化水域,已建立了封闭型海域、网箱养殖海域、开放型海域"大型海藻栽培生态修复技术"。其中一批海洋与湖泊生态修复工程项目已经引起上海和全国关注,经过 3—6 个月的生物操纵和生态修复工程实施后,淡水水质可由原来 V-劣 V 类水质提高到 II-III 类,透明度由原来 0.3—0.5 m 提高到 1.5—3.0 m,海水水质可由原来 IV-劣 IV 类提高到 I-II 类,透明度由原来 0.5—1.0 m 提高到 3—6 m,并可长效维护水生生态系统稳定,长期抑制水华和赤潮发生。

本系已建立了以下 4 个研究平台和方向：

1. 港口与近海生态学

主要研究我国长江口近海海域、洋山港港口生态系统长期跟踪观察，重点研究气候变化港口与近海外来物种变化和演替规律，特别是港口压船水外来物种监测和处置等技术研究。

（1）近海外来物种监测

（2）洋山港港口压船水检测

（3）洋山港港口生态观察

2. 近海绿潮赤潮控制与生态修复工程

主要研究我国赤潮、绿潮分子生态学与监测、近海富营养化与赤潮和绿潮爆发机制与控制、近海富营养化生态修复与资源化利用等。

（1）赤潮绿潮监测

（2）近海大型海藻生态修复工程

（3）藻类活性物质与天然产物研究

3. 水域生态与景观工程

主要研究我国湖泊、河流及景观水体富营养化及水华现象，运用生物操纵技术与生态工程对水体污染控制、对受污水体进行生态修复与治理，构建安全健康与优美的水体生态景观，实现水体生态景观功能化，全面提升水体环境质量。

（1）水体与湿地景观设计

（2）水体与湿地生态修复工程

（3）水体与湿地景观生态学研究

4. 近海生态风险评估与生态补偿

主要研究我国海洋与湖泊生态环境常规检测技术、海洋环境和生物毒素快速检测技术、海洋环境毒理与生物检测技术等，并开展我国近海与湖泊生态风险评估与生态补偿研究。

（1）近海环境因子监测

（2）近海生态系统监测

（3）近海生态风险评估与补偿

第七节　海洋生物系

海洋生物系成立于 2007 年 2 月，由原海洋生物教研室和原藻类教研室合并而成，与上海水产大学藻类研究所合署办公；原海洋生物教研室成员主要由原海产动物养殖教研室老师组成，下设海洋生物教研室、藻类学教研室和藻类研究所。作为我校海洋学、水生生物学和水产养殖学的交叉学科，海洋生物学的主要研究方向是：海洋生物资源开发利用、海洋生物生理生态学、繁殖和发育生物学、海洋生物技术等；研究海洋生物多样性保护和环境修复。对于一些重要的海洋生物（包括食用、药用、观赏等生物）则从地理分布、种群变动、遗传变异、种质资源、生理生态、繁殖发育以及人工养殖等方面进行系统研究。

一、发展沿革

（一）学科发展

海洋生物学是我校海洋生物和水产养殖专业的主要学科，从无到有，从浅到深，已有 40 多年发展历史，其间充满着师生们艰苦创业的辛勤汗水。

1952 年上海水产学院建院初期，华汝成在植物学课程中讲授藻类学内容，王素娟讲述有关藻类养殖内容。

1958 年，王素娟带领 4 名高年级学生历时 3 个月左右，调查普陀山、蝦峙岛、朱家尖等十来个岛屿和海湾滩涂，顺利开展海带大面积南移舟山养殖生产，为藻类学科的建立打下基础。

1958 年学校开始设立海水养殖专业，包括藻类养殖和贝类养殖两个教研室，王素娟为藻类养殖教研室主任，李松荣为贝类养殖教研室主任。

1958 年起，舟山蝦峙岛与普陀山成为我校海水藻类学科教学、科研、生产实践三结合的基地，在普陀山由师生参加劳动建成一座能控温、光及流水系统设备完整的海藻育苗室。

1960年,海养教研室被评为上海市文教先进集体,王素娟获上海市文教先进工作者与全国文教先进工作者称号。

1963年,本学科王素娟、朱家彦、刘风贤、章景荣、陈国宜等老师开展紫菜养殖,在舟山开始进行条斑紫菜的研究,且取得较好的成果,并于1964年通过水产部验收鉴定。

1972年,学校移迁厦门后,除原有5名教师外又增加了马家海与顾功超2名教师。针对当地紫菜生产中存在的问题(绿变病、冷藏网等),开展了大量的科学研究;在促进紫菜养殖生产的同时也推进了学科的发展。

1978年,获得福建省科学大会先进集体奖;王素娟老师出席了该次大会。

1980年,复校回沪后,为适应新的教学要求,许多教师积极编写新教材,至1985年先后出版了《海藻学》(刘风贤等)、《海藻栽培学》(王素娟等)、《植物生理与藻类生理讲义》(陈国宜)。

1983年王素娟老师首次招收研究生,建立了海藻细胞培养室,并开出了新的课程"海藻细胞培养"和"海藻生物技术",实验室条件得到了很大改善。

1985年,海产动物增养殖教研室成立。

1990年,由纪成林、张道南、顾功超、王维德、凌国建、沈和定组成的海产动物增养殖教研室,因为在教学改革、科学研究和生产技术服务等方面做了大量工作,取得了突出成果,被评为一九八九年度上海市模范集体。

1989—1990年,以纪成林、臧维玲为首的技术组,攻克了上海地区低盐度人工调配海水对虾育苗技术难关,取得生产性突破,被誉为上海市水产界的一件大事。

2000年以来,虾蟹类研究在蔡生力、戴习林、刘红等老师的共同努力下,主持或参与国家"863"项目、上海市教委重点项目、上海市农委重点项目10多项、为海产动物学科的发展奠定了良好的研究基础。沈和定老师以贝类净化理论和技术研究为契机,通过不断钻研和学习提高,贝类生理生态、贝类净化、贝类分类、繁殖生物学研究工作得到了一定的发展。

2002年，根据学校要求分别成立藻类学学术点和海洋生物学学术点。2005年又改为教研室。

2007年，在原藻类学教研室和海洋生物教研室的基础上成立海洋生物系。

2008年，引进上海市"东方学者"特聘教授张俊彬博士、李云博士，在军曹鱼、斜带石斑鱼和小丑鱼的苗种繁育取得一定的进展，扩展了研究领域，使海洋生物系的研究涵盖了主要海洋经济生物类群（鱼、虾、贝、藻）。

（二）教师队伍

学科发展过程中人才的成长，均由当时的青年教师成长为学科的骨干教师，1985年王素娟首先升任我系首批教授，到1986年刘凤贤、陈国宜、朱家彦、马家海均先后升任副教授，另外有2位年轻教师徐志东、张小平（先后赴美深造）。

1990年后，由于老教师陆续退休，教学、科研与学科发展的重任落在马家海教授和几位年轻副教授的身上，他们是中科院海洋所博士后周志刚（曾任渔业学院院长）、日本留学归国博士后严兴洪博士和获南京农业大学博士学位的本校教师何培民，马家海教授为本学科首任博士生导师，曾二次公派赴日本做访问学者（1995年任渔业学院养殖系主任、教研室主任）。近年来，他们在科研、教学上作出了很大成绩，多次获国内奖励，对藻类学科在我校的持续发展起着重要作用，详细情况见科学研究部分。

学校移迁厦门期间（1972—1980年）贝类养殖教研室由李松荣、郑刚、张英、张缓溶、王维德、陈品健6名教师组成；搬回上海后，贝类研究力量不断削弱，至1985年成立海产动物教研室时只有张缓溶、王维德老师还在进行贝类学和贝类养殖学日常的教学和研究工作。

海产动物增养殖教研室的人员由1985年成立之初的6人，随着老教师不断退休，教师数量逐渐减少，至1999年仅有沈和定和戴习林。

为了加强研究力量，学校从中国水产科学研究院黄海水产研究所引进从事虾类研究的蔡生力博士。2002年9月成立海洋生物学科点，主要成员有蔡生力、沈和定、戴习林和刘红；2005年刘红从香港中文大学生物系海洋分子生物学与生物技术专业毕业并获得博士学位，学科点的内涵建设得到进一步扩展。2007年2月由于学科发展及学校整体规划的需要，由原海洋生物教研室和原藻类教研室合并成立海洋生物系。2006年7月从中国科学研究院海洋研究所引进海洋生态方向的陈桃英博士，2007年7月从中山大学引进鱼类生理分子生物学方向的李云博士，2008年引进张俊彬教授（上海市"东方学者"特聘教授），2009年从日本长崎大学生产科学研究科海洋生产科学专业引进杨金龙博士，本校水产养殖专业的牛东红博士和毕燕会博士来本系工作。2011年孙彬博士来本系工作。目前海洋生物系教师共有16名。

（三）专业建设

1. 本科专业

2007年海洋生物系所辖本科专业"生物科学（海洋生物方向）"正式被批准设立，当年招生65名。以后每年均招生30余名，至2011年9月，共招收170余名。至2012年6月，毕业约100名。

2. 硕士学位点

2002年海洋生物硕士学位授予点正式被批准，并于2003年开始招收海洋生物专业硕士，至2011年9月共招收本专业硕士研究生150余名，至2012年，共毕业硕士研究生95名。

二、组织架构

海洋生物系由海洋生物教研室、藻类学教研室以及藻类研究所组成。

系主任：蔡生力　副主任：严兴红、沈和定

成员：周志刚、张俊彬、戴习林、刘红、杨金龙、陈桃英、李云、刘志伟、牛东红、毕燕会、李琳、黄林彬、孙彬

藻类学教研室

成员：严兴红、周志刚、毕燕会、李琳、黄林彬、孙彬

海洋生物教研室

成员：蔡生力、张俊彬、沈和定、戴习林、刘红、杨金龙、陈桃英、李云、刘志伟、牛东红

藻类学研究所所长：严兴红

三、教学

1. 主持的学科

海洋生物学：上海市教委重点学科

2. 下设专业

生物科学（海洋生物方向）：学士学位授予点

海洋生物学：硕士学位授予点

3. 承担的主要课程

本科：海藻学、植物生物学、植物生理学、海洋生物学（无脊椎动物）、海洋生物学（脊椎动物）、海洋浮游生物学、贝类学、贝类养殖学、海洋生态学概论、海洋生物技术、生命的起源与进化、水族趣话等。

研究生：海洋生物学概论、海洋生态系统、海洋科学导论、海藻细胞工程、转基因技术、藻类生物学、贝类生物学与养殖、海水养殖专题、水产动物繁殖进展、生物信息学、海藻实验技术、海洋生物标本制作技术等。

4. 实验、实践教学

科目：海洋生物多样性调查（1）、海洋生物多样性调查（2）

基地：海洋生物（青岛）教学实践基地

　　　浙江象山上海海洋大学海洋生物科教基地

　　　海洋生物标本室（校内）

三、科研

该系的科研工作围绕着藻类（海带、紫菜）、虾和贝类开展，详见第四章。

第三章 人才培养

水产养殖学科人才的培养主要体现在本科专业的产生与发展和研究生教育的起步与发展。100 多年来,由水产养殖学发展和衍生出来的本科专业最多时达到了 9 个。研究生教育从 1983 年招收第一届学术硕士研究生开始,目前研究生培养形成博士、学术硕士、专业硕士学位等形式的培养模式,招生规模超过了本科,水产养殖学科也成为研究型学科。下面从本科教学与研究生教育两个方面,对水产养殖学科的人才培养进行综述。

第一节 本科教学

一、概况

1921 年江苏省立水产学校设置养殖科,那时教学计划和课程设置相对简单。系统地订制教学计划和教学大纲从 1952 年开始。1952 年,学校为贯彻教育部"全面发展,提高教育质量"的方针,制订水产类专业教学计划和课程教学大纲。1956 年 1 月,高等教育部在学校召开全国水产类、蚕桑类教学计划和课程教学大纲会议,主要参照苏联莫斯科米高扬渔业工学院、海参崴远东渔业工学院、摩尔曼斯克航海学院等的教学计划和课程大纲,修订了水产养殖本科专业教学计划和课程教学大纲,将学制改为5年。理论教学总学时数约为4 100,课程门数约为30门,周学时数在30学时左右。随后的几十年间,随着专业数量的增加,教学计划和课程建设逐步加强。1998年我校等承担的教育部研究项目"面向21世纪的教学改革工作"对水产类本科专业目录提出了修改,将海水养殖与淡水渔业专业合并成水产养殖专业,计划上报教育部后得到了批准,1999年夏正式开始招收合并后的水产养殖专业。2009年,水产养殖专业被批准为第四批国家级特色专业,同时列入上海市教育高地。1988年恢复招收水生生物专业,按国家教委制定的专业目录,专业名称为生物学(水生生物),1998年教育部颁布了新的《普通高等学校本科专业目录》,该专业更名为生物科学。2008年,生物科学专业被列为第二批国家级特色专业,同时列入上海市教育高地。1994年、1995年、1996年招收了三届水域环境保护专业专科生,之后于2003年起招生环境科学本科专业学生,该专业于2009年列入上海市教育高地。

随着专业设置及课程内容的丰富,水产养殖学科的本科教学工作得到较快发展,专业结构日趋合理。早期照搬苏联教学计划,随后在实践中不断修订和完善,改变苏联教学计划重技术但基础理论较薄弱的缺陷,在不断加强生理生化和环境等方面的学科建设内容的基础上,形成有学院特色的教学计划。2012年起,学院实施大类招生,生物科学、生物技术、生物科学(海洋生物方向)统一归为一本生物类招生;水产养殖学、水产养殖学(水生动物医学方向)归为一本水产类招生。一年级学生教学计划打通,于第二学期重新选择专业。同年,动物科学专业也列入一本招生。历届本科招生与毕业情况见附录四。

二、专业设置

2011年,水产养殖学科及相关支撑学科共设有8个本科专业。

(一)水产养殖专业(国家特色专业)

1. 培养目标

培养具备水产动植物增养殖科学基础理论、基本技能,掌握水产动物饲料开发、病害防治、育种和渔业环境调控等方面基本技术,能够在水产养殖生产、教育、科研和管理等部门从事科学研究、教学、水产养殖开发及管理等工作的复合型技术人才。

2. 主干学科

水产养殖学、生物科学、环境科学。

3. 主要课程

普通动物学、普通生态学、水生生物学、鱼类学、微生物学、动物生理学、组织胚胎学、遗传学、养殖水化学、鱼类增养殖学、水产动物营养与饲料学、生物饵料培养、水产动物疾病学等。

4. 主要实验实践教学

实验课程包括基础化学实验、有机化学实验、大学物理实验、生物化学实验、水生生物学实验、动物生理学实验、鱼类学实验、养殖水化学实验、遗传学实验,组织胚胎学实验、生物饵料培养实验、水产动物疾病学实验等。

实践实训共计 26 周,其中水生生物认识实习 2 周、水生动植物增养殖生产实习 6 周、综合实习与创新实践 2 周、毕业论文 16 周。

(二)生物科学专业(国家特色专业)

1. 培养目标

培养具备坚实的生物科学基本理论、基本知识和较强的实验技能;能在生物学尤其是水生生物学的基础理论研究、生物资源持续开发利用、水环境保护、生物高新技术等领域从事科学研究、教学、技术开发及管理等工作的复合型人才,为生物科学相关领域培养研究生后备力量。

2. 主干学科

生物学、生态学、水生生物学。

3. 主要课程

普通动物学、动物生理学、植物生物学、普通生态学、微生物学、水生生物学、细胞生物学、遗传学、生物化学、发育生物学、水生野生动植物保护学。

4. 主要实验实践教学

实验课程包括基础化学实验、有机化学实验、大学物理实验、生物化学实验、普通动物学实验、植物生理学实验、微生物学实验、动物生理学实验、遗传学实验、细胞生物学实验、水生生物学实验、组织胚胎学实验、鱼类学实验、水环境化学实验、甲壳动物学实验、藻类学实验、贝类学实验、水草栽培学实验等。

实践实训共计 22 周,其中水生生物教学实习 2 周、海洋生物多样性调查 2 周、水环境生态保护实习 2 周、毕业论文 16 周。

(三) 生物科学(海洋生物方向)专业

1. 培养目标

培养具备坚实的生物科学(特别是海洋生物学)基本理论、基本知识和较强的实验技能;能在生物科学尤其是海洋生物学的基础理论研究、生物资源调查、开发利用、环境保护、生物高新技术产业等领域从事科研、教学及管理工作的海洋生物高级专门人才,并为相关海洋科学、海洋技术研究领域输送研究生后备力量。

2. 主干学科

生物学、生态学、海洋学。

3. 主要课程

生物化学、细胞生物学、遗传学、动物生理学、植物生理学、海洋无脊椎动物学、海洋脊椎动物学、海藻学、海洋微生物学、海洋浮游生物学、海洋生态学、海洋学、海水化学。

4. 主要实验实践教学

实验课程包括基础化学实验、有机化学实验、大学物理实验、生物化学实验、海藻学实验、海洋生物学(无脊椎动物)实验、海洋生物学(脊椎动物)实验、海洋浮游生物学实验、遗传学实验、海洋化学实验、植物生理学实验、动物生理学实验等。

实践实训共计 21 周,其中海洋生物多样性调查实习 1 和 2,共 5 周,毕业论文 16 周。

（四）生物技术专业

1. 培养目标

培养具备生命科学的基本理论和较系统的生物技术的基本理论、基本技能，能在科研机构或高等学校从事科学研究或教学工作，能在生物相关行业的企业、事业单位从事与生物技术有关的应用研究、技术开发、生产管理和行政管理等工作的专门人才。

2. 主干学科

生物科学、生物工程、基因工程。

3. 主要课程

基础化学、有机化学、生物化学、普通生物学、微生物学、遗传学、细胞生物学、分子生物学、发育生物学、发酵工程、细胞工程、基因工程等。

4. 主要实验实践教学

实验课程包括大学物理实验、基础化学实验、有机化学实验、生物化学实验、普通生物学实验、微生物学实验、动物生理学实验、组织与胚胎学实验、遗传学实验、细胞生物学实验、基因工程实验、植物生理学实验。

实践实训共计 22 周，其中生物技术认识实习、生物技术产品研发过程实习、生物技术综合能力训练各 2 周，毕业论文 16 周。

（五）环境科学专业

1. 培养目标

培养德、智、体、美全面发展，具备环境科学的基本理论、基本知识和基本技能，能从事环境保护及相关工作的专门人才以及继续深造的专业人才。

2. 主干学科

环境科学、生物科学、化学。

3. 主要课程

基础化学、有机化学、普通生物学、环境科学导论、普通生态学、环境微生物学、环境监测、环境化学、环境工程学、环境影响与评价等。

4. 主要实验实践教学

实验课程包括基础化学实验、有机化学实验、生物化学实验、物理化学实验)、普通生物学实验、水生生物学实验、环境微生物学实验、环境监测实验、环境化学实验、环境工程学实验、现代环境监测实验等。

实践实训共计24周,其中环境监测与评价实习4周、生态学实习2周、环境工程生产实习2周、毕业论文16周。

(六) 水族科学与技术专业

1. 培养目标

培养具有观赏水族养殖与鉴赏、繁殖与育种、水质调控、营养与饲料、病害防治、工程设计、经营管理等方面知识与能力,能够在企事业单位从事科研、教学、管理、生产等工作的复合型科学技术人才。

2. 主干学科

生物科学、水产养殖学、环境科学。

3. 主要课程

普通动物学、水生生物学、观赏水族养殖学、观赏水族疾病防治学、观赏水族营养与饲料学、水族工程学、水草栽培学、水族馆创意与设计、生物饵料培养、游钓渔业学等。

4. 主要实验实践教学

实验课程包括基础化学实验、有机化学实验、生物化学实验、普通动物学实验、动物生理学实验、遗传学实验、水生生物学实验、鱼类学实验、微生物学实验、组织胚胎学实验、养殖水化学实验、观赏水族养殖学实验、观赏水族疾病防治学实验、水草栽培学实验等。

实践实训共计26周,其中水生生物认识实习2周、水族生物调查2周、生产实习6周、毕业论文16周。

(七) 动物科学专业

1. 培养目标

培养具备动物科学(动物营养与饲料)方面的基本理论、基本知识和基本技能,能在动物科学(特别是水产动物营养与饲料)相关领域或部门从事技术与设计、推广与开发、经营与管理、教学与科研等工作的科学技术人才。

2. 主干学科

水产养殖学、动物学、动物营养与饲料学。

3. 主要课程

生物化学、普通动物学、动物生理学、动物营养学、配合饲料学、饲料加工工艺与设备、生物饵料培养、营养繁殖学、饲料分析与检测、水产养殖概论、畜牧学通论、水产动物疾病学、兽医学等。

4. 主要实验实践教学

实验课程包括基础化学实验、有机化学实验、大学物理实验、生物化学实验、普通动物学实验、微生物学实验、动物生理学实验、遗传学实验、生物饵料培养实验、饲料分析与检测实验、饲料加工工艺与设备实验、组织胚胎学实验、细胞生物学实验、水产动物疾病学实验、免疫学实验等。

实践实训共计 24 周,其中饲料行业调查实习 2 周,动物生产参观实习 2 周、饲料生产实习 4 周、毕业论文 16 周。

(八) 园林专业

1. 培养目标

培养德、智、体全面发展,具备良好的科学素养和系统的园林学基本理论知识和技能,具有水域景观相应的理论和应用研究、规划设计、建设、管理能力与创新意识,能满足我国城乡建设和可持续发展的水域生态景观学专门人才,以及能从事相关教学、科研、咨询与管理等工作的复合型高级人才。

2. 主干学科

园林学、生态学、景观学、环境科学。

3. 主要课程

普通生态学、素描基础、景观设计初步、城市规划原理、中外园林史、水生生物学、风景园林概论、园林规划设计、计算机图形设计、水环境化学、水域景观工程与技术、植物造景等。

4. 主要实验实践教学

实验课程主要包括基础化学实验、水生生物学实验、水环境化学实验,以及素描和色彩、园林树木学、测量学实验、景观设计初步、园林规划设计、计算机辅助设计等。

实践实训共 22 周,包括园林生态景观评价实习 2 周、水域生态学实习 2 周、园林景观规划与设计 2 周,毕业论文 16 周。

三、课程与教材建设

(一)课程建设

在人才培养的过程中,水产与生命学院不断完善课程体系,加强课程建设。养殖水化学、水生生物学、鱼类学、鱼类增养殖学、生物饵料培养学和水产动物营养与饲料学分别于 2003、2004、2005、2006、2009 和 2018 年被评为上海市精品课程,其中鱼类学和鱼类增养殖学分别于 2006、2008 年成为国家级精品课程(表 3-1-1)。2009 年和 2012 年,环境科学导论与普通生态学两门课程分别被评为上海市全英语教学示范课程,动物学 2017 年又被评为上海市全英语教学示范课程。普通生态学(2013 年)、水产动物营养与饲料学(2015 年)和生物信息学(2017年)等三门课程被评为上海市留学生示范性全英语教学课程。学院所有本科专业的核心课程均列入各级重点建设课程项目中,其中上海市重点建设课程包括动物生理学、养殖水化学、动物学、遗传学、水生生物

表 3-1-1 2003 年至 2018 年所获国家和上海市精品课程

序号	时间	课程名称	类别	负责人
1	2003	养殖水化学	上海市精品课程	臧维玲、江　敏
2	2004	水生生物学	上海市精品课程	周志刚、王丽卿
3	2005	鱼类学	上海市精品课程	唐文乔、龚小玲
4	2006	鱼类增养殖学	上海市精品课程	王　武、李应森
5	2006	鱼类学	国家精品课程	唐文乔、龚小玲
6	2008	鱼类增养殖学	国家级精品课程	李应森、王　武
7	2009	生物饵料培养	上海市精品课程	成永旭、黄旭雄
8	2018	水产动物营养与饲料学	上海市精品课程	陈乃松

学、鱼类增养殖学、鱼类学、微生物学、水产动物疾病学、分子生物学、生态学基础、生物饵料培养、遗传育种学等。

（二）教材建设

20 世纪 50 年代初，养殖系基本上没有正式出版的教材，都由教师编写讲义，校内自己印刷使用。自 1960 年起，教材统编工作大致经过了三个阶段。1960 年水产部组织水产高校编写试用教材或交流讲义，养殖系教师主编了 8 本教材、参编了 1 本教材，这些教材在 1961—1962年由农业出版社出版，从此养殖系学生开始能使用正式出版的教材。在此值得一提的是，养殖系 1959 届学生通过生产实践的总结、调查和研究，完全由学生编写了一本《池塘养鱼学讲义》，并由高等教育出版社正式出版（1959）。第二批水产院校统编教材是从 1977 年开始的，1979年之后陆续出书，养殖系教师共出版了 14 本教材，其中主编 10 本，参编 4 本。1990 年左右，部分老师还参加了水产类专科教材的编写，主编 2 本，参编 3 本。第二批教材比 1961 年的第一批教材的水平有很大提高，它在 20 世纪 80 年代、90 年代的教学中发挥了很大的作用。1993年农业部组织了第三批水产统编教材的编写，学院承担主编（或副主编）的有 7 本，参编 4 本，这些教材及时反映了学科发展的新进展，教材质量更提高了一步。60 多年来，学院共正式出版了 77 本教材，其中主编（或副主编）的有 59 本，参编 18 本。其中《海藻栽培学》《鱼类比较解剖》《淡水养殖水化学》分别于 1990 年、1992 年和 1995 年被评为国家级优秀教材；《水产动物疾病学》于 1995 年获农业部优秀教材；《鱼类生态学》《鱼类增养殖学》《甲壳动物学》分别于 1997、2005 和 2011 年被评为上海市优秀教材奖；《鱼类育种学》《养殖水环境化学》《生物饵料培养学》分别于 2005、2005、2008 年被评为全国高等农业院校优秀教材奖（表 3 - 1 - 2）。历年出版的教材见附录 2。

（三）教研教改与创新培养

在水产一流学科建设过程中，积极开展各类教学研究与教学改革项目，承担了教育部、农业部及上海市教委的相关教改项目（表 3 - 1 - 3）。

表 3-1-2 1992—2018 年获奖教材一览表

序号	获奖时间	教材名称	获奖种类及等级	获奖人
1	1992	鱼类比较解剖	国家教委国家级优秀教材	孟庆闻、苏锦祥、李婉端
2	1995	水产动物疾病学	第二届全国高等农业院校优秀教材一等奖	黄琪琰、陆宏达、宋承方
3	1990	海藻栽培学	国家教委全国高等学校教材优秀奖	曾呈奎、王素娟
4	2005	鱼类育种学	全国高等农业院校优秀教材	楼允东、杨先乐
5	2005	鱼类增养殖学	上海市优秀教材成果三等奖	王 武、李应森
6	2008	生物饵料培养学	全国高等农业院校优秀教材	成永旭、黄旭雄、周志刚
7	2011	甲壳动物学	上海市优秀教材奖	薛俊增
8	2013	池塘养鱼学	上海市优秀教材奖	李家乐
9	2014	渔药药理学	上海市优秀教材奖	杨先乐

表 3-1-3 2013—2018 年教改项目一览表

序号	立项时间	项目名称	项目来源	覆盖专业
1	2013 年	"本科教学工程"地方高校第一批本科专业综合改革试点专业——水产养殖学	教育部	水产养殖学
2	2014 年	第一批卓越农林人才教育培养计划改革试点项目"水产类拔尖创新型人才培养"	教育部农业部林业局	水产养殖学、水族科学与技术专业
3	2014 年	高校本科重点教学改革项目"高校水产类创新人才培养机制研究"	上海市教委	水产养殖学、水族科学与技术、水生动物医学
4	2017 年	第四批上海市属高校应用型本科试点项目	上海市教委	水产养殖学
5	2017 年	高校课程思政教育教学改革试点项目"农学(水产)专业课程思政指导意见"	上海市教委	水产养殖学、水族科学与技术、水生动物医学
6	2018 年	上海高等学校一流本科建设引领计划项目"源起水产,汇入海洋,走向世界"一流本科专业与实践教学平台建设	上海市教委	水产养殖学、水族科学与技术、水生动物医学

注重水产高水平技术人才的培养,通过国内外的校企合作和国际交流学生的培养方式,加强了产教融合,提升了学生在专业领域内的实践创新能力,拓展了学生的国际化视野以及对多元文化的理解力,开创了人才培养的创新模式。

加大校企合作力度,按企业用人要求定向培养高水平技术人才。与华大基因学院达成了水产与海洋生物技术人才联合培养协议"2.5+1.5"模式的"水产/海洋基因组科学创新班";与大北农神爽水产科技集团达成了"大北农神爽班"合作意向;与正大集团合作组建"正大班",培养学生的领袖和管理能力。

加强人才培养的国际合作力度,通过开展基于学分互认和双学位的联合办学项目、中欧 ERASMUS+学分项目、基于课程研究的双向学生交换项目、单向学分认可的海外交流生项目(亚洲校园项目)和基于专业学习的海外培训和实习项目等方式,构建了多层次的国际教学合作,首创了首个水产类本科专业海外实习基地,通过走出去与引进来相结合的方式,有效促进了学生国际化视野的培养。

第二节 研究生教育

一、概况

学院的研究生教育从 1983 年开始招收水产养殖专业硕士研究生开始,到 2018 年形成了较完整的研究生教育学位授予体系。

1983 年孟庆闻、谭玉钧和王义强开始招收水产养殖专业研究生,截至 1989 年水产养殖共招收水产养殖专业 51 人。

1994 年起,学校与中国科学院海洋研究所、青岛海洋大学联合培养 2 名博士研究生,我院王素娟被中国科学院海洋研究所聘为副博士生导师、李思发被青岛海洋大学聘为水产养殖学科专业副博士生导师;1996 年获得水生生物学硕士学位授予权,同时,水产养殖硕士学位点获得在职人员以研究生毕业同等学力申请硕士学位授予权;1997 年学校与中国水产科学研究院联合研究生部正式挂牌,同时,完成水产养殖硕士点评估工作。1998年6月取得水产养殖博士点的授予权。

经过三十多年的发展,目前水产与生命学院已拥有1个一级学科博士后流动站(水产学);1个一级学科博士学位授权点(生物学),2个二级学科博士点(水产养殖学,海洋科学);2个一级学科硕士学位授权点(生物学、生态学);8个二级学科硕士学位授权点(水产养殖学、海洋生物学、动物营养与饲料科学、临床兽医学、动物遗传育种学、环境科学、作物遗传育种、渔业)。

研究生培养方面,2001年学校全面实行研究生教育校院二级管理体制,学院配合学校新制订一系列规章制度,完善研究生培养全过程的管理,包括个人培养计划制订制度、学位论文开题公开报告制度、中期考核淘汰制度、学位论文预答辩制度、论文盲审制度及学位论文原创性检查。2005年1月,学校成立校党委领导下的研究生工作部,形成学院党委、研究生工作部、研究生导师三位一体的研究生思想政治教育管理模式,明确学院党委书记为学院研究生思想政治管理的第一责任人,并建立一支专兼职相结合的研究生辅导员队伍,加强研究生思想政治工作。

二、研究生专业设置

1. 硕士学科、专业及研究方向

(1) 1983—1997年研究生学科、专业设置

1983年学校水产养殖专业首次招收硕士研究生,1984年水产养殖专业设置鱼类形态与分类、鱼类生理、池塘养鱼理论与技术、淡水鱼类生态学与增养殖、经济海藻生物学、经济海产动物增养殖、淡水渔业环境检测等7个研究方向;1992年修订的水产养殖专业研究生培养方案中,该专业设置鱼类学、鱼类生态学、鱼类生理学、池塘养鱼理论与技术、内陆水域鱼类增养殖学、水产生物遗传育种、水产动物病害学、水产养殖饵料生物学、海产动物增养殖学、藻类增养殖学、水产动物营养与饲料学、渔业水质管理等12个研究方向。

至 1997 年学院已有水产养殖、水生生物学 2 个硕士学位授权点。

（2）1997 年各硕士学科、专业及研究方向（2 个二级学科专业）

水产养殖专业　设置水产动物增养殖学、水产动物疾病防治学、藻类生物工程与增养殖学、水产动物种质资源开发与利用、水产动物营养与饲料学等 5 个研究方向。

水生生物学专业　设置鱼类学与鱼类生态学、水生动物生理学、水生动物遗传学、水产养殖饵料生物学、渔业水域水质与调控、水族馆科学等 6 个研究方向。

（3）1999 年硕士学科、专业及研究方向（2 个二级学科专业）

水产养殖专业　设置水产增养殖学、水产动物医学、水产生物种质资源及遗传育种、水产动物营养与饲料学等 4 个研究方向。

水生生物学专业　设置鱼类学与鱼类生态学、水生动物生理学、渔业环境及其调控等 3 个研究方向。

（4）2002 年各硕士学科、专业及研究方向（5 个二级学科专业）

海洋生物学专业　设置海洋生物技术、海洋生物生理生态学、海洋植物种苗工程及增养殖、海水养殖生态容纳量等 4 个研究方向。

水生生物学专业　设置渔业环境及其调控、鱼类学、鱼类生态学、水生动物生理学、水域生态学、保护生物学等 6 个研究方向。

水产养殖专业　设置水产动物种质资源与种苗工程、水产动物遗传育种、水产动物抗逆性研究和应用、水产动物繁殖与发育生物学、水产动物健康养殖、水产集约化养殖等 6 个研究方向。

动物营养与饲料科学专业　设置水产动物营养学、水产饲料及饲料加工工艺学、水产生物饵料学等 3 个研究方向。

临床兽医学专业　设置水产动物疾病学、水产动物免疫学、水产药理学等 3 个研究方向。

（5）2006—2010 年各硕士学科、专业及研究方向（1 个一级学科、10 个二级学科专业）

海洋生物学专业　设置海洋生物生理和生态学及生物多样性保护、海洋生物繁殖和发育生物学及增养殖学、海洋生物技术等 3 个研究方向。

水生生物学专业 设置水生生物多样性、水生动物生理学与发育生物学、鱼类学和鱼类生态学、水域生态学、保护生物学、渔业环境及其调控等 6 个研究方向。

生物化学与分子生物学专业 设置水产动物分子生物学、藻类细胞与分子生物学等 2 个研究方向。

环境科学专业 设置环境生物与生态、水域生态修复、环境水动力学、环境评价与规划、海洋环境保护等 5 个研究方向。

作物遗传育种专业 设置作物种质资源和育种理论与方法研究、植物细胞遗传与细胞工程育种、作物基因工程与分子育种等 3 个研究方向。

动物遗传育种与繁殖专业 设置水产动物的遗传育种和水产动物及观赏性水产动物新品种的繁殖等研究方向。

动物营养与饲料科学专业 设置水产动物营养学、饲料学、饲料加工工艺学、饵料生物培养等研究方向。

临床兽医学专业 设置水产动物的疾病学、流行病学、病理学、病原生物学、药物学和免疫学等研究方向。

水产(一级学科) 水产养殖

水产养殖专业 设置水产经济动植物的人工繁育技术,水产集约化养殖系统,增殖和放流等研究方向。

(6) 2011 年,根据《学位授予和人才培养学科目录(2011 年版)》,结合学校获得相关一级学科硕士学位授权点,对各硕士学科、专业及研究方向作了相应调整。(3 个一级学科、12 个二级学科专业)

保留作物遗传育种、动物遗传育种与繁殖、动物营养与饲料科学、临床兽医学等 4 个原有二级学科、专业,各专业研究方向的设置与 2010 年相同。

水产(一级学科) 该一级学科中包含水产养殖专业研究方向设置与 2010 年相同。

生物学(一级学科) 涵盖了水生生物学、生物化学与分子生物学 2 个二级学科、专业相关研究方向。

生态学(一级学科) 包含原生物学一级学科和原生态学二级学科中的相关研究方向。

2. 博士研究生专业及研究方向

从 1994 年起学校开始与中国海洋大学(当时叫青岛海洋大学)、中国科学院海洋研究所联合培养 2 名博士研究生。1998 年学校水产养殖专业获博士学位授予权,2000 年获水产一级学科博士学位授予权。2018 年获得海洋科学博士学位授予权。1999 年由李思发、王武作为学校的第一批博士生导师,招收第一届 2 名博士研究生。根据 1999 年水产养殖专业博士研究生培养方案,水产养殖专业设置水产动物种质资源与种苗工程、集约化水产养殖二个研究方向。为提高博士研究生培养质量,适应社会发展对高层次人才的需求,学校对博士研究生培养方案中有关内容与要求进行多次修改与补充。

(1) 2003—2005 年各博士学科、专业及研究方向(1 个一级学科、1 个二级学科专业)

水产一级学科博士点水产养殖。

水产养殖专业　设置水产动物种质资源与种苗工程、集约化水产养殖、海洋植物种苗工程及增养殖、水产动物营养与饲料学、水产动物医学、鱼类生态学、海洋生物技术等 7 个研究方向。

2005 年改设为水产动物种质资源与种苗工程、集约化水产养殖、海洋植物种苗工程及增养殖、水产动物营养与饲料学、水产动物医学、水生动物生理与生态学、海洋生物技术、水产动物遗传育种学等 8 个研究方向。

(2) 2006—2010 年各博士学科、专业及研究方向(1 个一级学科、2 个二级学科专业)

水产一级学科博士点水产养殖。

水生生物学专业　主要研究方向为水生生物多样性及其资源利用、水生动物生理学与发育生物学、水域生态学与保护生物学、水产动物遗传育种与海洋生物技术等。

水产养殖专业　主要研究方向为水产生物种质资源与种苗工程、水产生物遗传育种、水产生物健康养殖、水产集约化养殖、水产动物营养与饲料、水产动物疾病等。

(3) 2011 年各博士学科、专业及研究方向(1 个一级学科、2 个二级

学科专业)

水生生物学专业 设置的主要研究方向与 2010 年相同。

水产(一级学科) 其中水产养殖二级学科专业设置的研究方向与 2010 年相同。

3. 专业学位及研究领域设置

为适应社会需求和完善中国学位制度,1990 年国务院学位委员会第十次会议批准设置专业硕士学位。2000 年开始首次渔业专业领域专业硕士学位,我校是全国唯一一所渔业领域招生试点单位。学院开始招收农业推广硕士专业学位,设有渔业研究领域。

4. 博士、硕士学位授予学科专业情况

有关博士、硕士学位授予学科专业情况见表 3-2-1。

5. 在职攻读硕士学位授权情况

有关在职攻读硕士学位授权情况见表 3-2-2。

6. 在职人员以研究生同等学力申请硕士学位授权情况

1996 年和 2001 年分别获水产养殖、水生生物学在职人员以研究生同等学力申请硕士学位授权,水产养殖 1997 年开始招生,水生生物学目前还没有招生。

三、研究生培养(含非学历研究生培养)

研究生的培养与管理工作由校研究生部实行统一安排,学院主要是根据学校的要求完成学院研究生培养与管理的相关工作。

1. 研究生学习年限与学制

(1) 硕士研究生学习年限与学制

硕士研究生学习年限为 3 年,在职研究生可延长 1 年。在校最长学习年限(含休学)不超过 5 年,且只能延期一次。在职人员攻读硕士学位研究生(非学历)学习年限为 3 年,最长不超过 5 年。

(2) 博士研究生学习年限与学制

博士研究生学习年限一般为 3 年。可根据实际情况经批准延长,

表3-2-1 博士、硕士学位授予权学科专业

序号	学位授予权类别	专业代码	专业名称	获授权年份、批次	授予学位	初次招生年份
1	博士学位	090801	水产养殖	199806(7)	农学	1999
2		090800	水产(一级学科)	200012(8)	农学	
3		071004	水生生物学	200601(10)	理学	2007
4		070700	海洋科学	201803	理学	2018
1	全日制学术硕士	090801	水产养殖	198401(2)	农学	1983
2		071004	水生生物学	199607(6)	理学	1997,2012年起按生物学一级学科招生
3		090800	水产(一级学科)	200012(8)	农学	
4		070703	海洋生物学	200101(8)	理学	2002,2012年起按海洋科学一级学科招生
5		090502	动物营养与饲料科学	200101(8)	农学	2001
6		090603	临床兽医学	200101(8)	农学	2001
7		071010	生物化学与分子生物学	200601(10)	理学	2007,2012年起按生物学一级学科招生
8		090501	动物遗传育种与繁殖	200601(10)	农学	2007
9		083001 077501	环境科学	200601(10)	工学或理学	2007,2012年起按环境科学与工程一级学科招生
10		090102	作物遗传育种	200601(10)	农学	2007
11		071000	生物学(一级学科)	201103,2010	理学	2012

续　表

序号	学位授予权类别	专业代码	专业名称	获授权年份、批次	授予学位	初次招生年份
1	全日制专业硕士	0951	农业推广硕士	2000		
		0951108	渔业领域	2000	农学	2010

注:(1)水产(一级学科)博士学位授权批准时间2000年12月,第8批;(2)1986年前研究生招生权与学位授予权分开申报,招生权由教育部负责审批,学位授予权由国务院学位委员会负责审批。从1986年起研究生招生权与学位授予权合并,统一由国务院学位委员会负责学位授予权的审核。

表3-2-2　农业推广硕士、工程硕士等专业学位

序号	专业名称	专业代码	专业领域	领域代码	获授权年份	授予学位	招生年份
1	农业推广硕士	470100	渔业	470108	200006	农学	2000
			水产养殖	090801	200307	农学	2003
3	高校教师在职攻读硕士学位(2009年起停止招生)	910100	水生生物学	071004	200706	理学	(未招)

但不可超过 1 年。自 2006 年攻读博士学位的学习年限一般为 3—4 年,可根据实际情况允许研究生提前或延期毕业,但博士研究生在校最长学习年限(含休学)不超过 6 年,且只能延期一次。

2. 研究生培养方案

为提高研究生人才培养质量,学院在 1992 年和 1997 年根据学校的部署对研究生培养方案进行了修订,特别是 1997 年春对培养方案进行了一次全面的修订。修订后的培养方案突出培养研究生获取知识的能力,规定研究生除应掌握坚实的本学科基础理论知识和系统的专门知识外,还应掌握相关学科的知识和理论,选定水生生物资源概论为学校各硕士点学位课程,将学科前沿的成果体现在教材中,陆续新编出版《中国淡水鱼养殖原理与实践》(英文版)《鱼类比较解剖》《海藻化学》等 10 多本教材。

2002 年、2006 年和 2009 年学院在学校的统一部署下分别对《研究生培养方案》进行重新修订。从 2005 年起,开设研究生基础前沿课程,聘请国内外知名专家学者为研究生举行短期系列专题讲座,以此拓展学生的知识面。在此基础上,增设研究生文献综述的教学要求,强化研究生的教学实践环节。为培养研究生实验能力和实践技能,从 2009 年起在研究生培养方案中增设导师实验课程。

2001 年学校根据农业推广硕士专业学位教育指导委员会的要求,制订《农业推广硕士研究生(渔业领域)培养方案》及《农业推广硕士研究生培养工作细则》等规章制度,规范在职攻读硕士专业学位研究生培养的过程管理,确保在职攻读硕士专业学位研究生的培养质量。从 2005 年到 2007 年对《农业推广硕士(渔业领域)研究生培养方案》进行多次修订。

3. 全日制硕士、博士研究生课程设置

(1) 1997—1998 年

硕士研究生在学期间必须完成 35—38 个学分的课程学习,并完成 2 学分的生产实习及教学与社会实践任务。课程学习采用学分制形式(上课 18—20 学时计 1 学分,实验 36—40 学时计 1 学分)。课程分为学位课(包括公共必修课、专业基础学位课和专业方向学位课)和选修课两类,学位课不低于 23 学分。

（2）1999—2001 年

课程学习采用学分制形式（上课 20 学时计 1 学分，实验 40 学时计 1 学分）。课程分为学位课（包括公共必修课、专业基础理论课和专业课）和选修课两类，硕士生学位课不低于 20 学分，博士生学位课不低于 15 学分。硕士研究生在学期间必须完成 32 学分的课程学习和 2 学分的生产实习及教学与社会实践任务。共计 34 学分。博士研究生在学期间必须完成 18 学分的课程学习。

（3）2002—2005 年

课程学习采用学分制（上课 18 学时计 1 学分，实验 36 学时计 1 学分）。课程分为学位课（包括公共学位课和专业学位课）和选修课两类。学位课为必修课，不低于 20 学分；选修课中教学实践、文献讨论与综述、前沿讲座为必选课，研究生选听前沿讲座 6—8 个，用论文综述的形式进行考查。研究生可选修其他专业的课程。硕士研究生在学期间至少完成 32 学分的课程学习和 2 学分的教学实践。共计 34 学分。博士研究生在学期间必须完成 18 学分的课程学习。

课程类型和要求：

A. 必修课程

（A）公共学位课（8 学分）

包括马克思主义理论课和第一外国语。

（B）专业学位课（5 门课，10 学分）

基础理论课（3 门，6 学分）：按学科群设置，全校分为 5 个学科群，水产与生命学院归属养殖学科群：包括水产养殖、水生生物学、海洋生物学、动物饲料与营养科学、临床兽医学。

基础理论课每个学科群设置 5—6 门课程，每个研究生研修基础理论课不少于 3 门。

专业课（2 门课，4 学分），是指在本专业范围内拓宽基础理论的课程（特别是本专业经多年积累而形成的具有专业特色研究成果），按二级学科的要求开设。每个研究生研修不少于 2 门。

（C）前沿讲座和文献讨论（4 学分）

为拓宽研究生视野，了解本学科前沿的进展，按二级学科开设前沿讲座,由该学科硕士生导师分别担任主讲,每讲座不少于 6 讲(2 学分)。文献讨论主要为培养研究生文献阅读和科研思维能力而设置,以研究方向为单位进行,由研究生根据自己所查阅文献,汇报学习体会,每人不少于二次(2 学分)。

(D) 教学实践

研究生必须参加教学实践,教学时数不少于 36 学时,并作为课程考核的内容。教学实践活动不纳入"三助"范围。

B. 选修课程(每门课 1—1.5 学分)

(A) 选修课

包括专业选修课和公共选修课。每个研究生选修专业选修课不少于 4 门,跨学科选修课不少于 2 门。

(B) 补修课

对于跨学科考入或以同等学力考入的研究生应补修有关的基础课程或其他课程。这些课程可以是比本人目前所攻学位低一级学位课程,其学分减半。该类研究生补修有关课程后,可免修跨学科课程。

2002—2005 年研究生课程设置框架见表 3 - 3 - 1。

表 3 - 3 - 1　2002—2005 年研究生课程设置框架

课程类型	名称		学分	学时
公共学位课	第一外语	基础外语	5	240
		专业外语	1	
	自然辩证法和科学社会主义		2	60
专业学位课	基础理论课(3 门,每门 2 学分)		6	
	专业课(2 门,每门 2 学分)		4	
选修课	必选课(6 学分) ① 教学实践 ② 前沿讲座 ③ 文献讨论		2 2 2	36 6—8 次 2 次
	专业任选课(4 门以上,每门 1—1.5 学分)		6	
	跨专业任选课 (包括现代科技信息的电子检索、多媒体技术、网络技术、专业所需计算机类课程、第二外语等)		2	

注:18 学时计 1 学分

（3）2006—2008 年

2005 年开始，为适应研究生教育发展的新形势需要，加强对研究生创新精神和创新能力培养，进一步提高研究生培养质量，为社会输送高素质、高层次创造型人才，学校历时一年半，按照"准确定位培养目标、合理制订研究生学制、优化整合研究生课程体系、加强研究生培养过程控制"思路，对现有各专业的研究生培养方案进行全面修订和论证。

修订后的研究生培养方案更加强调基础的宽厚性，突出课程的前沿性，体现教学的互动性，并注重知识的实践性，有利于研究生养成科研的独创性，使本-硕-博教育的层次性更为分明，充分体现分类指导作用，有助于实现研究生教育全面、和谐、可持续发展。

硕士研究生在学期间应至少完成 24 学分的课程学习和实践、文献综述、学术活动（各 2 学分，合 6 学分）等三大必修环节，共计 30 学分。博士研究生在学期间应至少完成 10 学分的课程学习和文献综述、学术活动（各 2 学分，合 4 学分）两大必修环节，共计 14 学分。

研究生课程管理采用学分制（上课 16 学时计 1 学分，实验 32 学时计 1 学分）。

A. 硕士研究生课程体系

（A）应修课程总学分

硕士研究生应修最低课程总学分 24 学分。

（B）课程类别

公共学位课（8 学分）：第一外国语 4 学分，科技外语 1 学分，政治 3 学分。其中：自然辩证法（理工农类专业）2 学分、马克思主义经典著作选读（人文社科类专业）2 学分、科学社会主义理论与实践 1 学分。

专业学位课（不低于 8 学分）：专业基础课、专业主干课、方法论课程等共 3—4 门。其中 2—3 门按一级学科或学科群设置，须含 1 门大型基础实验课程（理工农类学科），其余课程按专业设置。非外语类专业学位课中应至少有 1 门用双语讲授。

研究生基础前沿课程模块（不低于 4 学分）：按学科群分为生命、

食品、海洋、工程、经济管理等五大模块,各模块下设若干课程,授课教师均为该领域国内外优秀学者。硕士研究生可以跨模块选择,但至少要修1门本学科模块的课程。

选修课(不低于4学分):选修课是供研究生进一步拓宽专业基础理论、扩大知识面及相应能力培养而设置的课程。

补修课:跨专业考取或以同等学力资格考取的硕士研究生,一般应在导师指导下补修2—3门本学科的本科专业主干课程,没有补修成绩或补修课程考试不合格者不得进入论文答辩。补修课程学分另计,但不能顶替以上各项规定学分。成绩记入成绩单,并注明"本科课程"。

B. 博士研究生课程体系

(A) 应修课程总学分

全日制普通博士研究生应修课程最低总学分10学分。

(B) 课程类别

公共学位课(4学分):第一外国语3学分,政治1学分(现代科学技术与马克思主义1学分)。

专业学位课(不低于4学分):至少设置2门专业学位课,其中1门按一级学科或学科群设置,另1门按专业设置。应至少有1门非外语类专业学位课用双语教学。

选修课(不低于2学分):选修课应为研究方向和论文研究服务。

补修课:跨专业考取或以同等学力资格考取的博士研究生,一般应在导师指导下补修2—3门本学科的硕士专业主干课程,没有补修成绩或补修课程考试不合格者不得进入论文答辩。补修课程学分另计,但不能顶替以上各项规定学分。成绩记入成绩单,并注明"硕士课程"。

(4) 2009—2011年

2009年学校对2006版研究生培养方案进行部分修订,培养方案基本框架和要求不变,修订主要集中在课程设置方面:增设导师实验课,增强研究生的实验技能训练;进一步改革研究生英语教学,加强听力、口语、写作等实践能力训练;梳理研究生基础前沿课程,保证课程授课质量和效果;部分调整研究生课程,优化课程体系。

经过近二年的专题调研与论证,2011 年学校首次制定了全日制专业学位研究生培养方案,包括农业推广硕士专业学位的水产养殖研究领域。

全日制专业学位硕士研究生课程体系:

A. 课程学习(24 学分,1 年)。其中包括公共学位课须修 8 学分、领域学位课不少于 6 学分、实践特色课不少于 4 学分及选修课。实践特色课由一线生产单位有影响的、有丰富实践经验的专家讲授,突出领域特点和专业技术特色。

B. 实践研究(6 学分,1 年)。在校外实践累计 1 年,由学院所在基地组织专家对学生研究报告进行评议。根据报告质量,结合实践单位匠工作评价,按优、良、中、及格和不及格五级制记分。成绩合格及以上获相应学分。

4. 专业学位硕士研究生课程与教材

非学历教育专业学位研究生课程与教材,见表 3-3-2。

表 3-3-2　农业推广硕士专业学位(渔业领域)研究生课程、教材

序号	渔业领域课程名称	教材名称	编者	出版社
1	政治理论课	自然辩证法概论	黄顺基	高等教育出版社
2	外国语	工程硕士研究生英语基础教程	罗立胜	清华大学出版社
3	农(渔)业技术推广和管理	农(渔)业技术推广和管理	乐美龙	自编
4	传播技术与应用	传播与沟通教程	王德海	中国农业大学出版社
5	论文设计与研究方法	相关文献	—	—
6	渔业资源与可持续发展	渔业资源与可持续发展	陈新军	自编

续 表

序号	渔业领域课程名称	教材名称	编者	出版社
7	计算机与网络技术	计算机网络应用教程	成昊	科学出版社、北京科海电子出版社
8	现代渔业技术概论	渔业导论	周应祺	自编
9	渔业法规与渔政管理	渔业法规与渔政管理	乐美龙	自编
10	水产品安全与质量控制	水产品安全性	林洪	中国轻工业出版社
11	渔业环境保护	渔业环境保护	陈新军	自编
12	现代生物技术导论	现代生物技术导论	施志仪	自编
13	技术经济学	技术经济学	朱康全	暨南大学出版社
14	管理学原理	管理学——原理与方法	周三多	复旦大学出版社
15	前沿讲座	相关文献	—	—

5. 导师队伍建设

学校加强导师队伍建设重点是优化结构和提高素质。学院根据学校的要求,对于已具有研究生指导教师资格的教授、副教授,要鼓励他们通过承担国内重大科研课题、短期出国进修访问、国内外学校交流合作等方式,不断提高学术水平。根据学校建立导师指导研究生的质量评估制度的要求,积极组织推进导师准入制的开展和导师遴选前的岗位培训,从各方面提高研究生导师的综合能力。学科博士点建立以来,有博士生导师58名(表3-3-3)。2018年招生的硕士生导师有94名,其中本学院的硕士生导师有49名(表3-3-4,联合培养单位导师未列入)。

表3-3-3 截至2018年学院博士研究生导师

序号	姓名	性别	职务	学科、专业点	所在部门、单位
1	李思发	男	教授	水产养殖	水产与生命学院
2	王武	男	教授	水产养殖	水产与生命学院

序号	姓名	性别	职务	学科、专业点	所在部门、单位
3	马家海	男	教授	水产养殖	水产与生命学院
4	蔡完其	女	教授	水产养殖	水产与生命学院
5	杨先乐	男	教授	水产养殖	水产与生命学院
6	周洪琪	女	教授	水产养殖	水产与生命学院
7	李健	男	教授	水产养殖	中国水产科学研究院黄海水产研究所
8	孙效文	男	教授	水产养殖	中国水产科学研究院黑龙江水产研究所
9	吴淑勤	女	教授	水产养殖	中国水产科学研究院珠江水产研究所
10	朱作言	男	院士	生物学	中国科学院水生生物研究所
11	丁德文	男	院士	生物学	国家海洋局第一研究所
12	陈松林	男	研究员	水产养殖	中国水产科学研究院黄海水产研究所
13	黄健	男	研究员	水产养殖	中国水产科学研究院黄海水产研究所
14	庄平	男	研究员	水产养殖	中国水产科学研究院东海水产研究所
15	江世贵	男	研究员	水产养殖	中国水产科学研究院南海水产研究所
16	刘占江	男	教授	水产养殖	美国奥本大学
17	林俊达	男	教授	生物学	美国佛罗里达工学院
18	宋佳坤	女	教授	生物学	美国马里兰大学
19	张俊彬	男	教授	水产养殖	水产与生命学院
20	魏华	男	教授	水产养殖	水产与生命学院
21	马爱军	男	研究员	水产养殖	中国水产科学研究院黄海水产研究所
22	喻达辉	男	研究员	水产养殖	中国水产科学研究院南海水产研究所
23	朱新平	男	研究员	水产养殖	中国水产科学研究院珠江水产研究所
24	Adelino	男	教授	海洋科学	水产与生命学院

序号	姓名	性别	职务	学科、专业点	所在部门、单位
25	李晨虹	男	教授	海洋科学	水产与生命学院
26	杨金龙	男	教授	海洋科学	水产与生命学院
27	周志刚	男	教授	海洋科学	水产与生命学院
28	鲍宝龙	男	教授	生物学	水产与生命学院
29	关桂君	女	教授	生物学	水产与生命学院
30	李名友	男	研究员	生物学	水产与生命学院
31	杨光华	男	教授级高级工程师	生物学	水产与生命学院
32	唐文乔	男	教授	生物学	水产与生命学院
33	王丽卿	女	教授	生物学	水产与生命学院
34	钟俊生	男	教授	生物学	水产与生命学院
35	张俊芳	女	教授	生物学	水产与生命学院
36	吕利群	男	教授	水产养殖	水产与生命学院
37	徐田军	男	教授	水产养殖	水产与生命学院
38	邹钧	男	教授	水产养殖	水产与生命学院
39	成永旭	男	教授	水产养殖	水产与生命学院
40	黄旭雄	男	教授	水产养殖	水产与生命学院
41	冷向军	男	教授	水产养殖	水产与生命学院
42	吴旭干	男	教授	水产养殖	水产与生命学院
43	陈再忠	男	教授	水产养殖	水产与生命学院
44	刘其根	男	教授	水产养殖	水产与生命学院
45	罗国芝	女	教授	水产养殖	水产与生命学院
46	谭洪新	男	教授	水产养殖	水产与生命学院
47	白志毅	男	教授	水产养殖	水产与生命学院
48	陈良标	男	教授	水产养殖	水产与生命学院
48	李家乐	男	教授	水产养殖	水产与生命学院
50	李伟明	男	教授	水产养殖	水产与生命学院
51	吕为群	男	教授	水产养殖	水产与生命学院

序号	姓名	性别	职务	学科、专业点	所在部门、单位
52	邱高峰	男	教授	水产养殖	水产与生命学院
53	沈和定	男	教授	水产养殖	水产与生命学院
54	王成辉	男	教授	水产养殖	水产与生命学院
55	严兴洪	男	教授	水产养殖	水产与生命学院
56	赵金良	男	教授	水产养殖	水产与生命学院
57	邹曙明	男	教授	水产养殖	水产与生命学院
58	易敢峰	男	教授	水产养殖	水产与生命学院

表 3-3-4　截至 2018 年水产与生命学院硕士研究生导师

序号	姓名	性别	专业技术职务	专业名称	学院/单位
1	毕燕会	女	副教授	海洋科学	水产与生命学院
2	刘红	女	副教授	海洋科学	水产与生命学院
3	孙诤	男	副研究员	海洋科学	水产与生命学院
4	范纯新	男	副教授	生物学	水产与生命学院
5	龚小玲	女	副教授	生物学	水产与生命学院
6	严继舟	男	教授	生物学	水产与生命学院
7	祖尧	女	副教授	生物学	水产与生命学院
8	陈阿琴	女	副教授	生物学	水产与生命学院
9	高谦	男	副研究员	生物学	水产与生命学院
10	任建峰	男	副研究员	生物学	水产与生命学院
11	胡乐琴	女	副教授	生物学	水产与生命学院
12	姜佳枚	女	副教授	生物学	水产与生命学院
13	刘东	男	副教授	生物学	水产与生命学院
14	刘至治	男	副教授	生物学	水产与生命学院
15	潘宏博	男	副教授	生物学	水产与生命学院
16	曲宪成	男	副教授	生物学	水产与生命学院
17	杨金权	男	副教授	生物学	水产与生命学院
18	张瑞雷	男	副教授	生物学	水产与生命学院

续 表

序号	姓名	性别	专业技术职务	专业名称	学院/单位
19	韩兵社	男	副研究员	生物学	水产与生命学院
20	陆颖	男	研究员	生物学	水产与生命学院
21	彭司华	男	副研究员	生物学	水产与生命学院
22	张东升	男	副教授	生物学	水产与生命学院
23	曹海鹏	男	副教授	水产养殖	水产与生命学院
24	胡鲲	男	副教授	水产养殖	水产与生命学院
25	姜有声	女	副教授	水产养殖	水产与生命学院
26	宋增福	男	副教授	水产养殖	水产与生命学院
27	许丹	女	副教授	水产养殖	水产与生命学院
28	张庆华	女	副教授	水产养殖	水产与生命学院
29	陈乃松	男	教授	水产养殖	水产与生命学院
30	华雪铭	女	副教授	水产养殖	水产与生命学院
31	李小勤	女	副教授	水产养殖	水产与生命学院
32	杨筱珍	女	副教授	水产养殖	水产与生命学院
33	杨志刚	男	副教授	水产养殖	水产与生命学院
34	陈立婧	女	副教授	水产养殖	水产与生命学院
35	戴习林	男	教授	水产养殖	水产与生命学院
36	高建忠	男	副教授	水产养殖	水产与生命学院
37	胡梦红	女	副教授	水产养殖	水产与生命学院
38	胡忠军	男	副教授	水产养殖	水产与生命学院
39	刘利平	男	副教授	水产养殖	水产与生命学院
40	马旭洲	男	副教授	水产养殖	水产与生命学院
41	王有基	男	副教授	水产养殖	水产与生命学院
42	吴嘉敏	男	教授	水产养殖	水产与生命学院
43	钟国防	男	高级工程师	水产养殖	水产与生命学院
44	陈晓武	男	副教授	水产养殖	水产与生命学院
45	付元帅	男	副教授	水产养殖	水产与生命学院

序号	姓名	性别	专业技术职务	专业名称	学院/单位
46	牛东红	女	副教授	水产养殖	水产与生命学院
47	沈玉帮	男	副教授	水产养殖	水产与生命学院
48	汪桂玲	女	副教授	水产养殖	水产与生命学院
49	张俊玲	女	副教授	水产养殖	水产与生命学院

6. 研究生教育管理工作队伍建设

随着研究生规模的扩大,为加强研究生教育及学生工作的管理力度,初步建立研究生思想政治工作专职队伍,使学校研究生思政工作从原有兼职的辅导员逐渐转变为由专职辅导员全面负责制。工作内容包括党团建设、思想政治教育、文体科技创新活动和职业发展教育等。

A. 党团建设

(A) 团学组织

1983 年和 1984 年,水产养殖系先后获水产养殖学硕士生招生权和硕士学位授予权,并于 1983 年开始招收水产养殖专业硕士研究生,成立研究生团支部。随后,1996 年成立水生生物学研究生团支部、2000 年成立海洋生物学、动物营养与饲料科学和临床兽医学等学科 3 个专业的研究生专业团支部、2006 年成立动物遗传育种与繁殖、生物化学与分子生物学 2 个研究生团支部。2008 年,随着学校更名为上海海洋大学,生命科学与技术学院改名为水产与生命学院,设立水产与生命学院团委。其中,研究生团支部按不同专业、年级和班级进行设置。截至 2011 年底,共有硕士研究生团支部 25 个、博士研究生(水产养殖学和水生生物学博士研究生)团支部 1 个。

学院设立研究生会,下设主席团、秘书部、科创部、文艺部、体育部、外联部、宣传部、生活部、实践部等部门,为丰富研究生校园文化生活和促进研究生科研进步与社会实践发挥了重要作用。

(B) 研究生党建

研究生党支部建在各个班级,联合培养研究生党员完成课程学习入所后,组织关系转到联合培养单位。2010 年以来,根据沪海洋委组

[2010]3号文件《关于调整联合培养研究生党组织建设的若干实施意见》要求,将具备成立支部条件的联合培养研究生党支部建到所里,隶属于学院党委。

研究生党支部主要通过入党积极分子培训、预备党员培训、支部书记培训三级培训来开展学生党建工作。

2011年4月,学院开始举办研究生党支部书记培训,共有20余名研究生党支部书记参加培训。学院还在全校率先编印了《水产与生命学院研究生党支部工作指导手册》,指导各支部开展工作。之后,研究生创立"党支部书记集中办公"制度,指导研究生党支部书记工作,将培训和实训相结合,取得了良好的成效。

B. 思想政治教育

(A) 队伍建设

2007年3月,为了满足研究生日新月异的发展要求,学院在全校率先配备研究生专职辅导员,开始了导师、辅导员、班主任共同开展研究生思政工作的新局面。研究生思政工作在学院党委领导下开展,学院党委书记、科研副院长、科研秘书、专职辅导员、班主任等相关人员,组成研究生学生工作领导小组。2010年,研究生专职辅导员3名,同时取消班主任制度。

(B) 易班建设

2010年9月,学院研究生在研究生部领导组织下加入我校易班平台,辅导员、研究生班级、党支部、研究生会均利用易班平台开展各项工作。研究生导师何培民、成永旭等教授也率先在易班上建立工作室,开拓了研究生网络思政的新局面。

(C) 心理健康教育

2007年3月学院研究生心理健康教育工作开始逐步展开,设立了研究生心理筛查制度,每学期分阶段对研究生心理问题进行排摸和筛查,建立研究生特殊群体筛查名单,进行动态维护,针对研究生中出现的心理问题,进行汇报与干预。2007年,研究生辅导员办公室编撰《研究生常见心理问题及应对策略》电子版,发给各研究生导师,以便于导师工作的开展。2010年学院研究生辅导员编印了全校第一本《研究生心理健康教师手册》,逐步构建了研究生心理健康院级网络。

四、研究生科研活动与优秀成果

1. 研究生科研活动

20世纪90年代后期,为更好地培养学生独立从事科研工作能力,学校专门为在校研究生设立研究生科研基金,学院积极组织学生参加科研基金的申请活动。自1999年起,组织学生参加校研究生部负责、校研究生会承办的研究生学术论文报告会,到2010年已连续举办十二届研究生学术论文报告会,水产与生命学院学生从参加数量和质量上都是主要力量。

2. 研究生优秀成果

随着学校研究生教育规模的扩大,建立起有效的研究生培养质量监督和激励机制,提高研究生学位授予质量,成为学校研究生教育中迫切需要解决的现实问题。为此,学校于2006年底启动首届校级研究生优秀论文的评选工作。在此基础上推荐研究生学位论文参加上海市研究生优秀成果评选。

截至2011年底,学院已有21篇学位论文(博士论文9篇、硕士论文12篇)被评为上海市研究生优秀成果。2008年博士陈晓武的学位论文"碱性磷酸酶在牙鲆发育变态中的表达图式及功能研究"被上海市推荐参加全国百篇优秀博士论文的评选;2009年博士徐姗楠的学位论文"大型海藻栽培对富营养化海区的生态修复功能研究"被上海市推荐参加全国百篇优秀博士学位论文评选。

2009年由王武教授指导的2007届农业推广硕士研究生龙光华的学位论文被评为第二届全国农业推广硕士优秀论文。

(1) 研究生获上海市研究生优秀成果名单

历年研究生获上海市研究生优秀成果名单,见表3-4-1。

(2) 研究生获校级优秀学位论文名单

2007—2016年期间五届研究生获校级优秀学位论文名单,分别见表3-4-2。

表 3-4-1　2006—2016 研究生获上海市研究生优秀成果名单

时间	所在学院	作者姓名	专业	指导教师	论文题目	类别	授予学位时间
2006	生命科学与技术学院	郭锦路	动物营养与饲料科学	王岩	鲍状黄姑鱼廉价、高营养、低污染配合饲料的研究	硕士	2005
2007	生命科学与技术学院	杨显祥	水产养殖	施志仪	三角帆蚌细胞法育珠初步研究和 ALPHA-2 巨球蛋白基因克隆表达	硕士	2006
2008	水产与生命学院	陈晓武	水产养殖	施志仪	碱性磷酸酶在牙鲆发育变态中的表达图式及功能研究	博士	2007
2008	水产与生命学院	贾智英	水产养殖	孙效文	方正银鲫亲本遗传物质在子代中的遗传特性研究	博士	2007
2008	水产与生命学院	吴旭干	水产养殖	成永旭	磷脂和高度不饱和脂肪酸对中华绒螯蟹亲本培育、生殖性能和苗种质量的影响	硕士	2004
2009	水产与生命学院	徐姗楠	水产养殖	何培民	大型海藻栽培对富营养化海区的生态修复功能研究	博士	2008
2011	水产与生命学院	刘艳省	海洋生物学	周志刚	海带配子体性别相关分子标记的筛选和鉴定	硕士	2008
2013	水产与生命学院	唐首杰	水产养殖	李思发	团头鲂野生群体、驯养群体、遗传改良群体的遗传变异	博士	2009
2013	水产与生命学院	柯中和	水生生物学	鲍宝龙	比目鱼类变态过程中细胞分裂的作用和甲状腺激素受体时空表达图式	硕士	2011
2014	水产与生命学院	郑先虎	水产养殖	孙效文	鲤连锁图谱及生长、肉质性状 QTL 定位研究	博士	2012
2014	水产与生命学院	付元帅	水生生物学	施志仪	牙鲆变态过程中 microRNA 的表达及其功能分析	博士	2011
2014	水产与生命学院	徐晓雁	水产养殖	李家乐	草鱼明胶酶基因及其抑制剂基因的克隆和表达分析	硕士	2012

续 表

时间	所在学院	作者姓名	专业	指导教师	论文题目	类别	授予学位时间
2014	水产与生命学院	王 飞	水产养殖	马旭洲	卵形鲳鲹饲料最适蛋白和脂肪需求及添加不同动植物原料的研究	硕士	2012
2014	水产与生命学院	刘志伟	动物营养与饲料科学	冷向军	GDF9与BMP15在异育银鲫卵母细胞发育过程中的作用初探	硕士	2012
2015	水产与生命学院	祝雅萍	水产养殖	孙效文	利用生物信息学挖掘鲤鱼中的microRNA及其相关SNPs	硕士	2013
2015	水产与生命学院	段亚飞	动物遗传育种与繁殖	刘 萍	脊尾白虾血细胞cDNA文库构建，EST分析及免疫等基因的克隆与表达分析	硕士	2013
2015	水产与生命学院	郭子好	动物营养与饲料科学	成永旭	中华绒螯蟹Δ6与Δ9去饱和酶在脂肪酸合成过程中的作用初探及延伸因子EF-1β和EF-2的初步研究	硕士	2013
2016	水产与生命学院	马克异	水产养殖	邱高峰、李家乐	日本沼虾转录组分析及性别相关基因的分离鉴定	博士	2014
2016	水产与生命学院	李西雷	水产养殖	李家乐	三角帆蚌类胡萝卜素累积相关基因的表达及对贝壳珍珠质颜色的影响	博士	2014
2016	水产与生命学院	张建恒	水生生物学	何培民	我国黄海绿潮早期暴发生物学机制研究	博士	2014
2016	水产与生命学院	鲁 璐	水产养殖	罗国芝	接种枯草芽孢杆菌(Bacillus subtilis)对生物絮凝技术处理水产养殖固体颗粒物的效果及初步应用	硕士	2013

表 3 - 4 - 2 2007 - 2016 年校研究生优秀论文

所在学院	作者姓名	专业	指导教师	论文题目	类别	获得时间
生命科学与技术学院	杨显祥	水产养殖	施志仪	三角帆蚌细胞育珠初步研究和 ALPHA - 2 巨球蛋白基因克隆表达	硕士	2007
生命科学与技术学院	李琳	海洋生物学	严兴洪	坛紫菜人工色泽变体与野生型的杂交试验及遗传学分析	硕士	2007
生命科学与技术学院	全迎春	水产养殖	孙效文	应用微卫星标记研究鲤鱼与怀头鲶群体遗传结构	硕士	2007
生命科学与技术学院	贾智英	水产养殖	孙效文	方正银鲫亲本遗传物质在子代中的遗传特性研究	博士	2008
生命科学与技术学院	陈晓武	水产养殖	施志仪	碱性磷酸盐在牙鲆发育变态中的表达图式及功能研究	博士	2008
生命科学与技术学院	何亮华	水产养殖	严兴洪	坛紫菜的细胞学研究	硕士	2008
生命科学与技术学院	曹海鹏	临床兽医学	杨先乐	异育银鲫肠道弧菌 BDF-H16 的分离与生物学特性研究及其在水产动物病害防治中的应用	硕士	2008
生命科学与技术学院	吴旭干	水产养殖	成永旭	磷脂和高度不饱和脂肪酸对中华绒螯蟹亲本培育、生殖性能和苗种质量的影响	硕士	2008
水产与生命学院	徐姗楠	水产养殖	何培民	大型海藻栽培对富营养化海区的生态修复功能研究	博士	2009
水产与生命学院	常国亮	水产养殖	成永旭	磷脂和 HUFA 对中华绒螯蟹生长及早熟内分泌调控作用研究	博士	2009
水产与生命学院	李鹏	临床兽医学	杨先乐	鱼类 CYP3A 活性体外诱导细胞模型的研究	硕士	2009
水产与生命学院	刘萍	海洋生物学	邱高峰	中华绒螯蟹 CDC2 激酶与罗氏沼虾 cDNA 的分子克隆及在卵细胞成熟过程中的表达分析	硕士	2009

续　表

所在学院	作者姓名	专业	指导教师	论文题目	类别	获得时间
水产与生命学院	刘艳省	海洋生物学	周志刚	海带配子体性别相关分子标记的筛选	硕士	2010
水产与生命学院	何秀娟	水产养殖	施志仪	三角帆蚌内脏团插核手术后免疫防御调节	硕士	2010
水产与生命学院	刘峰	水产养殖	李家乐	草鱼免疫基因表达分析、遗传图谱构建及群体遗传多样性研究	博士	2011
水产与生命学院	陈琴	水产养殖	王成辉	草鱼国内外群体遗传资源变迁的 ISSR 和 SSR 标记分析	硕士	2010
水产与生命学院	丁立云	动物营养与饲料科学	张利民	星斑川鲽对蛋白质和脂肪的营养需求及其血液生化指标的研究	硕士	2010
水产与生命学院	张俊玲	水生生物学	施志仪	IGF-1 及其受体在牙鲆发育变态中的表达图式及与甲状腺激素的关系	博士	2012
水产与生命学院	唐首杰	水产养殖	李思发	团头鲂野生群体、驯养群体、遗传改良群体的遗传变异	博士	2012
水产与生命学院	柯中和	水生生物学	鲍宝龙	比目鱼类变态过程中细胞分裂的作用和甲状腺激素受体时空表达图式	硕士	2012
水产与生命学院	崔志辉	水生生物学	刘其根	抑制差减杂交法构建鲢鱼染毒微囊藻毒素-LR后差异表达基因及相关基因组分析	硕士	2012
水产与生命学院	马克异	水产养殖	李家乐	钱塘江干流日本沼虾群体遗传多样性研究及日本沼虾线粒体基因组分析	硕士	2012
水产与生命学院	张恩帆	动物遗传育种与繁殖	邱高峰	一个中华绒螯蟹精巢中特异表达的 Dmrt 基因的克隆及其表达分析	硕士	2012

续表

所在学院	作者姓名	专业	指导教师	论文题目	类别	获得时间
水产与生命学院	郝萤莹	生物化学与分子生物学	施志仪	三种不同因子对三角帆蚌外套膜 Ca^{2+} 代谢调控及对 ALP 基因表达影响的研究	硕士	2012
水产与生命学院	乐亚玲	水产养殖	刘利平	铜绿微囊藻及微囊藻毒素对克氏原螯虾的毒性作用	硕士	2012
水产与生命学院	郑先虎	水产养殖	孙成文	鲤连锁图谱及生长、肉质性状 QTL 定位研究	博士	2013
水产与生命学院	于水燕	水产养殖	周志刚	缺刻缘绿藻脂肪酸延长酶基因特征及功能鉴定	博士	2013
水产与生命学院	付元帅	水生生物学	施志仪	牙鲆变态过程中 microRNA 的表达及其功能分析	博士	2013
水产与生命学院	徐晓雁	水产养殖	李家乐	草鱼明胶酶基因及其抑制剂基因的克隆和表达分析	硕士	2013
水产与生命学院	王 飞	水产养殖	马旭洲	卵形鲳鲹饲料最适蛋白和脂肪需求及添加不同动植物原料的研究	硕士	2013
水产与生命学院	何安元	水产养殖	王成辉	罗非鱼分子标记开发和 C1 抑制因子克隆	硕士	2013
水产与生命学院	刘 宇	生物化学与分子生物学	周志刚	海带染色体制备及雌配子体特异分子标记的荧光原位杂交	硕士	2013
水产与生命学院	刘志伟	动物营养与饲料科学	冷向军	GDF9 与 BMP15 在异育银鲫卵母细胞发育过程中的作用初探	硕士	2013
水产与生命学院	王学龙	生物学	严继舟	斑马鱼下颌芽基再生的细胞形态转变及其分子特征研究	硕士	2013
水产与生命学院	沈玉帮	水产养殖	李家乐、张俊彬	草鱼 4 个补体基因克隆表达和连锁及与细菌性败血症的关联分析	博士	2014

续表

所在学院	作者姓名	专业	指导教师	论文题目	类别	获得时间
水产与生命学院	谢国驷	水产养殖	黄倢	迟缓爱德华氏菌核酸检测及其疫苗技术的研究	博士	2014
水产与生命学院	胡乔木	水产养殖	陈松林	半滑舌鳎家系、群体性别比例与性别相关基因初步研究	博士	2014
水产与生命学院	欧阳珑玲	水生生物学	周志刚	缺刻缘绿藻 G3PAT 基因克隆、特征分析及功能鉴定	博士	2014
水产与生命学院	祝雅萍	水产养殖	孙效文	利用生物信息学挖掘鲤鱼中的 microRNA 及其相关 SNPs	硕士	2014
水产与生命学院	陈勇	水产养殖	李家乐	草鱼神经肽 Y 家族基因功能分析及图谱定位	硕士	2014
水产与生命学院	刘越	水产养殖	李家乐	三角帆蚌供片蚌对珍珠质量的影响	硕士	2014
水产与生命学院	赵虎	水产养殖	吕为群	大黄鱼与鮸鱼杂交子代的杂种优势及遗传分析	硕士	2014
水产与生命学院	段亚飞	动物遗传育种与繁殖	刘萍	脊尾白虾血细胞 cDNA 文库构建,EST 分析及免疫等基因的克隆与表达分析	硕士	2014
水产与生命学院	李永路	动物遗传育种与繁殖	王清印	云纹石斑鱼(♀)×七带石斑鱼(♂)杂交子一代受精生物学及其生长发育形态特征的研究	硕士	2014
水产与生命学院	郭子好	动物营养与饲料科学	成永旭	中华绒螯蟹 Δ6 与 Δ9 去饱和酶在脂肪酸合成过程中的作用初探及延伸因子 EF-18 和 EF-2 的初步研究	硕士	2014
水产与生命学院	赵良杰	水生生物学	刘其根	大眼华鳊遗传多样性和亲缘地理学研究	硕士	2014
水产与生命学院	叶欢	水生生物学	陈细华	中华鲟几个生殖细胞相关基因的克隆和表达特性研究	硕士	2014
水产与生命学院	孙冬婕	水生生物学	严继舟	斑马鱼"类卵巢"向精巢转化的细胞及分子学机制研究	硕士	2014

续 表

所在学院	作者姓名	专业	指导教师	论文题目	类别	获得时间
水产与生命学院	张婧	海洋生物学	严兴洪	瓦氏马尾藻与铜藻的室内人工培育	硕士	2014
水产与生命学院	马克异	水产养殖	邱高峰，李家乐	日本沼虾转录组分析及性别相关基因的分离鉴定	博士	2015
水产与生命学院	李西雷	水产养殖	李家乐	三角帆蚌类胡萝卜素累积相关基因的表达及对贝壳珍珠质颜色的影响	博士	2015
水产与生命学院	张建桓	水生生物学	何培民	我国黄海绿潮早期暴发生物学机制研究	博士	2015
水产与生命学院	鲁璐	水产养殖	罗国芝	接种枯草芽孢杆菌（Bacillus subtilis）对生物絮凝技术处理水产养殖固体颗粒物的效果及初步应用	硕士	2015
水产与生命学院	郭勤单	水产养殖	吕为群，王友基	褐牙鲆和镉鲆发育早期对盐度的适应性初步研究	硕士	2015
水产与生命学院	林静云	水产养殖学	李家乐	三角帆蚌珍珠形成相关基因兑隆与表达分析	硕士	2015
水产与生命学院	王文静	动物遗传育种与繁殖	李家乐	草鱼3个Toll样受体基因兑隆和表达及与细菌性败血症关联分析	硕士	2015
水产与生命学院	张云彤	动物遗传育种与繁殖	施志仪	牙鲆IGFBPs基因兑隆以及表达分析	硕士	2015
水产与生命学院	臧坤	水产养殖	柳学周	星突江鲽生长激素和胰岛素样生长因子的生理功能及体外重组研究	硕士	2015
水产与生命学院	马方方	水生生物学	刘庆慧	对虾白斑综合征病毒VP12、VP14、VP51、VP136C与病毒及宿主蛋白的相互作用	硕士	2015

续　表

所在学院	作者姓名	专业	指导教师	论文题目	类别	获得时间
水产与生命学院	阴晓丽	临床兽医学	郭志勋	番石榴叶对斑节对虾免疫功能的影响及其抗 WSSV 有效成分初探	硕士	2015
水产与生命学院	徐晓雁	水产养殖	李家乐，吕利群	草鱼感染嗜水气单胞菌 miRNA 筛选及其功能分析	博士	2016
水产与生命学院	NGUYEN THANH HAI（阮青海）	水产养殖	刘其根	罗氏沼虾养殖池塘水质评价和中国养殖罗氏沼虾的遗传多样性	博士	2016
水产与生命学院	姜虎成	水产养殖	李家乐	克氏原螯虾转录组测序数据发掘和性腺发育相关基因功能初步研究	博士	2016
水产与生命学院	张红梅	水生生物学	施志仪	牙鲆变态发育中 Drosha 蛋白与甲状腺激素受体的相互作用及其对 microRNA 的调控	博士	2016
水产与生命学院	王龙	水产养殖	江世贵	卵形鲳鲹 ToPrx1 和 ToTrx1 基因的特征和功能验证	硕士	2016
水产与生命学院	苏艳芳	水生生物学	施志仪	SRF 介导 pol－miR－133a 调控牙鲆肌肉发育的分子基础研究	硕士	2016
水产与生命学院	郑国栋	动物遗传育种与繁殖	邹曙明	团头鲂（♀）×翘嘴鲌（♂）杂交后代的遗传特征及长江草鱼的 EST-SSR,雌核发育研究	硕士	2016
水产与生命学院	于鸿燕	水产养殖	李家乐	草鱼三个 PI3K/AKT 通路相关基因的克隆和表达分析	硕士	2016
水产与生命学院	赵依妮	临床兽医学	杨先乐	GABA A 受体研究及双氟沙星对异育银鲫安全性评估	硕士	2016

续 表

所在学院	作者姓名	专业	指导教师	论文题目	类别	获得时间
水产与生命学院	郑攀龙	渔业	江世贵	卵形鲳鲹仔稚鱼骨骼发育及骨骼畸形研究	硕士	2016
水产与生命学院	吕云云	水产养殖	常青	圆斑星鲽最适蛋白脂肪比及发酵豆粕适宜添加量的研究	硕士	2016
水产与生命学院	韩学凯	水产养殖	李家乐	三角帆蚌遗传连锁图谱构建及育珠相关性状 QTL 定位分析	硕士	2016

（3）在职攻读硕士专业学位研究生获优秀学位论文奖名单

在职攻读硕士专业学位研究生获优秀学位论文奖名单见表3-4-3。

表3-4-3　农业推广硕士专业学位研究生获全国优秀论文奖

获优秀成果时间	作者姓名	作者单位	指导教师	论文题目	授予学位时间
2007（第一届）	张饮江	上海水产大学	沈月新	名贵鱼类活运技术的应用研究	2004
2009（第二届）	龙光华	广西水产技术推广总站	王武	赤眼鳟人工繁殖技术研究	2007
2011（第三届）	姚子亮	丽水市水产技术推广站	钟俊生	瓯江唇[鱼骨]早期形态发育与生态研究	2009

五、研究生联合培养

为了加强我院与国内相关单位的交流与合作,同时发挥科研院所、兄弟院校和企业界的科研、人才优势,我院与国内众多高校、科研院所、企业开展了联合培养研究生的工作。1994年起,学校与中国科学院海洋研究所、青岛海洋大学联合培养2名博士研究生,我院王素娟被中国科学院海洋研究所聘为副博士生导师、李思发被青岛海洋大学聘为水产养殖学科专业副博士生导师;1997年学校与中国水产科学研究院联合研究生部正式挂牌,此后,联合培养研究生的规模不断扩大,质量不断提高。目前,我院与中国水产科学研究院(含下属黄海水产研究所、东海水产研究所、南海水产研究所、淡水渔业中心、长江水产研究所、黑龙江水产研究所等)、国家海洋局、上海市农科院、广东省农科院、国家农产品现代物流工程技术研究中心、山东省海洋水产研究所、山东省淡水水产研究所、江苏省海洋水产研究所、浙江海洋水产养殖研究所、浙江淡水水产研究所、广西水产研究所、海南省水产研究所、浙江万里学院、光明集团、通威集团等二十多家科研机构及企业联合培养研究生。

1. 培养模式

联合培养研究生采取分段培养的方式,研究生在前一个半学期在学校完成全部的研究生课程学习,包括公共学位课、专业学位课及部分选修课,第二学期6月底前进入联培单位进行与毕业论文相关的研究工作,由联培单位按照上海海洋大学研究生培养的有关规定进行管理,由学校聘任的联合培养单位导师负责指导研究生,包括帮助研究生制订和调整个人培养计划,指导研究生业务学习、科学研究和学位论文等。

2. 招生情况

2000年中国水产科学院黄海所、珠江所等单位在我院水产养殖等专业首次招收9名硕士研究生,2004年联培单位在水产养殖专业首次招收2名博士研究生,截至2011年,联合培养单位在我院相关专业共招收32名博士研究生,758名硕士研究生。

3. 联合培养指导教师情况

表4-5-1 2012年联合培养单位研究生导师名单

序号	联合培养单位	研究生指导教师名单
1	中国水科院院部(北京)	樊恩源、刘海金、刘英杰
2	中国水科院淡水渔业研究中心(江苏无锡)	董在杰、傅洪拓、杨健、周鑫
3	中国水科院东海水产研究所(上海)	樊成奇、房文红、来琦芳、李惠玉、刘鉴毅、马凌波、沈新强、施兆鸿、王云龙、徐兆礼、于慧娟、杨宪时、晁敏、庄平*、章龙珍、张涛
4	中国水科院黑龙江水产研究所(哈尔滨)	曹广斌、卢彤岩、梁利群、刘伟、孙效文*、孙大江、石连玉、王炳谦、徐奇友、徐伟、尹家胜、战培荣
5	中国水科院黄海水产研究所(青岛)	常青、陈超、陈四清、陈松林*、黄滨、黄健*、孔杰、李健*、李兆新、梁萌青、刘萍、刘庆慧、刘志鸿、柳淑芳、柳学周、马爱军*、毛玉泽、曲克明、沙珍霞、史成银、孙慧玲、孙谧、田永胜、王飞久、王俊、王清印、王印庚、杨爱国、杨冰、叶乃好、张继红、张岩、周德庆、朱建新、朱玲、左涛
6	中国水科院南海水产研究所(广州)	蔡文贵、陈丕茂、杜飞雁、冯娟、甘居利、郭志勋、黄洪辉、贾晓平、江世贵*、李纯厚、李加儿、李永振、林黑着、林钦、林昭进、邱丽华、邱永松、区又君、王江勇、文国梁、喻达辉*、张汉华
7	中国水科院长江水产研究所(武汉)	陈细华、倪朝辉、柳凌、李谷、杨德国、文华、曾令兵

续　表

序号	联合培养单位	研究生指导教师名单
8	中国水科院珠江水产研究所(广州)	白俊杰、胡隐昌、罗建仁、赖子尼、李新辉、卢迈新、姜兰、吴淑勤*、王广军、谢骏、叶星、郑光明、朱新平*
9	上海农科院	黄剑华、蒋杰贤、刘惠莉、陆瑞菊、罗利军、梅捍卫、彭日荷、朴钟泽、唐雪明、王冬生、姚泉洪、易建中、张德福
10	国家海洋局	徐韧
11	通威集团	刘匆
12	海南省水产研究所	李向民、刘天密、王国福、赵志英
13	山东省海洋水产研究所	刘相国、姜海滨、王际英、杨建敏、张利民
14	山东省淡水水产研究所	陈有光、曹振杰、段登选、王春、朱永安
15	浙江万里学院	陈吉刚、林志华、钱国英、吴月燕、杨季芳
16	浙江海洋水产养殖研究所	柴雪良、陈少波、吴洪、吴洪喜
17	江苏省海洋水产研究所	陈爱华、陈淑吟、万夕和、姚国兴、张美如、张志伟
18	国家农产品现代物流工程技术研究中心	张家国
19	广东省农科院	曹俊明、罗永巨、朱选
20	浙江淡水水产研究	顾志敏、沈锦玉

备注：姓名按拼音字母排序，姓名后有 * 号标注的为博士生导师，其余均为硕士生导师。

第四章 科学研究

第一节 学科发展

　　1921年增设养殖科时水产养殖学科教师主要以教学为主,科研活动主要是开展小型、自选为主的专题性研究。1952年,上海水产学院建立海洋渔业研究室,下设鱼类分类组、鱼类标本室和资料室,是当时设立较早的专门科研机构,从事专业教育与科研工作。1952—1957年,主要针对教学、生产中存在的问题,以及适应学科建设需求而开展科学研究。

　　1958年,养殖生物系师生下渔村开展生产实践,青年教师王素娟参加浙江省组织的海带栽培生产性试验,海带南移栽培试验是这一时期开展得较好的科研活动。1958年华汝成、张道南开展小球藻大面积培养试验取得成功。1959年1月水产部在北京举办全国小球藻大面积培养技术培训班,华汝成担任主讲。1960年10月国务院在北京召开全国小球藻培养及推广应用大会,学校派出路俨、华汝成、张道南参加大会,并由路俨代表课题组作大会发言,学校成为当时全国小球藻培养试验和藻种提供的基地,出现全民培养小球藻的场景。自1958年起,陆桂教授领导的课题组相继开展的钱塘江渔业生物学及资源调查,淀山湖渔业生物学及资源调查,新安江水库渔业生物学及资源调查,长江干、支流家鱼产卵场调查,太湖渔业资源调查与增殖研究,新疆博斯腾湖渔业资源调查等系列调查研究和增殖试验为我国天然水域鱼类增养殖学奠定基础,开创天然水域可持续开发利用的成功经验。

20世纪70年代学校迁往厦门,教师坚持深入渔村,利用学校地处海滨的优越条件,对贝、藻、虾、鱼等方面展开许多研究工作,如河鳗人工繁殖、贻贝育苗和养殖、紫菜养殖、紫菜自由丝状体采苗、对虾南移养殖、海水网箱养鱼、真鲷人工繁殖和苗种培育以及软骨鱼类系统发育、福建和南海诸岛海域鱼类区系调查等方面做了大量工作;在人工合成多肽激素及其在家鱼催产中的作用、鱼类促性腺激素放射免疫测定法、池养高产技术、流水养鱼、钱塘江渔业资源调查、鱼类冷却海水保鲜等项目积极开展科研工作。其中承担国家水产总局的重点科研项目河鳗人工繁殖研究,探索河鳗产卵之谜,取得催熟催产成功。

1963年开始,谭玉钧、王武等在无锡郊区蹲点,拜渔民为师,总结养鱼经验,分析大量数据,并积极开展科学试验,在产学研结合道路上走出一条新路,提出具有中国特色的池塘养鱼高产、稳产理论体系。1984年谭玉钧、雷慧僧、王武、姜仁良、王道尊、施正峰、翁忠惠、吴嘉敏等14名教师参加上海市郊区池塘养鱼高产大面积综合试验,总结出一套行之有效、易于推广的池塘养鱼大面积高产技术模式,为缓解"吃鱼难"做出贡献。该成果先后获1988年上海市科技进步一等奖,1989年国家科技进步二等奖和1990年农业部丰收奖一等奖。

1982年李思发创建水产动物种质资源研究室,为从事水产动物的种质资源和持续利用提供研究平台,同年承担国家水产总局重点课题长江、珠江、黑龙江鲢、鳙及草鱼种质资源研究,开创中国水产动物种质资源研究的先河。研究对象拓展到团头鲂、罗非鱼、中华绒螯蟹、鳜鱼、彩鲤、河蚌等物种。以该研究室为核心的团队在种质创新方面,已育成团头鲂"浦江1号"、"新吉富"罗非鱼、"吉丽"罗非鱼、"康乐蚌"、"申龙1号"瓯江彩鲤等新品种,在国内外学术界和产业界都产生较大影响,成为我国水产动物种质资源研究和种质创新的基地。

进入21世纪,学院的科学研究活动十分活跃,2002—2007年,共获得科研项目463项,其中重要科研项目142项,项目总经费7 807万元,其中重要科研项目有:"863"项目主持2项,参加6项;主持"948"项目2项,主持国家科技支撑计划项目2项、参加5项,主持国家自然科学基金重点项目1项、面上项目15项,主持上海市科委重大项目2项,主持上海市农业科技攻关重大项目3项。五年中,以第一主持单位获得国家科技进步二等奖1项,上海市科技进步一等奖2项,省部级二等奖5项;在公开学术刊物上共发表论文588篇,其中重要学术论文216篇(含SCI、EI论文54篇);主编或参编专著13部、教材9部,其他编著12部;申请专利9项,已获得专利5项。

2008—2012年,水产养殖科学研究工作取得丰硕的成果。这几年中,学院共获得科研项目520项,其中重要科研项目153项,项目总经费16 060万元,其中重要科研项目有:"863"项目主持3项,参加5项;主持"973"项目2项,主持国家科技支撑计划项目4项,主持国家自然科学基金重点项目1项、面上项目26项,主持上海市科委重大项目7项,主持上海市农业科技攻关重大项目4项。五年中,以第一主持单位获得国家科技进步二等奖2项;上海市科技进步一等奖3项,省部级二等奖6项;在公开学术刊物上共发表论文1 940篇,其中SCI、EI论文146篇;主编或参编著作34部、教材15部;申请专利65项,已获得专利65项。

"十二五"期间,累计主持和参与科研项目480余项(其中国家级项目90余项,省部级项目160余项),累计获得科研经费近3亿元;累计发表科研论文1 770余篇(其中SCI435篇);累计授权专利280余项(授权发明专利110余项),审定新品种5个,制定国家标准2项;累计科研获奖60余项(国家级2项、省部级11项),其中以第一完成单位获国家科技进步二等奖1项、上海市科技进步一等奖2项、农业丰收一等奖2项;出版专著60余部(主编24部)。参与承办"第九届亚洲水产学会",主办"国际甲壳动物养殖学术会议""第七届海峡两岸'鱼类生理与养殖'学术研讨会""海洋生物高技术论坛""全国水产养殖博士生论坛""中国水库湖泊可持续发展研讨会"等重要学术会议。社会服务能力显著提高,每年主办全国河蟹大赛、承办上海国际休闲水族展览会,每年组建教授博士渔业科技服务团远赴全国26个省市区开展渔业科技下乡活动，累计服务水产科技龙头企业近 600 家，培训养殖户 3 000 人次。

第二节　科研成就

1921 年迄今，水产养殖学科的教师克服种种困难，围绕水、种、饵、病开展了系列的科研活动，获得了丰厚的成绩。现将主要科研活动介绍如下：

一、水产养殖系

（一）池塘养鱼

1. 家鱼人工繁殖

1958 年春，中国水产科技工作者突破主要养殖鱼类人工繁殖研究课题。中国水产科学研究院南海水产研究所钟麟首先采用注射鱼类脑垂体并辅以流水刺激等生态方法，攻克池塘养殖鲢鳙人工繁殖技术关。同年秋，中国科学院实验生物研究所所长朱洗率队在杭州取得鳙鱼人工繁殖成功。学校派出谭玉钧、雷慧僧参加此次试验。1959 年春，谭玉钧、雷慧僧带领淡水养殖 1959 届学生在江苏吴江县平望养殖场取得鲢鳙人工繁殖成功。1960 年，朱洗和朱元鼎率领科技人员深入现场和青浦淡水养殖试验场的领导、技术人员、工人结合，在当年夏季，鲢鳙鱼人工繁殖试验成功。1961 年秋，水产部在上海大厦召开全国家鱼人工繁殖技术交流会，青浦淡水养殖试验场在会上作重点经验介绍。会议期间，由上海和广东两地科技人员共同起草鲢鳙鱼人工繁殖技术操作规程（试行本）。学校谭玉钧、雷慧僧参加会议及规程起草工作。会后，由水产部批转全国各地在实际生产中试用。家鱼人工繁殖技术在各地推广应用。

2. 河鳗人工繁殖

河鳗是一种淡水中生长、海水中繁殖的重要经济鱼类，供人工养殖用的苗种一直依赖于采捕天然鳗苗。鉴于苗种资源丰歉无常，严重制约河鳗养殖业的发展。1972—1980 年厦门水产学院期间,利用学校地处海滨的有利条件,承担国家水产总局下达的重点科研项目河鳗人工繁殖研究。项目负责人李元善,实际执行人为王义强、赵长春、施正峯、张克俭以及福建省水产研究所杨叶金等,科研人员克服各种困难,持续八年攻关,取得以下成果:

(1)通过多年的比较试验,配制出一种用于雌雄亲鳗催熟的用量少、效果好、副作用小的新的激素组合;(2)促使亲鳗在亲鱼培育池中自行产卵、受精;(3)仔鳗培育存活 21 天,创当时国际人工鳗苗成活时间最长的记录;(4)产后亲鳗经两年育肥后,再次催熟成功,经催产后仍可排卵,在学术上具有重要意义;(5)对河鳗早期发育进行比较翔实的观察与描述,填补河鳗生活史研究中的部分空缺。该研究于 1978 年获福建省科学技术成果奖。

3. 传统养鱼经验总结

中国池塘养鱼有长达三千多年的悠久历史,积累了精湛的养鱼经验。20 世纪 50 年代末主要养殖鱼类人工繁殖的成功,更为淡水养鱼业提供前所未有的发展空间。但当时全国池塘养鱼的产量普遍较低,亩产仅 100—200 公斤,而一些传统养鱼地区则达 400 公斤左右,如何总结推广高产渔区的传统经验,破解池塘养鱼高产的技术难题,成为池塘养鱼又一亟待克服的瓶颈。1963 年起,谭玉钧、王武等在无锡郊区高产渔区蹲点,拜渔民为师,总结经验,积累、统计、分析大量数据,并积极开展科学实验,在产学研结合道路上走出一条新路,提出具有中国特色的池塘养鱼高产稳产理论体系。经在当地推广应用,产量普遍提高到亩产 500 公斤以上,并将管理技术体系推广到上海、无锡、新疆等地,产量比试验前提高 40%—70%,经济效益增加一倍以上。谭玉钧、王武主持的池塘静水养鱼高产技术,1979 年获江苏省重大科技成果三等奖。池塘养鱼高产技术中试,1982 年获无锡市科技成果一等奖。6 600 亩鱼塘亩产千斤养殖技术结构研究,1985 年获无锡市科技进步二等奖。池塘养鱼创高产试验研究,1978 年获全国科学大会奖。

4. 上海市郊区池塘养鱼高产大面积试验

1984 年国家计划委员会通过农业部下达,由上海市水产局、上海水产学院主持上海市郊区池塘养鱼高产大面积试验项目。学校投入此项试验工作的有谭玉钧、雷慧僧、王武、姜仁良、王道尊、施正峰、翁忠惠、吴嘉敏等14名教师。通过项目实施,三年内使亩均净产由1983年的21.5公斤提高到39.02公斤,共增产淡水鱼842.4万公斤,新增产值为2 106万元,并通过试验总结出一套行之有效易于推广的池塘养鱼大面积高产技术模式,使原为淡水养鱼新区的上海开始进入高产地区的先进行列,为缓解市民"吃鱼难"做出贡献。上海市积极组织推广应用,使科技成果及时转化为生产力,1993年淡水鱼占全市水产品总产量的比重由14.9%提高到37.3%,从而使全市淡水鱼人均占有量由1.5公斤提高到8.5公斤,极大改善了市场水产品供应状况,做到上海副食品市场不分寒暑常年有活鱼供应,保持供应和价格的基本稳定。该成果获1988年度上海市科技进步奖一等奖、1989年度国家科技进步奖二等奖和1990年度农业部丰收奖一等奖。教师王武1984年被评为上海市劳动模范、1990年被评为上海市"菜篮子"十佳科技功臣、2007年被评为全国优秀教师。

5.　"七五""八五"农业部重点项目池塘养鱼大面积高产稳产基础理论研究

淡水养殖尤其是池塘养殖在中国水产业中具有重要地位。20世纪70年代,由于农村经济政策的落实和科学养鱼的推广应用,淡水养鱼发展很快、产量不断提高,全国出现许多大面积高产的典型。但是,高产区和低产区之间发展不均衡,如珠江三角洲的顺德县26万亩鱼塘平均亩产超500公斤,而全国大部分地区亩产在100公斤以下,即使在同一省(区)间也存在很大差别。为此,必须进行池塘高产技术应用基础理论研究,找出高产池塘各生态因子和养鱼生产各主要因素的参数及其变动的规律,建立起中国池塘养鱼的理论体系。从这一背景出发,国家科技及渔业主管部门十分重视,决定从"七五"至"八五"期间立项开展重点科技项目池塘养鱼大面积高产稳产应用基础理论研究,学校为主持单位之一。

6.　设施渔业

2000年9月,朱学宝主持上海市科技兴农重点攻关项目水产品工厂化养殖与经济作物水栽培综合生产技术研究。2001年1月,朱学宝主持上海市西部开发科技合作项目超高密度循环水工厂化养殖系统研究。2001年11月,朱学宝主持农业部948项目BICOM陆基闭合循环水产养殖系统研究。2003年,朱学宝主持上海市人民政府合作交流项目三峡现代渔业基地建设及示范。2003年6月,朱学宝主持新疆伊犁河流域开发管理局下达的伊犁河设施渔业基地及鱼类保护中心建设研究。2004年12月,朱学宝主持市农业"四新"推广项目循环水工厂化名贵鱼类常年繁殖及中间培育的生产技术研究。2006年1月,谭洪新主持国家科技支撑项目淡水鱼工厂化养殖关键设备集成与高效养殖技术开发研究子课题。2010年6月,谭洪新主持公益性(农业)科研专项渔业节能关键技术研究与重大设备开发研究子课题。

设施渔业研究团队通过基础研究、技术开发、系统集成、工程示范,形成一种在理论、技术、装备、应用效果等层面上均有创新的现代水产养殖新模式,攻克循环水养殖的关键技术问题,实现清洁生产,与传统粗放养殖相比,节水率达到96%,吨水年产量达到58公斤以上。主要创新点在于:开发和发明微细悬浮颗粒物去除技术和水质净化技术;开发高效小型化生物反应器和高效净化装置;发明成本低、效益高的循环水工厂化水产养殖系统工艺;率先开发澳洲宝石鲈循环水工厂化养殖及品质保障技术,实现全封闭条件下的安全生产,提高产品品质及鱼类生长效率;开发闭合循环水产养殖——植物水栽培综合生产工艺,实现"养殖、种植、净化"三合一的清洁生产模式。初步建立淡水鱼循环水养殖技术体系。基于学校在循环水工厂化淡水鱼类养殖系统关键技术研究与开发方面的突出成绩,2006年获上海市科技进步奖一等奖、江苏省科技进步奖三等奖、中国国际工业博览会最具技术交易潜力奖。

(二) 虾、蟹、贝类养殖

王武主持、李应森参加的河蟹生态养殖技术与开发研究项目,2007年获上海水产大学科技进步奖二等奖。通过多年技术成果积累,集成创新河蟹育苗和养殖过程中存在的关键问题,有力推动河蟹养殖的健康可持续发展。中华绒螯蟹育苗和养殖关键技术研究和推广项目 2009 年获上海市科技进步奖一等奖、2010 年国家科技进步奖二等奖(学校为第一完成单位,成永旭、王武、吴嘉敏、李应森为主要完成人)。

1992 年施正峰、虞冰如开展青虾池塘养殖试验。1993 年暴发性虾病流行,严重打击对虾养殖业,造成巨大经济损失。赵维信、臧维玲、戴习林等急生产所急,及时转向罗氏沼虾、斑节对虾、南美白对虾等虾类的育苗与养殖的试验研究,创建金山漕泾产学研基地。该基地被评定为全国和上海的产学研试点基地。1997 年,蔡生力主持对虾常见病的防治技术研究项目获农业部科技进步二等奖。

贝类研究有过早期辉煌。1964—1968 年郑刚、张英等取得河蚌育珠成功,并得到推广应用,1978 年获全国科学大会奖。1978 年,王维德在江苏启东开展文蛤人工育苗试验取得成功。1989 年姚超琦等主持上海市水产局下达的上海市崇明缢蛏资源及其开发利用的初步探索调查研究。

淡水池塘珍珠养殖在 2000 年后取得系列成果:李应森在浙江诸暨完成的淡水蚌移地再养技术开发与推广项目 2002 年获浙江省绍兴市科技进步奖三等奖。李家乐主持,李应森等参与完成的我国五大湖三角帆蚌优异种质评价和筛选项目 2004 年获上海市科技进步奖三等奖。李家乐主持李应森等参与完成的三角帆蚌和池蝶蚌杂交优势利用技术项目 2005 年获浙江省科技成果奖二等奖。李家乐主持,李应森等参与完成的淡水珍珠蚌新品种选育和养殖关键技术项目 2008 年获上海市科技进步奖一等奖。选育新种"康乐蚌"获新品种证书。

刘其根主持公益性行业(农业)科研专项:珍珠养殖技术与示范(200903028)(第三子课题)。

在其他特种水产品研究方面可追溯到 1962 年学校派出苏锦祥赴古巴引进牛蛙,经几十年的驯化饲养,现已发展成为重要经济蛙类养殖对象。此外,在厦门水产学院期间,1978 年顾功超开展素有"活化石"之称的鲎人工养殖试验。李应森主持完成的外荡网围仿生态养殖甲鱼研究获 2003 年苏州市科技进步奖二等奖。

（三）天然水域鱼类增殖

1. 钱塘江渔业生物学及资源调查　1958年陆桂、钟展烈、赵长春开展钱塘江鱼类和渔业资源调查,尤其对鲥鱼、刀鲚做重点调查。1959年7月赵长春与淡水养殖1962届学生胡文善、徐国音利用暑假在桐庐进行鲥鱼人工繁殖,三次均孵出仔鱼,成活12天。1961年钟展烈在衢州,陆桂在桐庐,赵长春、陈马康在闻家堰分别对上、中、下游的渔业生物学及资源进行全面调查。1963年由陆桂、李思发和陈马康在桐庐利用野生鲥鱼亲鱼完成鲥鱼人工繁殖,并首次育出鲥鱼夏花鱼种。赵长春带领淡养1965届学生在桐庐重点开展鲴、鳊、鲂、花鱼骨等土著经济鱼类的调查研究。钱塘江作为中型江河的代表,通过几年调查研究,对其环境性状、渔业生物学及资源状况有较充分了解与认识,同时深感渔业开发利用存在令人堪忧的问题。

2. 淀山湖渔业生物学及资源调查　1959年4—7月陆桂、孟庆闻、王嘉宇、陆家机、钟展烈、严生良、赵长春、杨和荃带领淡养1962届学生开展淀山湖渔业生物学及资源调查。这是一次较大规模的中型湖泊渔业资源综合调查,内容包括环境、水流、水质、底栖生物、浮游生物、水生植物、鱼类生物学、渔业等。

3. 新安江水库渔业生物学及资源调查　1961年下半年,陆桂、张友声、赵长春、徐森林、钟为国、郭大德、李庆民等开展新安江水库渔业生物学环境性状、渔获物、渔业资源等方面的调查研究。并由赵长春执笔撰写新安江水库蓄水初期渔业生物学调查报告。建议与方案被水库开发经营方所采纳。

4. 长江干、支流家鱼产卵场调查　1960年长江流域规划办公室为做好长江三峡水库建设的前期准备工作,摸清三峡工程将对渔业可能产生的影响,尤其是对四大家鱼自然繁殖的影响,组织开展长江干支流家鱼产卵场调查,项目负责单位为中国科学院水生生物研究所。学校负责武汉至九江、赣江段。学校派出陆桂、缪学祖、苏锦祥、赵长春、王幼槐以及淡养1960届学生参加调查。调查结果表明:由于四大家鱼产卵场位于三峡以下,湘江、赣江的水文条件不会因三峡大坝兴建发生根本性变化,能继续自然产卵,即使宜昌以下长江段受一定影响也不会导致家鱼产卵场灭绝,继之家鱼人工繁殖技术的突破,三峡大坝建设鱼道方案有了明确结论。查明长江黄石市江段道士洑和赣江泰和段有大型家鱼产卵场。

5. 太湖渔业资源调查与增殖研究(1963—1966) 农业部重点科研项目,项目负责人肖树旭,参加人员缪学祖、赵长春、童合一、殷名称、杨亦智、陆家机、穆宝成、严生良、陈曦等。在调查研究基础上,课题组选择20万亩的东太湖实施示范性增殖试验,1965年6月人工放流红鲤、镜鲤、高背鲤夏花546万尾,取得明显增殖效果。据此,赵长春代表课题组向太湖渔业管理委员会提出两点建议。一是缩短或取消梅鲚禁渔期,延长银鱼禁渔期。二是建议增加四大家鱼大规模鱼种放流数量。所提建议被太湖渔业管理委员会采纳,放流取得明显效果,后因"文化大革命"被迫中断试验。

6. 新疆博斯腾湖渔业资源调查(1979年4—7月) 博斯腾湖是新疆面积最大的淡水湖泊,渔业资源丰富,为合理开发利用渔业资源,1979年4月新疆水电局水产处、博湖县水产办公室所属水产研究所、水产养殖场、厦门水产学院联合组成博湖渔业资源调查队,调查工作由陆桂主持。缪学祖、梁象秋、郭大德、李婉端、陈马康、童合一、陆伟民、王霏等参加。调查内容包括博湖的饵料生物、鱼类生物学、渔业和资源增殖、渔具渔法4个方面,通过调查提出关于博湖鱼类组成的合理调整、繁殖保护与合理捕捞,鲢鳙放养和苗种来源,渔具渔法改革等有关开发利用博湖渔业资源的意见与建议,为博湖积累一份宝贵的基础资料,所提意见与建议受到当地政府和生产单位的重视与采纳,取得良好效果。

(四) 近10多年来开展的研究项目

国家自然科学基金项目:保水渔业对千岛湖生态系统结构和功能影响的定量分析;上海市农委科技兴农推广项目:崇明明珠湖有机鱼生产技术应用与示范;上海市科委项目:淀山湖蓝藻水华控制及生态修复关键技术研究与示范(子课题);国家水体污染控制与治理科技重大专项:太滆运河与湖荡水污染控制与工程示范课题——滆湖净化能

力增强技术研究与工程示范(第五子课题);浙江省重大科技专项:水库养殖容量及保水渔业开发关键技术的研究与示范(子课题);上海市中华绒螯蟹产业技术体系建设子课题:生态育苗和蟹种培育技术;农业部项目:渔业科技入户工程;国家自然科学青年基金:铜绿微囊藻对虾类致死效应的细胞免疫毒理作用;美国国际发展署(USAID)协作研究资助项目水产项目 AquaFish CRSP: Improving Sustainability and Reducing Environmental Impacts of Aquacutural Systems in China, and South and Southeast Asia;美国国际发展署(USAID)协作研究资助项目水产项目 AquaFish CRSP: Improved cages for fish culture commercialization in deep water lakes;欧盟委员会第七框架大型国际合作项目: Sustaining Ethic Aquaculture Trade;上海市科委西部项目:贵州深水水库新型环保网箱养殖的关键技术集成与创新;横向课题:环保型生态网箱的研制;上海海洋科技创新项目:上海地区海水利用的现状调查;上海市科委西部合作项目:都江堰冷水性特种鱼河鲈的高产养殖技术示范与推广。

948 项目"外来水生生物入侵的风险防范和应急反应技术"(2005. 1—2007. 12);贵州省农业重点攻关项目"贵州省罗甸县龙滩库区斑鳠规模化人工繁育技术"(2006—2009);国家自然科学基金"养殖中华鳖药源性肝病病理机制研究"(2000—2002);海南海口泓旺农业发展有限公司"宠物龟规模化养殖和育苗关键技术"(2010—2013);海南三亚市科技工业信息化局"海马种苗产业化培育关键技术研究"项目(2011—2012);临港普露湾开心农庄钓鱼场养殖技术(2011—2012);农业部"九五"重点攻关项目"卤虫卵加工技术及装备的研究"(1995. 9—1999. 12);上海市教委重点项目"几种麻醉剂在主要淡水观赏鱼活体运输中的应用"(2006—2009);上海市教育委员会发展基金项目"中华鳖'白底板'病病因、病理及其控制研究"(2002—2004);上海市教育委员会重点项目"中华鲟烂鳃病和胃充气并发症的病理机制研究"(2007—2009);上海市科技兴农项目"松江鲈鱼养殖和病害控制技术"(2007—2009);上海市科技兴农重点攻关项目"松江鲈鱼苗种生产技术研究"(2002—2004);上海市科技兴农重点攻关项目"刀鲚人工育苗及养殖技术研究"

(2003.9—2006.8);上海市科技兴农重点攻关项目"胭脂鱼人工繁育及陆基养殖技术研究"(2004.10—2007.9);上海市科委西部项目"贵州省斑鳠人工繁育技术"(2006—2008);上海市长江口中华鲟自然资源保护管理处项目"中华鲟病害临床诊断和控制技术研究"(2006—2007);上海市自来水有限公司"水质在线鱼类预警监测仪开发研究"项目(2009—2011);上海市自来水有限公司"鱼类在水质预警中的应用研究"项目(2009—2011);上海水产大学青年科研基金"长江野生青虾与地方养殖种群的比较研究"(2003.5—2004.12);上海水产大学校长基金"松江鲈鱼回访苏州河技术基础研究"(2005—2007);上海水产大学优青项目"2-苯氧乙醇在金鱼活体运输中的应用效果"(2006—2007);上海水产大学重点学科项目"黄金鲈的人工繁育技术"(2006—2008);神阳水族研发基金项目"高效饲料生产工艺研制与系列生物饵料开发"(2012—1013);神阳水族研发基金项目"水文条件对锦鲤生长发育的影响"(2008—2011);温室养殖中华鳖危重病害诊控(锦溪、南汇、杭州)(2007—2012);浙江南浔区科技局"观赏鱼的引繁、良种选育与产业化研究"项目(2009—2014)。

2012年以来,水产养殖技术与工程系先后主持了包括欧盟第七框架项目、美国国际发展署项目、国家自然科学基金、科技部科技支撑项目和农业部公益性行业(农业)专项、上海市虾类产业技术体系建设在内的科研项目40多项,主要科研成果包括:循环水工厂化淡水鱼类养殖系统关键技术研究与开发、河蟹生态养殖技术研究与推广、大水面保水渔业及有机水产养殖、稻田生态养殖、鲍科鱼类人工繁殖、观赏水族繁育与系统开发、设施渔业水处理装备的研究与开发、松江鲈鱼繁育技术等,获奖科研项目10多项,出版专著10多本,授权专利50余项。

二、水生生物系

(一) 水生生物学科研活动

参加国内研究单位组织的调查 1957年,李松荣、方纪祖参加由中国科学院海洋生物研究所主持的中苏联合调查黄渤海生物资源项目。1958年,陆家机、俞泰济、梁象秋参加由中科院地理研究所组织的兆湖地貌及生物资源调查。1959年,林新濯、王尧耕、伍汉霖、洪惠馨带领鱼类学与水产资源专业学生参加由海军东海舰队、中国科学院海洋研究所主持的全国海洋普查东海区调查。1959年,林新濯、梁象秋、洪惠馨、杨亦智等参加由上海市水产局主持的东海渔区渔场调查。1960年,肖树旭、梁象秋、洪惠馨等参加上海市水产局主持的东海渔业资源调查等。1959—1961年,杨亦智、杨和荃、严生良等开展上海水生维管束植物的调查,编撰水生维管束植物一书,之后,又相继编撰习见淡水生物图册、淡水习见藻类、淡水枝角类、淡水轮虫和淡水软体动物等教学参考图册,并为多所水产院校所采用。1964年4—6月,王嘉宇主持苏州河污水直接排至长江口后对渔业影响的调查。由上海市城市建设局、上海市水产局、中国水产科学研究院东海水产研究所、上海水产学院联合组成调查小组,共计31人(不包括室内水质分析人员)。项目主持人王嘉宇,学校派出王则忠、谢政强、俞泰济等教师和淡水养殖1964届毕业班学生近20人参加调查。全部人员分为:鱼类渔业组、水生生物组、污水试养组和水质分析组。分别进行野外及室内试验工作,水质分析由市城建局西区污水处理厂承担。调查结束后,编撰苏州河污水直接排至长江口后对渔业影响的初步调查报告,为苏州河治理提供一份有科学参考价值的基础资料。1964年洪惠馨在对浙江近海水母类进行多年调查的基础上,撰写《东海水母类研究 I. 浙江沿海的管水母类》一文,刊于1960年《上海水产学院学报》创刊号。1970年洪惠馨、张世美编写《水母》一书,由科学出版社出版。1964年,梁象秋在《动物分类学报》上发表其第一篇论文《广东米虾属一新种》,之后共发表论文50余篇,报道淡水虾类4个新属,80多个新种。1976年,肖树旭、纪成林开展中国对虾南移人工育苗及养殖试验,1978年获福建省科技成果奖。1981年,肖树旭、顾功超开展刺参南移与人工育苗试验,试验内容包括刺参从山东移养到厦门生长、发育和度夏情况及刺参幼体的几种培育办法。1981年,上海水产学院、东海水产研究所、上海市水产研究所共同承担由市海岸带和海涂资源综合领导小组下达给上海市水产局的上海市海岸带和海涂生物资源调查项目。肖树旭为项目负责人。先后有 236 人参加此项调查,其中科技人员 60 人。学校参加此项调查的教师有:肖树旭、梁象秋、严生良、方纪祖、杨和荃、王维德、李亚娟、姚超琦、张媛溶、顾功超、谢政强、李小雄,以及海水养殖 1977、1978 届学生 35 人。经过三个单位长达五年的共同努力,完成以东经 123°00′以西和北纬 30°45′—31°45′之间的广大海域及市郊 6 个县的潮间带,共布设 77 个站位,20 个断面,调查内容包括浮游生物、底栖生物、鱼卵、仔稚鱼、潮间带生物和游泳生物等生物量、密度分布以及季节变化。通过调查基本摸清上海市海岸带和海涂生物资源的现状,经初步鉴定共有 646 个物种,为合理开发海岸带生物资源提供科学依据。1992 年,肖树旭主持农业部下达的西北地区利用盐碱水养殖卤虫试验。梁象秋、卢卫平、陈跃春、何为参加,1993 年在甘肃白银市通过现场验收。1995 年国家自然科学基金会启动中国动物志编纂工程,学校承担鱼类、虾类、水母类有关内容的编写。关于鱼类学内容可参阅后文的鱼类学科研究。洪惠馨参编《中国动物志·水螅虫纲水母》、张世美参编《中国动物志·钵水母纲》、梁象秋参编《中国动物志·匙指虾科》以及与中国科学院海洋研究所刘瑞玉等合写《中国动物志·长臂总虾科》,分别于 2002、2004 和 2008 年由科学出版社出版。

1992 年起,青年教师充实到水生生物学师资队伍,科研工作重点在水生生物资源调查、形态分类等研究基础上,逐步向水域环境生态领域拓展。在水生生态学及水域环境生态修复、水体富营养化控制和水生态系统重建与修复、浮游生物群落生长演替规律、水生植被修复技术与应用、着生藻类生态学、水质调控技术与维护管理等研究中取得可喜成绩。

1992—1995 年,王丽卿参加国家“八五”科技攻关课题中型草型湖泊综合高产技术研究。1998—2000 年,王丽卿参加上海市农委科技兴农重点项目斑节对虾亲虾越冬与淡化养殖技术开发。2002—2004 年,王丽卿主持住宅小区人工湖水质处理技术研究,以及延中绿地人工湖水质处理技术研究(均为第二主持人)。2003—2004 年,王丽卿参加“863”项目深海抗风浪网箱养殖的研究的子课题深水网箱养殖海区环境动态研究。2004—2010 年,王丽卿主持新疆特克斯流域饵料生物资源调查,陈立婧参加。2005—2007 年,陈立婧主持上海市教委科研项目"两种繁殖方式下萼花臂尾轮虫的形态特征和遗传分析比较"。2008—2011 年,王丽卿参加上海市科委重大项目"青草沙水库生态系统构建与水体自净能力增强技术研究"。2008—2010 年,王丽卿主持上海市水务局淀山湖富营养化控制和生态修复综合示范试验性工程项目。2009—2011 年,王丽卿参加国家水专项子课题"滆湖自净能力增强技术研究与工程示范、南方丘陵和河网水系水生生物种群与水环境关系研究"。2009—2011 年,王丽卿主持上海市科委人工湿地水处理系统在标准化水产养殖场中的应用研究子课题。2010—2011 年,陈立婧主持由中国地质科学院矿产资源研究所委托的青藏高原盐湖及浮游生物的鉴定、青藏高原羌塘北部盐湖浮游生物的鉴定项目。

2013 年以来,本系教师参与和主持的相关项目获得了显著的成效,如:人工湿地在农业面源污染防治上的应用荣获上海海洋大学科研成果三等奖(2013 年);上海市河道生态治理技术研究及应用荣获上海海洋大学校成果奖三等奖(2014);长江刀鲚全人工繁养和种质鉴定关键技术研究与应用荣获上海市技术发明一等奖(2015 年);上海市河道生态治理技术指南及评价指标体系荣获上海市水务海洋科学技术一等奖(2016 年,排名第一);城市缓流河道生态治理技术与效果评价体系研究与应用荣获上海市科技进步三等奖(2017 年,排名第一)。

(二)鱼类学科研活动

1. 鱼类区系调查

组织和参加一系列重要的学术考察,并对中国鱼类的多样性开展调查研究。如 1957 年的闽江鱼类调查,1958 年的云南、四川及广西淡水鱼类调查,1958—1960 年的全国海洋普查(东海区海洋普查),1959 年的上海淀山湖鱼类调查,1959—1961 年的东海鱼类调查,1962 年的西沙群岛鱼类调查,1963 年的粤西鱼类调查,1964 年的湖南鱼类调查,1964 年的海南岛海洋鱼类调查,1965—1966 年的海南岛淡水鱼类调查,1974—1979 年的福建鱼类、闽南渔场调查,1977 年的南海诸岛海域鱼类调查,1983 年的海南岛淡水鱼类调查,1985—1986 年的广东淡水鱼类调查等。在大量考察的基础上,先后主持或参加完成《南海鱼类志》(朱元鼎参编,科学出版社,1962年)、《东海鱼类志》(朱元鼎主编,罗云林、伍汉霖、金鑫波、许成玉、王幼槐参编,科学出版社,1963)、《南海诸岛海域鱼类志》(朱元鼎、伍汉霖、金鑫波、孟庆闻、苏锦祥参编,科学出版社,1979)、《福建鱼类志》(朱元鼎主编,孟庆闻、伍汉霖、金鑫波、李婉端、沈根媛、苏锦祥、缪学祖、刘铭、周碧云、赵盛龙参编,福建科学技术出版社,上册1984,下册1985)、《中国鱼类系统检索》(朱元鼎、孟庆闻、伍汉霖、金鑫波、苏锦祥参编,科学出版社,1987)、《海南岛淡水及河口鱼类志》(伍汉霖、金鑫波参编,广东科技出版社,1986)、《广东淡水鱼类志》(伍汉霖、金鑫波、钟俊生等参编,广东科技出版社,1991)等专著的撰写,为摸清我国鱼类资源和鱼类志书撰写做出重要贡献。其中《南海诸岛海域鱼类志》《中国鱼类系统检索》《福建鱼类志》曾获省部级奖项。

2. 鱼类分类学

朱元鼎于1960年正式出版《中国软骨鱼类志》(科学出版社)。这是一本关于中国软骨鱼类比较全面和完整的专著,记载中国沿海所产软骨鱼类126种,是国内外鱼类学界研究中国软骨鱼类资源、区系、分布的不可缺少的重要参考书。

1963年朱元鼎和罗云林、伍汉霖出版专著《中国石首鱼类分类系统的研究和新属新种的叙述》(上海科技出版社)。作者提出用鳔和耳石的内部形态变化同外部形态相结合作为分类依据和方法,并对石首鱼类的演化作详细的叙述和讨论,提出新的分类系统。使紊乱的分类系统更符合自然界的实际情况。同时还发现石首鱼类2新属,4新种,把石首鱼类的分类研究向前推进一大步。该成果获1979年福建省科技成果三等奖。

1972年后,朱元鼎与孟庆闻于1979年出版专著《中国软骨鱼类侧线管系统以及罗伦瓮和罗伦管系统的研究》(上海科技出版社)。提出一个新的中国软骨鱼类分类系统。获1987年度国家自然科学奖三等奖。

朱元鼎于1964年发起组织全国鱼类学家编写《中国鱼类志》的倡

议,得到同行赞同,并在上海进行分工,全书共分 16 卷,由中国科学院
水生生物研究所、动物研究所、海洋研究所和上海水产学院等 4 个单
位为主要编写单位。学校承担圆口纲、软骨鱼纲,鰕虎鱼亚目,鲉形
目,鲀形目等 4 卷的编写任务。《中国鱼类志》的编写后来纳入国家自
然科学基金会的中国动物志编委会的研究编写计划。由朱元鼎和孟
庆闻主编的《中国动物志·圆口纲软骨鱼纲》、苏锦祥主编的《中国动
物志·硬骨鱼纲鲀形目海蛾鱼目喉盘鱼目鮟鱇目》、金鑫波主编的
《中国动物志·硬骨鱼纲鲉形目》和伍汉霖主编的《中国动物志·硬骨
鱼纲鲈形目虾虎鱼亚目》已分别于 2001、2002、2006 和 2008 年由科学
出版社出版,全部完成由学校承担的 4 卷动物志编写任务。唐文乔参
加编写的《中国动物志·硬骨鱼纲鲤形目下卷》已于 2000 年出版,作为
第 2 作者参编的《中国动物志·硬骨鱼纲鳗鲡目、背棘鱼目》也于 2010
年出版。

孟庆闻、苏锦祥、缪学祖编著的《鱼类分类学》(中国农业出版社,
1995),是首次采用纳尔逊(Nelson)鱼类分类系统的专著,在国内鱼类
学界产生广泛影响。

在鱼类分类研究中共发现鱼类新种有 70 余种、新属 7 个,是我国
发现海洋鱼类新物种最多的研究机构之一,鱼类室也成为我国上述 4
大鱼类类群收集标本及资料最为完整全面的研究基地。

3. 鱼类形态学

1958 年开始孟庆闻和苏锦祥开展鱼类的形态解剖研究,首先研究
白鲢、带鱼和梭鱼等鱼的形态构造,最后将白鲢的形态学研究整理出一
本专著《白鲢的系统解剖》,于 1960 年由科学出版社出版。以后又进一
步研究鱼的一些器官构造,如鳞片(鲨类、革鲀类)、牙齿(软骨鱼类)、骨
骼(鲨、鳐、鲤科)、肌肉(鳐)、消化器官(鲱科、鲢、鳙)、鳔(鲱科)、脑(草
鱼)、嗅觉器官(鲨类、鳐类、鲀类)及血管系统(鲢、乌鳢)等,前后发表
20 篇鱼类形态学方面的论文。长期的工作中积累许多形态解剖资料,
孟庆闻、苏锦祥和李婉端以软骨鱼类尖头斜齿鲨和硬骨鱼类鲈鱼为典
型代表,编写的《鱼类比较解剖》专著,1987 年由科学出版社出版。
1992 年孟庆闻又出版专著《鲨和鳐的解剖》(海洋出版社)。

4. 有毒及药用鱼类

20 世纪 70 年代鱼类研究室即开始有毒鱼类及药用鱼类的研究，是我国目前唯一从事有毒鱼类和药用鱼类防治与应用的研究机构。这一项目已连续进行 30 余年，其研究成果在学科理论上有独到的见解。

伍汉霖、金鑫波、倪勇编著《中国有毒鱼类和药用鱼类》，于 1978 年由上海科学技术出版社出版。2002 年，伍汉霖主编《中国有毒和药用鱼类新志》由中国农业出版社出版。该书于 2003 年获第 11 届全国优秀科技图书奖。2005 年伍汉霖主编的《有毒、药用及危险鱼类图鉴》由上海科学技术出版社出版，获 2006 年第 19 届华东地区科技出版优秀科技图书奖。

三、水产动物医学系

（一）水产动物医学

1964 年唐士良、柳传吉在 1965 年《水产学报》第二期发表《鲢、鳙腐皮病及其防治方法初步研究》，1978 年获福建省科技成果奖。黄琪琰、蔡完其、纪荣兴开展石斑鱼白斑病的病原及其防治研究，1980 年获福建省水产科技成果奖三等奖。黄琪琰、蔡完其、孙其焕开展尼罗罗非鱼溃烂病研究，1978 年获农牧渔业部科技进步奖三等奖。黄琪琰、郑德崇等开展的鲤鱼棘头虫病的研究，1990 年获国家科技进步奖三等奖。黄琪琰、杨先乐、郑德崇等参加的国家"六五"科技攻关项目草鱼出血病防治技术研究，获 1991 年农业部科技进步奖一等奖、1993 年国家科技进步奖一等奖。黄琪琰、金丽华、孙其焕等开展的鲫鱼腹水病的研究，1995 年获上海市科技进步奖二等奖。黄琪琰、孙其焕等完成的团头鲂、鲢、鳙细菌性败血症的研究，1997 年获上海市科技进步奖三等奖。蔡完其完成的温室集约化养殖鳖疾病防治研究，1999 年获上海市产学研三等奖，陆宏达参与完成的中华绒螯蟹育苗和养殖关键技术的研究和推广获 2009 年上海市科技进步奖一等奖。杨先乐等人完成的草鱼出血病细胞培养灭活疫苗大规模生产工艺研究获 2002 年湖北省人民政府科技进步奖三等奖，中华鳖主要传染性疾病防治技术的研究获 2004 年中国水产科学研究院科技进步奖三等奖,2005 年获湖北省科技进步奖二等奖;国家 863 课题海水养殖鱼虾用肽聚糖免疫增强剂的研制与应用,2007 年获国家海洋局海洋创新成果奖二等奖,2008 年获中国水产科学研究院科技进步奖二等奖。

(二)建立我国首个水产动物医学研究的大型平台农业部渔业动植物病原库

1998 年农业部批准在上海水产大学建设农业部渔业动植物病原库。2007 年国家发改委在下达动物防疫体系建设项目中将其更名为国家水生动物病原库。它是中国乃至亚洲第一个也是唯一一个水产培养物保藏机构。至 2011 年入库的细胞和病毒、细菌、放线菌、真菌等微生物已达数千株,国内主要水产养殖区(除新疆、西藏、内蒙古之外)常见的、危害较大的病原都有保存,国外如北美、东南亚的病原也有收集。病原库充分整理、整合中国各类水产动植物病原资源,在高等院校、研究院所、生产单位之间建立广泛的培养物交流联系,丰富与完善国家、地方科研资源,成为独具特色的物质和数据平台,在实现资源共享、保护特色遗传物质、保护知识产权等方面均取得良好的社会效应,享有广泛的社会公信力和认知度。

(三)建立农业部渔药临床试验基地

1999 年经农业部批准,在学校建立农业部渔药临床试验基地,承担渔药临床试验工作,获得农业部有关部门和企业的认可。在 2008 年的地标升国标中,农业部渔药临床试验基地发挥重要的作用。

农业部渔药临床试验基地主要围绕渔药药理学基础理论、渔药代谢机理、渔药残留检测技术等领域开展了工作:①系统地开展了国标渔药在主要水产动物体内的代谢动力学研究。其中,"渔用药物代谢动力学及药物残留检测技术"项目获上海市科技进步三等奖。②开展渔药代谢酶及渔药安全使用机理的研究。我校先后主持 2 项国家自然科学基金项目分别从药物代谢酶体外诱导鱼类细胞和鱼类药物受体的角度阐明了渔药代谢机理。③初步筛选出对水霉病具有良好防治效果的替代制剂——"美婷",可作为对孔雀石绿等禁用药物的替代品,可从技术上彻底解决禁用药物屡禁不止的问题。④开发出环丙沙星、孔雀石绿和氯霉素等禁用药物的 ELISA 检测试纸条或试剂盒产品,为生产、流通环节水产品质量安全提供了技术保障。⑤开展了渔药新型剂型、渔药残留溯源分析、渔药在养殖环境中归趋性、新型微生态制剂研制及安全性评价利等工作。⑥制定了"渔药毒理学试验方法""无公害食品-渔药使用准则""绿色食品-渔药使用准则"和"水产品中诺氟沙星、环丙沙星残留检测方法"等一系列国家和水产行业标准。

2012 年以来,吕利群主持的科教项目包括:国家自然科学基金面上项目,农业部国家大宗淡水鱼产业技术体系岗位科学家等重大项目;胡鲲主持和参与 863 项目、农业部公益性行业专项等项目 10 余项;张庆华主持"Notch 信号调控副溶血弧菌诱导斑马鱼天然免疫应答的机制研究","具有群体感应抑制作用芽孢杆菌安全评价及生态评价";"基于斑马鱼研究模型的 Notch 分子参与天然免疫的应答机制"等项目。宋增福主持了"新型水产抗生素替代微生物制剂的研制及产业化"。"高效微生态制剂的研制"等项目;许丹主持了国家自然科学基金青年基金:调节 Ⅱ 型鲤疱疹病毒复制的病毒 MicroRNA 分子的鉴定与功能分析;江苏省高层次创新创业人才(科技副总)项目:异育银鲫疱疹病毒性造血器官坏死病快速检测技术和宿主免疫增强剂的研发;中科院淡水生态与生物技术国家重点实验室开放基金:鲫鱼单抗制备及抗疱疹病毒免疫应答的检测分析等项目。曹海鹏主持了江苏省渔业科技创新与推广专项课题"南美白对虾病害防控技术研究",江苏省农业科技支撑计划项目"新型高效复合抗菌微生物添加剂的关键技术研究与应用"等科技应用项目。

四、营养与生理系

(一) 鱼类性激素与人工合成多肽激素实验

1958 年,中国主要养殖鱼类人工繁殖的成功,极大地推动鱼类性激素、催情药物、受精生物学、稚幼鱼发育生物学等鱼类生理学研究的深入开展。第一步是 20 世纪 50 年代末至 60 年代初则以提取及制备催情药物为主,如从孕妇尿中提取绒毛膜促性腺激素,鲤科鱼类脑垂体采取,并结合人工繁殖生产实践,开展对催情药物的使用剂量、注射次数、药物与环境因子的关系等的实验研究。第二步是鱼类促性腺激素放射免疫测定技术的建立,1976 年,黄世蕉、姜仁良、赵维信与中国科学院生物化学研究所合作,从鲤科鱼类脑垂体提取、纯化鱼类促性腺激素获得成功,并对其进行同位素标记和制备抗体,成为继法国、加拿大之后世界上第三个建立制取鱼类促性腺激素纯化制品及放射免疫测定实验室的国家。开创中国鱼类生殖内分泌研究的新领域,由组织生理研究层面提升到相关激素水平变化的内分泌研究层面。

(二) 鱼类营养生理

"六五"至"八五"期间,王道尊主持国家攻关课题青鱼营养需求量及饲料配方技术的研究、青鱼饲料标准及检测技术的研究、青鱼营养及饲料配制技术的研究。王义强主持"七五"攻关项目鱼虾饲料的营养标准及检测技术的研究,周洪琪参加。王义强主持"八五"攻关项目鱼虾饲料的生理生态及生物能量学研究,周洪琪、潘兆龙参加。1996—1998年,周洪琪主持农业部科研项目光生物反应器生产微藻饵料的研究;1996—1999 年,黄旭雄参加农业部重点科研项目卤虫增养殖、加工技术及其装备的研究;1999—2001 年,周洪琪主持上海市教委科研项目优质高产生物饵料的研究,黄旭雄、华雪铭、陈乃松参加;2001—2003年,周洪琪主持上海市科委科研项目河鲀功能饲用微生物添加剂的研究,华雪铭参加;2001—2004 年,周洪琪主持上海市科委科研项目绿色水产饲料免疫增强剂的研究,沈月新、华雪铭参加;2001—2004 年,周洪琪主持农业部科研项目中华绒螯蟹配合饲料标准,陈乃松、黄旭雄、冷向军参加;2003—2005 年,魏华主持上海市教委项目中华绒螯蟹性早熟成因及机理研究;2003—2006 年,冷向军主持上海市教委项目水产饲料缓释型氨基酸的研究;2003—2005 年,冷向军主持上海海洋大学校长基金项目改善养殖鱼类肌肉品质的营养措施研究;2004—2006年,成永旭主持国家自然科学基金项目脂类营养与中华绒螯蟹性早熟的内分泌调控研究,杨筱珍、吴旭干等参加;2004—2006年,成永旭主持上海市教委重点项目中华绒螯蟹脂类营养调控研究,杨筱珍、吴旭干等参加;2005—2008年,黄旭雄主持上海市农委科技兴农项目用于饵料微藻培养的光生物反应器的设计及其控制系统的研究,华雪铭、周洪琪参加;2006—2008年,华雪铭主持上海高校选拔培养优秀青年教师科研专项基金壳聚糖对草鱼营养和免疫功能的影响;2006—2008年,黄旭雄参加上海市自然科学基金项目高不饱和脂肪酸对银鲳仔稚鱼发育的影响的研究,以及国家科技支撑计划专题锯缘青蟹种苗规模化生产及品种选育关键技术研究;2008—2010年,黄旭雄参加上海市农委科技兴农重点攻关项目银鲳全人工养殖的关键技术研究;2006—2009年,陈乃松主持上海市农业委员会科技兴农重点攻关项目环保型水产饲料加工工艺的研究;2007—2010年,华雪铭、周洪琪主持市科委科研项目玉米蛋白在鱼虾饲料中代替鱼粉的研究,黄旭雄、杨志刚参加;2009—2010年,华雪铭参加中央级公益性科研院所基本科研业务费专项资金项目克氏原螯虾营养需求及饲料配方技术的研究;2006—2011年,冷向军主持国际合作项目酶制剂在水产饲料中的应用研究;2009—2011年,成永旭主持上海市教委创新团队项目水产动物营养饲料与养殖环境,魏华、黄旭雄、吴旭干等参加;2009—2011年,成永旭主持国家农业转化基金项目河蟹育肥饲料生产技术转化和育肥养殖生产关键技术中试与示范,吴旭干等参加;2009—2011年,成永旭主持教育部博士点基金高度不饱和脂肪酸对三疣梭子蟹卵黄发生作用及其调控,吴旭干等参加;2009—2011年,成永旭主持国家自然科学基金项目脂肪酸营养对中华绒螯蟹幼蟹耐低氧能力和免疫性能的调控,黄旭雄、吴旭干等参加;2009—2012年,吕为群主持上海市科委计划处重点定向项目银鲳在不同的生长发育阶段对环境适应力的研究,黄旭雄参加;2009—2012年,冷向军主持上海市农委科技攻关项目提高凡纳滨对虾抗病性能的免疫增强剂研究;2010—2012,冷向军主持江苏省宿迁市人才引进项目特种水产饲料的研究;2010—2012年,陈乃松主持上海市科学技术员会高校能力建设项目大口黑鲈营养需求与饲料加工技术的研究;2010—2011年,黄旭雄参加国家863项目 CO_2-油藻-生物柴油关键技术研究;2011—2013 年,华雪铭主持上海市教委科研创新项目克氏原螯虾成虾饲料的能量结构研究;2011—2013 年,吕为群主持上海市科委重点基础项目大黄鱼远缘杂交及快速生长相关基因的研究,黄旭雄、钟英斌参加;2011—2013 年,吕为群主持国家自然科学基金项目鱼尾部神经分泌系统受光调控的分子机制的研究;2012—2013 年,钟英斌主持上海高校青年教师培养资助计划项目以斑马鱼为模式动物研究鱼类尾部神经分泌系统在应激反应中的作用;2012—2013 年,钟英斌主持上海市教育委员会科研创新项目牙鲆尾部神经分泌系统响应环境光照的研究。

"十二五"以来,先后承担国家自然基金项目、科技部 863 项目、科技部国际合作项目、农业部公益性行业专项、农业部产业技术体系项目,以及国家其他部委、上海市农委、教委等各类科研项目 50 多项,平均每年到账经费 400 万元以上,年均发表 SCI 论文 20 余篇,获得授权发明专利 3—5 项。代表性项目如下:国家自然科学基金面上项目:华绒螯蟹 5 -羟色胺的分布和功能的研究"(2013—2016 年);国家自然科学基金青年科学基金项目:不同脂肪酸对中华绒螯蟹 FABP 的表达调控的研究(2014—2016 年);科技部港澳台科技合作专项项目:基于安全饲料下两岸大闸蟹养殖技术研发(2014—2016 年);国家自然科学基金面上项目:中华绒螯蟹 HUFA 合成能力评估及其营养调控(2015—2018 年);国家自然科学基金面上项目:饲料中植物油替代鱼油对河蟹卵巢发育过程中脂质代谢和营养品质的影响及其机理分析(2016—2019 年);国家自然科学基金面上项目:杜仲调控草鱼胶原蛋白形成的机理及与肉质相关性研究(2018—2021 年);农业部现代农业产业技术体系专项资金项目:加州鲈营养与饲料(2017—2020 年);农业部现代农业产业技术体系专项资金项目:淡水蟹生态系统养殖(2017—2020 年)。

(三) 鱼类受精生物学

1986 年王瑞霞、张毓人承担农牧渔业部重点科研项目青草鲢鳙鲂鱼受精生物学显微镜和电子显微镜研究。对受精程序、受精时限和精子入卵通道等进行深入观察,摄制当时中国尚未观察到的鱼类精子入卵过程的电镜照片,揭示硬骨鱼类成熟与成熟卵及其受精孔的超微结构,证实受精孔是精子入卵的唯一通道。1985 年获农业部科技进步奖二等奖,1988 年获国家科技进步奖三等奖。

五、水产种质资源与遗传育种系

(一) 鱼类遗传育种

楼允东于 20 世纪 80 年代作为访问学者在英国进修期间,在导师 C. E. Purdom 博士指导下从事鱼类遗传育种研究,取得显著成果,在国际著名学术期刊 Journal of Fish Biology 上发表 3 篇有关鱼类多倍体和雌核发育的研究论文,论文首次报道用静水压成功诱导出虹鳟三倍体,发表后受到各国学者浓厚兴趣,先后收到 16 个国家 50 多名学者索要论文的函,论文被广泛引用。

由楼允东、张克俭、杨和荃、张毓人等完成的高邮杂交鲫杂种优势利用及其遗传性状研究项目,1992 年 4 月获江苏省水产科技进步奖二等奖,1992 年 9 月获江苏省科技进步奖四等奖,1999 年 12 月获扬州市科技进步奖二等奖。由楼允东、张克俭等完成的家鱼秋繁及其对次年春繁的影响,1993 年 3 月获江苏省水产科技进步奖二等奖。1994 年,楼允东、宋天复、王逸妹、魏华等完成了鲫鱼性别控制的研究,除获得一批中性不育鱼外,还进行试验鱼性腺发育和性别分化的组织学观察以及血清与肌肉中的激素残留量测定等。

(二) 鱼类种质资源发掘与利用

1982 年李思发创建水产动物种质资源研究室,成为中国首个从事水产动物种质资源研究的专业教学科研机构。以该研究室为建设主体,接任原农业部水产增养殖生态生理重点开放实验室(1994 年),"农业部水产种质资源与养殖生态重点开放实验室"(1998 年),"农业部水产种质资源与利用重点实验室"(2002 年),"农业部淡水水产种质资源重点实验室"(2011 年)。主要研究成果如下:

1. "四大家鱼"等种质资源与保护

(1) 1982—1989 年,李思发获得瑞典国际科学基金会(IFS)连续 4 期的资助,开展长江、珠江、黑龙江鲢、鳙、草鱼考种研究,此课题同时被纳入国家"六五""七五"科技攻关项目,主要参加人有蔡正纬、何希、陆伟民、周碧云等。1992—1994 年,李思发主持加拿大国际发展研究中心(IDRC)国际合作项目长江鱼类生物多样性可行性研究,主要参加人:周碧云、吕国庆、赵金良等。主要成果:一是发现长江种群最优,为后续种质创新提供科学依据和物质基础;二是为我国种质资源保护和水产种苗工程建设提供重要决策依据,指导建立国家级水产良种场 20 多个。其中,长江、黑龙江、珠江鲢、鳙、草鱼考种获 1990 年农业部科技进步奖二等奖。

(2) 1991—1995 年,李思发主持国家"八五"科技攻关子专题"通江型天鹅洲故道'四大家鱼'天然种质资源生态库研究",主要参加人:周碧云、吕国庆、赵金良等。主要成果天鹅洲通江型故道"四大家鱼"种质资源天然生态库研究获 1998 年农业部科技进步奖二等奖。

(3) 2000—2004 年,李思发主持新疆生产建设兵团项目额尔齐斯河流域特征种鱼类种质、繁育及开发利用,主要参加人王成辉、蔡完其等,对新疆额尔齐斯河丁鲹、狗鱼、河鲈等特产鱼类种质特性和繁育开展研究。主要成果:2005 年获新疆生产建设兵团科技进步奖二等奖。

(4) 2004—2007 年,李思发主持上海市科委项目上海九段沙湿地水生经济生物种质资源保护及其关键技术,主要参加人:唐文乔、王成辉、刘至治、龚小玲等。

(5) 2007—2010 年,李思发主持国家自然科学基金重大项目鲢、鳙、草鱼、团头鲂遗传多样性变迁研究,主要参加人:王成辉、赵金良、唐文乔、刘至治、吕国庆等。研究视野从我国"三江"(长江、珠江及黑龙江)扩大到世界"三洲"(亚洲、美洲及欧洲),审视和评估这些重要鱼类自人工繁殖 50 年来和国外移植 50 年来的时空上的遗传变迁和资源变化,揭示长江为这些鱼类的源头,实属世界性遗产,亟待保护。

2. 种质创新与良种选育

(1) 团头鲂选育 1986—1994 年,李思发在加拿大国际发展研究中心(IDRC)资助下开始草食性鱼类(团头鲂,草鱼)选育研究,1996—2000年主持国家"九五"攻关专题水产养殖对象良种选育技术研究。2001—2005年主持国家科技攻关子专题团头鲂生物选育技术研究。2002—2003年主持科技部农业科技成果转化项目团头鲂"浦江1号"大规模制种与推广。

主要成果:在1982—1984年对团头鲂调查评估基础上,选择湖北淤泥湖团头鲂为基础群体,以数量遗传学原理为指导,系统选育与生物技术集成,经十五年选育,育成"浦江1号",其生长速度比基础群体提高30%以上,体型健美厚实。2000年,全国水产原种和良种审定委员会审定为选育良种,这是世界上草食性鱼类首例选育良种。至2010年,全国已经建立3个以其为主产品的国家级良种场。中国团头鲂养殖年产量稳定在55万吨左右,其中"浦江1号"约占1/2,一年可增加产值10亿元。2003年获上海市科技进步一等奖,团头鲂"浦江1号"选育和推广应用2004年获国家科技进步奖二等奖。

(2)罗非鱼选育 1996—2005年主持国家"九五""十五"科技攻关子专题"罗非鱼选育技术研究";2000—2002年主持农业部"948"国际引进合作项目高耐盐性萨罗罗非鱼的引进研究;2004—2008年主持公益性行业(农业)科研专项罗非鱼大规模鱼种规模化培育与生态养殖技术研究;2006—2010年,主持国家科技支撑计划专题耐盐罗非鱼选育。2007—2010年作为岗位专家参加行业体系(农业)科研专项罗非鱼。

主要成果:①在亚洲开发银行的资助下,于1994年引进GIFT尼罗罗非鱼,经三年评估,1997年全国水产原种和良种审定委员会确认其为引进良种,命名为"吉富品系"尼罗罗非鱼(品种登记号GS-03-001-1997)。1998年获农业部科技进步三等奖。②为培育出适合我国国情的优良品种,从1997年起以"吉富品系"尼罗罗非鱼为基础群体,经在珠江、长江及黄河三大农业生态区大群体同步九年9代选育,产生"新吉富"罗非鱼,2005年全国水产原种和良种审定委员会确认其为选育良种(品种登记号GS-01-001-2005),这是我国近百种引进鱼类中首例具有自主知识产权的选育新品种。从"吉富"到"新吉富"——尼罗罗非鱼的种质创新与应用获2007年上海市科技进步一等奖,罗非鱼产业良种化、规模化、加工现代化的关键技术创新及应用获 2009 年国家科技进步奖二等奖。③以"新吉富"罗非鱼和以色列奥利亚罗非鱼为亲本,育成出苗率、雄性率兼优的新型杂交良种——吉奥罗非鱼。吉奥罗非鱼的亲本选育与规模化制种技术研究,2009 年获广东省科技进步奖二等奖。④以"新吉富"罗非鱼和萨罗罗非鱼为亲本,育成耐盐性能和生长速度兼优、适合海水养殖的杂交良种——"吉丽"罗非鱼,2009 年全国水产原种和良种审定委员会审定为良种(品种登记号 GS - 02 - 002 - 2009)。

(3)中华绒螯蟹种质与选育 1996—2000 年,李思发主持国家"九五"科技攻关子专题中华绒螯蟹种质研究和鉴定技术。2005—2008 年主持上海市农委科技攻关项目中华绒螯蟹选育技术研究。主要成果:中华绒螯蟹种质研究和鉴定技术获 2004 年上海市科技进步奖二等奖,长江水系中华绒螯蟹提纯复壮研究获阶段性成果。

(4)种质标准与检测研究

通过中国淡水养殖主要鱼类种质标准研究(国家"八五"攻关等)、中华绒螯蟹种质研究(国家"九五"攻关)、中华鳖良种培育研究(市重点)等项目,针对水产种苗标准化需要,发展并完善形态、养殖性能、细胞遗传及分子遗传的集成检测技术,把中国水产生物种质检测能力和技术提高到国际先进水平;同时,在积累大量数据基础上,先后制定"青鱼""草鱼""鲢""鳙""尼罗罗非鱼""中华绒螯蟹""中华绒螯蟹 亲蟹苗种""养殖鱼类种质检测"系列标准等国家标准。其中"青鱼""草鱼""鲢""鳙"四项国标获 2001 年国家质检总局二等奖,这是中国渔业标准化领域首次颁奖。

十二五期间,李家乐主持国家 973 课题"三角帆蚌种质对淡水珍珠品质的影响及其机理研究"、国家 863 课题"缢蛏高产、抗逆品种的培育"、邹曙明主持国家 863 课题"鱼类转基因元件的构建及育种"、邱高峰主持国家科技支撑计划课题"淡水虾蟹贝类等新品种选育"、王成辉主持农业行业专项课题"草鱼、彩鱼分子育种";李家乐、施志仪、邱高峰、王成辉、汪桂玲、白志毅、冯建彬等先后获得国家自然科学基金资助。李家乐现为国家大宗淡水鱼类产业技术体系岗位科学家、赵金良现为国家罗非鱼产业技术体系岗位科学家、王成辉现为上海市中华绒螯蟹产业技术体系首席专家等。本研究领域致力于淡水经济鱼类（草鱼、罗非鱼、团头鲂、彩鲤、鳜鱼）、虾蟹（中华绒螯蟹、日本沼虾）、贝类（三角帆蚌）等的种质资源与遗传育种，将为我校在水产动物遗传与育种方面新一轮发展的奠定了良好的基础。

此外，本系李家乐主持了国家自然科学基金项目"三角帆蚌生长性状和所产无核珍珠大小数量遗传规律研究"；国家科技支撑计划项目课题"淡水虾蟹贝类等新品种选育"等项目。邱高峰主持科技部"十二五"科技支撑计划项目，国家自然科学基金面上项目，上海市农委中华绒螯蟹产业体系项目等。王成辉主持"崇明河蟹良种选育与应用"，上海市科委项目"龙申2号的种质创制与选育"，上海市科委项目"西藏亚东鲑鱼规模化繁育的科技服务与人才培训"，上海市农委项目"基于全基因组重测序的中华绒螯蟹优质种质资源鉴定与挖掘"等项目。赵金良主持"特色淡水鱼产业技术体系"，"鳜鱼遗传育种"，"罗非鱼耐盐碱育种"等项目。邹曙明主持国家科技支撑计划项目课题"团头鲂、草鱼新品系选育"，农业部公益性行业（农业）科研专项"珍稀水生动物繁育与物种保护技术研究"，国家自然科学基金项目"转座子插入诱变捕获团头鲂耐低氧主控基因的研究"和国家自然科学基金项目"Tgf2转座子插入突变chordinA基因与金鱼双尾型变异的相关性及其机理"等项目。汪桂玲主持国家自然科学基金面上项目"M型线粒体在三角帆蚌性别分化过程中的动态变化及遗传基础"，上海市教委科研创新重点项目"我国主要淡水珍珠蚌线粒体基因组DUI研究"等项目。白志意主持现代农业产业技术体系建设专项"淡水珍珠贝种质资源与品种改良"，江苏省水产三新工程项目"洪泽湖河蚬生态采苗与网箱吊养技术的研究与示范"等项目。

六、海洋生态与环境系

海洋环境生态方面的研究是从原水域生态学和养殖水域环境学的

研究发展起来的,随着国家对环境保护的重视,学校更名后对海洋生态学科进行了重点建设,学院水域生态和海洋环境的科研活动十分活跃。通过系列项目的开展,大大提升了学院在海洋生态环境研究领域的科研实力,学科建设更趋近学校的发展规划。

何培民 2006—2009 年主持上海金山"城市沙滩海域大型海藻生态修复工程"项目;2007—2009 年,主持上海海洋 908 项目"滨海旅游"子课题"滨海大型围海人工浴场环境生态调查与评价";2009—2011 年主持上海市科委优秀学科带头人计划项目"有毒藻类分子预警系统与生物控制模型建立";2009—2011 年主持上海市科委国际合作项目"有毒藻类分子预警系统与生物控制模型建立";2009 年主持国家海洋局北海分局绿潮专项课题"我国沿海绿潮藻分布预调查";2010 年主持国家海洋局北海分局绿潮专项课题"我国黄海绿潮藻监视及围隔实验";2010—2011 年主持国家 863 项目"CO2 -油藻-生物柴油关键技术研究"子课题"高产油基因工程微藻的构建";2010—2012 年,主持国家海洋局北海区海洋环境质量综合评价项目"北海区海洋环境质量综合评价方法"子课题"北海区海洋入侵生物信息库"。2011—2014 年,主持国家海洋局公益项目"重要海域致病性细菌基因芯片检测技术研究开发与示范"子课题"上海港口航道致病细菌基因芯片检测技术研究开发与示范";2012—2015 年主持国家海洋局公益项目"黄海绿潮业务化预测预警关键技术研究与应用"。

薛俊增主持国家自然科学基金"三峡水库主要支流库湾浮游动物对水库水利调度和库湾水动力过程的生态响应项目";上海市科委"长三角联合攻关"项目"长江口海域赤潮机理和相关入侵藻类识别与风险评估技术研究专题四:长江口海域主要潜在外来藻类的生态适应机制研究";上海市海洋湖沼学会项目"东海海洋自然保护现状与战略对策";上海市科委海洋科技临港专项"洋山深水港海洋环境监测和评价体系的构建及应用"等项目。

霍元子主持国家海洋局赤潮监测重点实验室项目"浒苔对生源要素吸收特性及去除总量评估方法的初步研究";2012 年国家海洋公益性科研专项项目"封闭海湾典型生境物理修复和生物修复的关键技术

研究与集成示范"子任务研究内容;国家海洋局极地考察专项"2012年度站基生物生态环境本底考察"子课题等项目。

2012年以来,何培民主持国家海洋局公益项目"黄海绿潮业务化预测预警关键技术研究与应用",国家科技部科技支撑计划项目"长江口附近海域生态修复及资源化利用关键技术研究与示范",上海市科委项目"白斑综合症病毒病口服疫苗的创制与开发",上海市海洋局科研项目"上海市滨海典型海域生态环境质量提升技术研究",国家自然科学基金项目"黄海绿潮暴发早期优势种群演替规律及演替机制研究"以及国家水专项课题"苏州城市河道生态修复关键技术与工程示范"等项目。薛俊增主持上海市教委项目"浮游动物对大型深水水体温度垂直分布的生态响应","国家海洋公益项目,我国典型海域外来海洋生物入侵风险评估技术集成与辅助决策技术研究(海洋入侵种传播机制与生态影响研究)"和上海市水产办/上海市恒祥造地公司"浦东机场围垦邻近水域生态监测与修复"等项目。

七、海洋生物系

(一)藻类学研究

1. 海带南移栽培试验　(1)1958年上半年水产部提出要将山东、辽宁沿海的海带生产扩大到江、浙、闽、粤南方沿海一带的目标,该试验项目由浙江省海洋水产研究所负责,学校派出青年教师王素娟带领四名高年级学生参加调查,历时3个月,遍访普陀山、定海、蝦崎等十余座岛屿及海湾,并提出调查总结报告,为海带在浙江沿海大规模生产的成功作出了积极贡献。(2)1958年底学校选址普陀山建立具有控温、控光及流水系统等功能较为齐备的临海海藻育苗室,一直使用到1966年8月,为海藻学科建设和开展科学研究曾起过重要作用。(3)1958年底王素娟、朱家彦带领三、四年级两个班级学生赴舟山蝦崎岛大岙养殖场,开展海带栽培生产性试验。采取现场教学、生产劳动、科学研究三结合的形式,在渔区坚持一个学期之久。

2. 小球藻大面积培养试验　小球藻是具有高营养价值的单细胞

藻类,能为人类和养殖业提供优质蛋白质。1958 年华汝成带领应届毕业生张道南,开展小球藻大面积培养试验。在实验室培养成功的基础上,兴建容量为 1 立方米水体的水泥培养池 2 座,并创新设计风车搅拌,玻璃封顶采光保温,再加水下光照,使培养的小球藻的光合作用达到高效能,促进其快速繁殖生长。大面积生产性规模试验的成功,引起社会各方的关注,参观学习络绎不绝。

1959 年 1 月国家水产部在北京举办全国小球藻大面积培养技术培训班,学员主要来自北京、河北、辽宁、江苏、浙江等省市,办班地点位于水产部东郊试验场,历时一月余。在此基础上,国务院于 1960 年 10 月在北京召开全国小球藻培养及推广应用大会,学校派出养殖生物系副主任路侃,教师华汝成、张道南参加大会,并由路侃代表课题组作大会发言,之后全国各地来人来函要求索取藻种,学校决定以每支 1 元钱的价格提供斜面培养藻种,群众性大搞小球藻培养和应用的年代,正值遭遇三年严重自然灾害困难时期,更有其社会意义。

3. 紫菜育苗与栽培技术研究　1964 年王素娟、章景荣等完成条斑紫菜自然附苗养殖的初步研究。1965 年王素娟等完成舟山地区条斑紫菜自然附苗养殖的初步总结,此研究为在浙江首先利用紫菜单孢子作为苗源的利用价值及技术方法奠定基础。1980 年陈国宜完成的关于坛紫菜自由丝状体的培养和直接采苗的研究属国内首创,成果在福建省得到推广应用,获福建省科学技术成果奖,1981 年获福建省水产厅科技成果奖三等奖,陈国宜获福建省先进科技工作者称号。在厦门水产学院期间,王素娟、章景荣、马家海、朱家彦、顾功超等坚持八年开展的紫菜人工养殖研究课题,内容包括:(1)贝壳丝状体采孢子技术的改进;(2)坛紫菜绿变病及其防治的研究;(3)室内流水刺激贝壳丝状体放散壳孢子试验;(4)冷藏网的试验;(5)坛紫菜绿变病及其防治的研究等。该课题获福建省科技成果奖。

4. 经济海藻遗传育种技术研究　主要内容包括:(1)1980 年起王素娟致力于海藻细胞培养实验室建设。1982 年奉化海水养殖试验基地建成,为开展藻类生物技术研究提供实验平台。(2)1985 年陈国宜发现控制植物发育的光敏素在紫菜中存在。(3)1981—1984 年王素娟、张小平等承担农牧渔业部重点课题"坛紫菜营养细胞直接育苗和养殖的研究",1986年获农牧渔业部科技进步二等奖,1987年国家科技进步三等奖。(4)1986—1988年王素娟等承担农牧渔业部重点课题条斑紫菜体细胞育苗技术研究。

5. 海藻超微结构研究   1980—1984年朱家彦、马家海等开展坛紫菜壳孢子超微结构的研究、坛紫菜自由丝状体细胞质膜的超微结构观察、坛紫菜自由丝状体细胞超微结构的初步研究等。1991年王素娟等在多年开展海藻超微结构研究成果的基础上,编撰出版《中国经济海藻超微结构的研究》一书。该书1997年获农业部科技进步奖二等奖,华东地区优秀出版图书一等奖。

6. 海藻生理与养殖加工出口产业链开发   (1)1983—1984年,马家海主持紫菜减数分裂的研究项目,首次报道紫菜减数分裂发生于紫菜壳孢子时期,并逐渐被藻类学界所公认。(2)1993—1996年主持农牧渔业部重点科研项目紫菜遗传育种研究、1994—1995年江苏省水产局条斑紫菜病烂原因调查及防治研究项目、1995—1999年农业部重点科研项目条斑紫菜病烂原因调查及防治的研究,通过调查初步弄清条斑紫菜栽培海区紫菜病烂的主要病原、病症及发病过程。查明病烂的发生机制及可能的传播途径,为预测预报提供科学依据。栽培网帘短期冷藏技术的推广,使紫菜稳产高产,取得较大经济效益。该项目1998年获江苏省水产科技进步奖一等奖、农业部科技进步奖二等奖,1999年获国家科技进步奖三等奖(第一完成人)。(3)1999—2003年主持农业部、财政部首批科技跨越计划项目紫菜养殖加工出口产业链开发,通过培育和推广综合性状好的栽培品种(系)、短期冷藏网(换网)技术和全自动紫菜加工机组国产化,全面赶超国际先进水平。2005年获上海市科技进步奖二等奖(第一完成人)。(4)2009年主持(第二主持人)国家海洋局北海分局科研项目我国沿岸绿潮藻分布调查。(5)2009—2013年主持农业部公益性行业(农业)专项子课题经济海藻良种产业化技术研究与示范、2011—2014年主持国家海洋局海洋公益性行业科研专项我国南方沿海大型海藻生态系统恢复技术集成与示范子课题、2011—2014年主持国家海洋局海洋公益性行业科研专项紫菜高效生态栽培和高值化加工技术开发及应用示范子课题负责人。

7. 海藻生物技术研究　1984—1993 年,严兴洪主要从事紫菜体细胞培养、紫菜细胞融合、紫菜细胞发育与分化、紫菜颜色突变体分离、羊栖菜体细胞成株、江蓠原生质体成株等研究,在世界上完成首例江蓠原生质体成株培养,1992 年获得在法国召开的第十四届国际海藻学术大会的青年优秀论文一等奖。1994—2000 年在日本留学期间,主要从事条斑紫菜色素突变体的研究、条斑紫菜抗病突变体的研究,在世界上首次获得大量条斑紫菜人工色素突变体,获得 2000 年度日本藻类学会最优秀论文奖,2003 年度中国水产学会优秀论文一等奖。2001 年回国后,完成 2 个关于坛紫菜遗传育种的国家 863 计划重大研究项目,3 个国家自然基金项目和 10 多个省部级项目。首次发现坛紫菜叶状体的雌雄个体均存在单性生殖繁殖后代现象,发现坛紫菜生活史中的减数分裂发生位置,揭示坛紫菜叶状体的性细胞分化规律,创建坛紫菜单性良种选育技术,选育出我国首个具有知识产权的紫菜良种——坛紫菜"申福 1 号",于 2009 年获得国家水产新品种的认定,并进行较大规模的生产推广,产量比传统栽培种增加 30% 以上。该项成果于 2010 年获得上海市科学技术进步奖一等奖,2011 年荣获国家科技进步二等奖。

1987—1991 年,何培民参加条斑紫菜体细胞育苗技术研究并获得上海市科技博览会优秀奖;1991—1996 年连续 3 次主持瑞典国际科学基金资助课题条斑紫菜细胞悬浮培养育苗;1993 年参加条斑紫菜细胞育苗技术应用研究并获中国发明专利 1 项;1996—2000 年主持完成农业部"九五"重大项目条斑紫菜外源基因导入方法及其细胞工程育种,应用细胞工程获得优良细胞株一个;2001 年以中方主持人之一参加中美海洋计划合作项目海藻-鱼类综合循环养殖系统研究,使紫菜自由壳孢子囊枝育苗时间减至两个星期,并可准确在指定时间(日)放散壳孢子进行采苗;2001—2002 年在美国康州大学海藻生物技术实验室高级合作访问。回国后先后主持国家自然科学基金项目、国家海洋技术"863"项目,国家海洋局绿潮灾害专项课题等 20 多项,在国内率先应用大型海藻栽培系统研究对我国网箱养殖海域、大型封闭养殖海域、开放海域3种典型富营养化海区生态修复作用和去富营养化动力学,以及大型海藻对赤潮藻营养竞争和化感抑制作用,定量确定大型海藻栽培改善水质、减轻富营养化程度、防止赤潮发生等效果,并首次相应建立大型海藻生态修复配置模型。共撰写论文140余篇,获得专利9项,获省部级以上科技进步二等奖4次,并获美国景观设计年度最高奖,中国海藻学会、水产学会优秀论文等。

1998年,周志刚获上海市"曙光计划"资助课题"海带克隆育苗中分子标记",随后在藻类分子标记、油脂代谢等方面获得国家自然科学基金委5次资助。2000年先后参加国家海洋"863"及国家转基因植物研究与产业化开发等项目研究;2011年主持国家海洋局可再生能源专项基金项目。在国际上首次获得可以识别海带雌、雄配子体的分子标记,获得2项国家发明专利。

(二) 海水鱼虾养殖

1954年陈子英等对河蟹产卵场、亲蟹标本采集、产卵洄游路线作出记述。1971年梁象秋、严生良等率先使用人工配制海水,在室内育出蟹苗,突破河蟹人工育苗关,1978年获福建省科学技术成果奖。海水虾类的研究则随着对虾养殖的兴起而展开。1976—1978年肖树旭等开展中国对虾在福建地区的繁殖、生长和越冬试验,编撰的论文刊于水产科技情报1979年第二期。上海濒临海域属河口区环境,海水盐度较低,为突破河口区对虾养殖,1980年上海水产学院、上海市水产研究所、中国水产科学研究院渔业机械与仪器研究所、上海市水产养殖总场共同承担市科委下达的低盐度海水对虾养殖技术研究项目。肖树旭为主要完成人之一。1986年获上海市科技进步奖一等奖,为上海地区海水养殖填补一项空白。1980年肖树旭、顾功超开展刺参从山东移养至厦门的试验。1974—1976年苏锦祥、凌国建、楼允东在厦门取得真鲷人工繁殖成功,1978年获福建省科学技术成果奖。

2002年以来,蔡生力主持"虾、贝非特异性免疫促进剂的研究与应用"(国家"863"项目),"南美白对虾的精夹生成和精子质量的评价"(上海市教委重点项目),"南美白对虾规模化健康育苗技术集成示范"(农科推字（2005）第3—2号），"上海市教育委员会重点学科建设项目——海洋生物学"，"切除眼柄对凡纳滨对虾卵黄蛋白原发生的调控机理研究"（上海市教委科研创新重点项目）等多项科研项目。其间获得了上海海洋大学科学成果（自然科学）二等奖，上海海洋大学教学成果二等奖，国家海洋局海洋创新成果奖二等奖，中国水产科学院科技进步二等奖。

戴习林主持"罗氏沼虾优异种质资源筛选与选育"（上海市科委重点攻关课题），"标准化水产养殖场不同水产品种高效生态养殖模式研究"（上海市科技兴农重点攻关项目），"罗氏沼虾良种选育与无抗生素工厂化育苗技术开发应用"（国家科技部科技人员服务企业行动项目）、"南美白对虾产业发展关键技术的集成与示范"（上海市科技兴农重点推广项目），"虾类工厂化育苗和养成技术集成"（国家星火项目）等多项科研项目，申请专利10项，发表论文90多篇，获得了中华人民共和国科学技术部第一届科技特派员农村创新创业大赛初创项目组二等奖、农业技术推广贡献奖、上海市水产学会优秀论文二等奖和三等奖，上海海洋大学教学成果二等奖等奖励，为上海乃至我国的虾蟹类育苗、养殖事业作出了较大的贡献，奠定了良好的研究基础，已具备一定的竞争力。

贝类学及贝类增养殖学研究通过沈和定等年轻教师10多年的自强不息、艰苦奋斗，已有明显起色，实力不断提高，影响力正在逐渐扩大。沈和定主持了"瘤背石磺种质标准"（上海市科委技术标准专项项目），"中华鲟养殖池塘贝类生物修复评价和底栖动物培育技术研究"（上海市长江口中华鲟自然保护区项目），"中国大陆沿海石磺科贝类形态结构比较及系统分类研究"（国家自然科学基金项目），"石磺科贝类由海洋向陆地演化的分子生物学研究"（主持上海市教委创新重点项目），获得了国家海洋局海洋创新成果奖二等奖，上海海洋大学科技成果奖三等奖，南通市科技进步奖三等奖，上海水产大学课程建设优秀奖等奖励

海水鱼类研究通过人才引进、扶持，也取得一定成绩。张俊彬主持国家科技部"十二五""科技支撑计划"项目，国家自然基金多项，上海市

教委"曙光计划"项目,上海市教委"东方学者"项目等,先后参与国家
"973",国家自然科学基金重点项目,在金钱鱼、军曹鱼的繁殖以及豹纹
鳃棘鲈群体遗传学取得一定的进展。目前已申请发明专利3项,发表
SCI文章近30篇。

2008年以来,张俊彬开展的金钱鱼人工繁育与生殖调控技术的研
究、军曹鱼繁殖研究等都取得了较快的进展。

2012年以来,周志刚主持的国家自然科学基金项目"利用荧光原
位杂交技术进行海带染色体分带鉴定及核型分析"和"缺刻缘绿藻富含
的花生四烯酸被优先合成为三酰甘油的途径与机制分析"等项目;沈和
定主持水产动物遗传育种中心上海市协同创新中心项目"缢蛏遗传育
种服务团队",国家自然科学基金面上项目"肺螺亚纲石磺科贝类由海
洋向陆地及至淡水的进化生物学研究"和江苏省盐城市双创人才项目
"瘤背石磺深加工系列产品研发"等项目;戴习林主持"上海市虾类现代
农业产业技术体系建设项目"和上海市科委地方院校能力建设项目"南
美白对虾生态养殖技术推广与示范"等项目。

表4-1-1 2006—2018年部级与国家级研究项目列表(仅含主持项目)

序号	项目来源	项 目 名 称	负责人	项目开始年月	项目结束年月
1	科技部	缢蛏高产、抗逆品种的培育	李家乐	200601	201012
2	科技部	高产优质淡水珍珠蚌新品种选育	李家乐	200601	201012
3	科技部	渔药安全使用技术和新型渔药制剂开发	杨先乐	200601	201012
4	科技部	紫菜、江蓠等优质、高产和抗逆良种的选育	严兴洪	200612	201001
5	科技部	海藻藻胆蛋白的生物修饰与活性保护研究	何培民	200701	201012
6	科技部	藻胆蛋白高纯度分离纯化技术及其肿瘤细胞治疗药物研究	何培民	200701	201012
7	国家自然科学基金	保水渔业对千岛湖生态系统结构和功能影响的定量分析	刘其根	200701	200912
8	国家自然科学基金	鲢、鳙、草鱼和团头鲂遗传资源的变迁	李思发	200701	201012

序号	项目来源	项 目 名 称	负责人	项目开始年月	项目结束年月
9	农业部	罗非鱼大规格鱼种规模化培育与生态养殖技术研究	李思发	200701	201012
10	国家自然科学基金	中国沿海日本鳗幼鱼耳石微化学与迁移格局研究	唐文乔	200801	201012
11	国家自然科学基金	鲤生长性状的数量遗传学效应分析与 qtl 定位研究	王成辉	200801	201012
12	农业部	对虾养殖管理信息系统研究与建立	杨先乐	200801	201112
13	农业部	主要淡水鱼类细菌性败血症等病害的综合防治技术研究与示范	杨先乐	200801	201212
14	国家自然科学基金	细胞分裂和细胞迁移对比目鱼类眼睛移动的作用	鲍宝龙	200801	201012
15	国家自然科学基金	生物胺(尸胺和组织胺)对糠虾生长、繁殖及其机理的研究	杨筱珍	200801	201012
16	国家水污染控制重大专项	太湖直湖港水产养殖污染生态控制技术研究和示范	张饮江	200811	201011
17	国家自然科学基金	我国五大淡水湖泊三角帆蚌遗传多样性和遗传结构研究	李家乐	200901	201112
18	农业部	国家大宗淡水鱼产业技术体系－草鱼良种选育	李家乐	200901	201312
19	国家自然科学基金	脂肪酸营养对中华绒螯蟹幼蟹耐低氧能力和免疫性能的调控	成永旭	200901	201112
20	农业部	草鱼彩鲤分子育种	王成辉	200901	201312
21	农业部	农业部动物疫情监测与防治	杨先乐	200901	200912
22	国家自然科学基金	高度不饱和脂肪酸对三疣梭子蟹卵黄发生的调控机制	吴旭干	200901	201112
23	国家自然科学基金	长江及其以南水系与台湾地区银鲴的亲缘地理与种群遗传结构研究	杨金权	200901	201112
24	科技部	三角帆蚌种质对淡水珍珠品质的影响及其机理研究	李家乐	200904	201108

序号	项目来源	项目名称	负责人	项目开始年月	项目结束年月
25	欧盟委员会第七框架项目	Sustaining Ethical Aquaculture Trade	杨毅，刘利平	200908	201307
26	美国俄勒冈州立大学	美国 CRSP 亚洲项目	杨毅，刘利平	200909	201206
27	农业部	淡水珍珠养殖技术研究与示范	刘其根	200912	201212
28	科技部	高产油基因工程微藻的构建	何培民	201001	201112
29	国家海洋局	有害水母分子生物学鉴定技术研究	何培民	201001	201412
30	国家海洋局	北海区海洋入侵生物信息库	何培民	201001	201412
31	科技部	鱼类抗寒基因调控网络和分子设计育种的基础研究	陈良标	201001	201408
32	国家自然科学基金	南极持续寒冷环境下鱼类蛋白质组的适应性进化研究	陈良标	201001	201312
33	境外合作科研项目	亚欧水产平台 ASEM aquaculture platform – the bridge between Asian and European aquaculture	吕为群	201001	201312
34	国家自然科学基金	鱼类配套系育种的两个基础问题研究：以鲤为例	王成辉	201001	201212
35	国家海洋局	CO2－油藻－生物柴油关键技术研究	周志刚	201001	201112
36	国家自然科学基金	氮饥饿胁迫引起缺刻缘绿藻合成并积累花生四烯酸的分子机理	周志刚	201001	201212
37	国家自然科学基金	中华绒螯蟹卵母细胞最后（生理）成熟分子机制的研究	邱高峰	201001	201212
38	科技部863项目	鱼类转基因元件的构建及育种	邹曙明	201001	201112
39	科技部	中国大陆沿海石磺科贝类形态结构比较及系统分类研究	沈和定	201001	201212
40	农业部	鲀形目鱼类应激行为的神经机理研究	宋佳坤	201001	201212
41	农业部	养殖装备节能技术集成与示范	谭洪新	201012	201412

续　表

序号	项目来源	项 目 名 称	负责人	项目开始年月	项目结束年月
42	农业部	国家大宗淡水鱼产业技术体系－草鱼种质资源与育种	李家乐	201101	201512
43	国家海洋局	瓦氏马尾藻生态系统恢复技术与示范	何培民	201101	201412
44	国家自然科学基金	鱼尾部神经分泌系统受光调控的分子机制的研究	吕为群	201101	201312
45	国家自然科学基金	草鱼呼肠孤病毒逃逸宿主细胞RNAi作用通路的分子机制研究	吕利群	201101	201312
46	农业部	渔药临床岗位科学家专项经费	吕利群	201101	201512
47	国家自然科学基金	保水渔业对千岛湖水层食物网生态化学计量学和消费者驱动养分循环格局的影响	刘其根	201101	201312
48	国家自然科学基金	野生坛紫菜的性别与性别决定机理研究	严兴洪	201101	201312
49	农业部	罗非鱼产业技术体系	赵金良	201101	201612
50	国家自然科学基金	三角帆蚌珍珠形成相关基因拷贝数多态性及其与育珠性状的关联分析	白志毅	201101	201312
51	科技部	鱼虾用疫苗与药物研究开发	杨先乐	201101	201512
52	国家自然科学基金	甲状腺激素调控比目鱼眼睛移动的细胞分裂信号途径	鲍宝龙	201101	201312
53	农业部	优势农产品重大技术推广项目（鱼、虾、蟹生态养殖技术示范与推广）	王武	201101	201112
54	国家海洋局	污水污泥溶出效应研究	李娟英	201101	201412
55	国家自然科学基金	大坝阻隔对钱塘江水系日本沼虾群体遗传结构和遗传多样性的动态影响	冯建彬	201101	201312
56	科技部	长江口附近海域生态修复及资源化利用关键技术研究与示范	何培民	201201	201512
57	国家海洋局	黄海绿潮业务化预测预警关键技术研究	何培民	201201	201512

序号	项目来源	项目名称	负责人	项目开始年月	项目结束年月
58	国家自然科学基金	青藏高原裂腹鱼类的分子进化和高原适应的机制研究	陈良标	201201	201612
59	教育部	鱼类尾部神经分泌系统的发育过程与环境适用力关系的研究	吕为群	201201	201412
60	国家自然科学基金	长江刀鲚洄游的嗅觉定向和生态型演化的分子机制	唐文乔	201201	201512
61	农业部	长江口江豚资源调查	唐文乔	201201	201712
62	科技部	长江口重要渔业资源养护研究	唐文乔	201201	201712
63	农业部	渔药使用风险评估与控制研究	胡鲲	201201	201212
64	科技部	鱼虾疫苗药物研究	胡鲲	201201	201512
65	农业部	池塘养殖水质调控研究	刘其根	201201	201612
66	国家自然科学基金	铜绿微囊藻对虾类致死效应的细胞免疫毒理作用	刘利平	201201	201412
67	科技部	鳗鱼工厂化高效养殖技术集成研究与系统构建	谭洪新	201201	201612
68	科技部	鱼类 GABA 受体与渔药安全性评价的研究	杨先乐	201201	201512
69	国家自然科学基金	TT X 合成相关基因在河鲀体内各种产 TTX 共生细菌间的水平转移规律	鲍宝龙	201201	201512
70	国家自然科学基金	缺刻缘绿藻中 ArA 合成相关酶基因对氮饥饿响应的分子机理	周志刚	201201	201512
71	国家自然科学基金	神经递质在厚壳贻贝幼虫变态过程中的作用	杨金龙	201201	201412
72	科技部	淡水虾蟹贝类品种选育	邱高峰	201201	201712
73	科技部	团头鲂遗传育种研究	邹曙明	201201	201612
74	国家自然科学基金	三角帆蚌双单亲遗传及性别鉴定	汪桂玲	201201	201412
75	国家自然科学基金	microRNA 对牙鲆变态中肌肉发育的调控作用研究	施志仪	201201	201512
76	国家自然科学基金	中国东南部水系与台湾地区淡水鱼类的比较亲缘地理研究	杨金权	201201	201512

序号	项目来源	项目名称	负责人	项目开始年月	项目结束年月
77	国家自然科学基金	缢蛏生长相关基因 SNPs 和 CNPs 与生长性状的关联分析	牛东红	201201	201412
78	农业部	优势农产品重大技术推广项目(稻田综合种养关键技术集成与示范)	王武	201201	201212
79	国家自然科学基金	神经肌肉突触清除的细胞与分子机制的研究	刘志伟	201201	201412
80	科技部	大型藻类的良种选育	严兴洪	201212	201501
81	国家自然科学基金	《中国动物志》编研	唐文乔	201301	201712
82	农业部	渔药使用风险评估及控制技术	胡鲲	201301	201312
83	农业部	长江下游水库养殖容量与养殖技术	刘其根	201301	201712
84	国家自然科学基金	中华绒螯蟹原始生殖细胞的形成与性分化机制的研究	邱高峰	201301	201612
85	国家自然科学基金	鲤鱼 SOCS1－3 在 JAK－STAT 信号通路中的调节作用及其机制研究	高谦	201301	201612
86	国家自然科学基金	中华绒螯蟹肠道中组织胺和 5－羟色胺分布和功能的研究	杨筱珍	201301	201612
87	国家自然科学基金	日本鳗鲡种群遗传结构的重新评估	龚小玲	201301	201512
88	国家自然科学基金	水产养殖系统中生物絮凝介导氨氮转化关键因素的研究	罗国芝	201301	201512
89	国家自然科学基金	尾部神经分泌系统与海洋底栖鱼类适应伏底生活的关联性研究	吕为群	201401	201712
90	国家自然科学基金	草鱼呼肠孤病毒细胞表面受体的鉴定及分析	吕利群	201401	201712
91	国家自然科学基金	瓯江彩鲤体色变异的转录组与 DNA 甲基化分析	王成辉	201401	201712
92	农业部	渔药使用风险评估及其控制技术研究	胡鲲	201401	201512
93	国家自然科学基金	利用荧光原位杂交技术进行海带染色体分带鉴定及核型分析	周志刚	201401	201712

续 表

序号	项目来源	项 目 名 称	负责人	项目开始年月	项目结束年月
94	科技部	阻断白斑综合症病毒感染对象的 VP28 蛋白的研发	贾睿	201401	201612
95	国家自然科学基金	海水酸化和温度对不同地理种群厚壳贻贝复合胁迫效应的比较研究	王有基	201401	201612
96	国家自然科学基金	铁调素在金钱鱼铁代谢中的作用机理研究	桂朗	201401	201612
97	国家自然科学基金	HDAC1 在斑马鱼神经丘毛细胞再生中调控机制的研究	范纯新	201401	201612
98	国家自然科学基金	CO_2 加富酸化对海水青鳉鱼逃跑行为的神经生理影响	王晓杰	201401	201612
99	国家自然科学基金	鱼类寒冷环境下逆转座子大规模扩增的表观遗传调控机制研究	张俊芳	201401	201712
100	国家自然科学基金	条斑紫菜遗传连锁图谱的构建及主要经济性状 QTL 的定位	黄林彬	201401	201612
101	国家自然科学基金	牙鲆性腺分化相关 microRNA 的筛选与鉴定	张俊玲	201401	201612
102	国家自然科学基金	不同脂肪酸对中华绒螯蟹脂肪酸结合蛋白 FABP 表达调控的研究	李嘉尧	201401	201612
103	科技部	基于安全饲料下两岸大闸蟹养殖技术研发	成永旭	201412	201612
104	国家自然科学基金	特大型河口沿岸鱼类群聚格局及其维持机制研究	唐文乔	201501	201812
105	农业部	动物疫情监测与防治	胡鲲	201501	201512
106	国家自然科学基金	比目鱼类体色左右不对称及体色异常产生的机理	鲍宝龙	201501	201812
107	国家自然科学基金	厚壳贻贝稚贝附着机理研究	杨金龙	201501	201812
108	国家自然科学基金	中华绒螯蟹 GnRH 信号系统的鉴定及其在卵母细胞成熟中的调控作用	邱高峰	201501	201812
109	国家自然科学基金	中华绒螯蟹高不饱和脂肪酸合成能力的评估及其营养调控	杨志刚	201501	201812

序号	项目来源	项 目 名 称	负责人	项目开始年月	项目结束年月
110	国家自然科学基金	缢蛏幼虫变态过程中 IGFBPs 基因调控的分子基础研究	牛东红	201501	201812
111	国家自然科学基金	海洋低频噪声对褐菖鲉声讯交流神经机制的影响	张旭光	201501	201712
112	国家自然科学基金	地域对南美白对虾矿物元素和稳定同位素指纹的影响及机制	李丽	201501	201712
113	国家自然科学基金	长链非编码 RNA 在金钱鱼性腺发育过程中功能的初步研究	牟幸江	201501	201712
114	国家自然科学基金	p38MAPK 和 BMPs 在鱼类卵母细胞成熟过程中的作用及机制研究	陈阿琴	201501	201712
115	国家自然科学基金	氮饥饿引起缺刻缘绿藻积累三酰甘油的机理研究	欧阳珑玲	201501	201712
116	国家自然科学基金	黄海绿潮暴发早期优势种群演替规律及演替机制研究	何培民	201601	201912
117	国家自然科学基金	抗冻蛋白基因 LD4 提高鱼类抗寒性能的分子机制研究	陈良标	201601	201912
118	国家自然科学基金	鱼类生殖轴与尾部神经分泌系统相互作用的研究	吕为群	201601	201912
119	科技部	中国－东盟海水养殖技术联合研究与推广中心	张俊彬	201601	201909
120	国家自然科学基金	Tgf2 转座子插入突变 chordinA 基因与金鱼双尾型变异的相关性及其机理	邹曙明	201601	201912
121	国家自然科学基金	饲料中植物油替代鱼油对中华绒螯蟹卵巢发育过程中脂质代谢和营养品质的影响及其机理分析	吴旭干	201601	201912
122	国家自然科学基金	Kctd10 调控斑马鱼心脏环化信号转导网络的研究	祖尧	201601	201812
123	国家自然科学基金	藻源类胡萝卜素对于美拉德反应所诱导胶原蛋白快速流失的保护作用及其机理研究	孙净	201601	201812

序号	项目来源	项 目 名 称	负责人	项目开始年月	项目结束年月
124	国家自然科学基金	甲状腺激素调控牙鲆变态中关键microRNA的筛选及功能鉴定	付元帅	201601	201812
125	国家自然科学基金	循环水产养殖系统中玉米芯介导的反硝化微环境特征研究	邵留	201601	201812
126	国家自然科学基金	基于弹涂鱼多型卵黄蛋白原评价环境雌激素活性的研究	吴美琴	201601	201812
127	农业部	国家大宗淡水鱼产业技术体系－青鱼种质资源与品种改良	李家乐	201701	202012
128	国家自然科学基金	珍珠蚌种质与所产无核珍珠质量及数量的相关性研究	李家乐	201701	202012
129	农业部	2017年国家虾蟹产业技术体系产业建设	成永旭	201701	202012
130	国家自然科学基金	鱼类免疫在极端环境下的进化	陈良标	201701	201912
131	农业部	国家大宗淡水鱼产业技术体系－渔药研发与临床应用	吕利群	201701	202012
132	国家自然科学基金	胞外基质蛋白Fibulin-4对三种基因型草鱼呼肠孤病毒组织嗜性的影响及其作用机制研究	吕利群	201701	202012
133	农业部	国家水生动物病原库运转	胡鲲	201701	201712
134	农业部	特色淡水鱼产业技术体系	赵金良	201701	202012
135	农业部	陆基零换水(零用药)生态养虾模式技术示范	谭洪新	201701	201712
136	国家自然科学基金	牙鲆变态中甲状腺激素受体介导甲状腺激素调控基因表达的分子基础	施志仪	201701	202012
137	农业部	特色淡水鱼产业体系淡水鲈营养需求与饲料岗位	陈乃松	201701	202012
138	国家自然科学基金	建立青鳉囊胚移植技术开辟鱼类异体生殖的新途径	李名友	201701	202012

续 表

序号	项目来源	项目名称	负责人	项目开始年月	项目结束年月
139	国家自然科学基金	大黄鱼 Ii 链的 mRNA 剪切异构体及 cathepsin S 的调控研究	高谦	201701	202012
140	国家自然科学基金	厚壳贻贝肾上腺素能受体和 5 - 羟色胺受体调控幼虫变态的分子机理研究	梁箫	201701	201912
141	国家自然科学基金	鱼类补体分子和抗菌肽促进 B 细胞吞噬和杀菌活性的分子基础研究	张旭杰	201701	201912
142	国家自然科学基金	罗非鱼应答碱胁迫过程中关键 microRNAs 的筛选及功能鉴定	赵岩	201701	201912
143	科技部	通过比较基因组学方法解析贻贝属免疫组库	杨金龙	201704	201903
144	科技部	节能高效精准化水质调控装置研发	谭洪新	201707	202012
145	农业部	现代农业产业技术体系建设专项"淡水珍珠贝种质资源与品种改良"	白志毅	201708	202012
146	国家自然科学基金	应用全基因组重测序和基因编辑技术研究鲤体色进化与变异的分子基础	王成辉	201801	202112
147	农业部	动物疫情监测与防治经费	胡鲲	201801	201812
148	农 业 农村部	长江口水域养殖源化学药物污染状况调查及生态风险分析	胡鲲	201801	201812
149	农 业 农村部	农产品质量安全监管专项项目	胡鲲	201801	201812
150	农业部	零换水零用药对虾生态养殖技术示范	谭洪新	201801	201812
151	国家自然科学基金	缺刻缘绿藻富含的花生四烯酸被优先合成为三酰甘油的途径与机制分析	周志刚	201801	202112
152	国家自然科学基金	罗氏沼虾性别决定基因的染色体步查与功能鉴定	邱高峰	201801	202112

序号	项目来源	项目名称	负责人	项目开始年月	项目结束年月
153	国家自然科学基金	M型线粒体在三角帆蚌性别分化过程中的动态变化及遗传基础	汪桂玲	201801	202112
154	国家自然科学基金	长江口湿地的纤毛虫原生动物：生物多样性与资源档案的建立	姜佳枚	201801	202112
155	国家自然科学基金	TNFRSF信号对鱼类听－侧线感受器持续生长的特异性调控机	范纯新	201801	202112
156	国家自然科学基金	通过检测等位基因表达不平衡现象探索在鲤科鱼类肌肉中 保守存在的基因表达顺式调控元件	王建	201801	202012
157	国家自然科学基金	上游远端DNA序列调控c－myb基因转录的作用机制研究	韩兵社	201801	202112
158	国家自然科学基金	LNK对胰岛素抵抗相关的PCOS卵泡发育的调控及其机制研究	赵晓苗	201801	202112
159	国家自然科学基金	杜仲调控草鱼胶原蛋白形成的机理及与肉质相关性研究	冷向军	201801	202112
160	科技部	重要养殖生物对典型环境胁迫的响应机制和生理生态效应研究	陈良标	201812	202212
161	科技部	珍珠贝优质种质创制和规模化制种	白志毅	201812	202212
162	科技部	池塘和工厂化养殖对典型环境胁迫的响应机制和预警模型构建之子课题	高谦	201812	202212
163	科技部	重要养殖生物对典型环境胁迫的响应机制和生理生态效应研究	桂朗	201812	202212

八　主要科研成果

学校科研成果最早获得国家级奖项是1978年的全国科学大会奖（河蚌育珠等4项），后来1988年获得国家自然科学奖三等奖（中国软骨鱼类的侧线管系统及罗伦瓮和罗伦管系统的研究），之后在学校科研迅猛发展下又获得了一大批国家级、省部级及其他地市的相关奖项，尤其是在"十一五"期间，学院连续每年获得上海市科技进步一等奖1项，获得国家科技进步奖二等奖3项。

表 4 - 2 - 1　国家级科技成果奖

序号	年度	成 果 名 称	获奖种类及等级	本校第一完成人
1	1978	河蚌育珠	全国科学大会奖	郑刚
2	1978	人工合成多肽激素及其在家鱼催产中的应用	全国科学大会奖	姜仁良
3	1978	池塘科学养鱼创高产	全国科学大会奖	谭玉钧
4	1988	中国软骨鱼类的侧线管系统及罗伦瓮和罗伦管系统的研究	国家自然科学奖三等奖	朱元鼎
5	1987	坛紫菜营养细胞直接育苗和养殖的研究	国家科技进步奖三等奖	王素娟
6	1988	青草鲢鳙鲂鱼受精生物学的光学显微镜和电子显微镜研究	国家科技进步奖三等奖	王瑞霞
7	1989	上海市郊区池塘养鱼高产技术大面积综合试验	国家科技进步奖二等奖	谭玉钧
8	1989	江口水库大水体养殖综合开发——大型水库脉冲电栏鱼电栅技术	国家星火奖三等奖	钟为国
9	1990	鲤鱼棘头虫病的研究	国家科技进步奖三等奖	黄琪琰
10	1991	千亩池塘商品鱼亩产 1 000 公斤技术试验	国家星火奖二等奖	谭玉钧
11	1993	草鱼出血病防治技术研究	国家科技进步奖一等奖	黄琪琰
12	1998	天鹅洲通江型故道四大家鱼种质资源天然生态库的研究	国家科技进步奖三等奖	李思发
13	1998	中型草型湖泊渔业综合高产技术研究	国家科技进步奖二等奖	陈马康
14	1999	条斑紫菜病烂原因调查及防治的研究	国家科技进步奖三等奖	马家海
15	2004	团头鲂良种选育与开发利用——浦江 1 号	国家科技进步奖二等奖	李思发
16	2009	罗非鱼产业良种化、规模化、加工现代化的关键技术创新及应用	国家科技进步奖二等奖	李思发
17	2010	中华绒螯蟹鱼苗和养殖关键技术及应用	国家科技进步奖二等奖	成永旭
18	2011	坛子菜良种的选育与推广应用	国家科技进步奖二等奖	严兴洪

表4-2-2　省部级科技成果奖(不含上海市)

序号	年度	成 果 名 称	获奖种类及等级	本校主要完成人
1	1978	河蚌育珠	福建省科学技术成果奖	郑刚、张英、李松荣、王维德
2	1978	人工合成多肽激素及其在家鱼催产中的应用	福建省科学技术成果奖	姜仁良、王道尊、谭玉钧、郑德崇
3	1978	池塘科学养鱼创高产	福建省科学技术成果奖	谭玉钧、王武、雷慧僧、姜仁良、施正峰、李元善
4	1978	中国石首鱼类分类系统的研究和新属新种的叙述	福建省科学技术成果奖	朱元鼎、伍汉霖
5	1978	鲢、鳙腐皮病及其防治方法的初步研究	福建省科学技术成果奖	唐土良、柳传吉
6	1978	太湖渔业资源调查和增殖试验	福建省科学技术成果奖	赵长春、缪学祖、严生良、殷名称、童合一、杨亦智
7	1978	河蟹人工繁殖的研究	福建省科学技术成果奖	梁象秋、严生良、郑德崇、郭大德
8	1978	紫菜人工养殖研究	福建省科学技术成果奖	王素娟、马家海、朱家彦、顾功超
9	1978	真鲷人工繁殖与苗种培育的研究	福建省科学技术成果奖	苏锦祥、凌国建、楼允东
10	1978	高密度流水养鱼研究	福建省科学技术成果奖	翁忠惠、李元善等
11	1978	水质污染的检测方法	福建省科学技术成果奖	金有坤、俞鲁礼、黄丽贞等
12	1978	鱼类促性腺激素放射免疫测定法	福建省科学技术成果奖	姜仁良、黄世蕉、赵维信
13	1978	中国对虾南移人工育苗及养殖试验	福建省科学技术成果奖	肖树旭、纪成林
14	1978	鱼类颗粒饲料	福建省科学技术成果奖	王道尊、孙其焕、宋天复
15	1978	中国软骨鱼类的侧线管系统及罗伦瓮和罗伦管系统的研究	福建省科学技术成果奖	朱元鼎、孟庆闻
16	1978	利用高产水生植物草浆养鱼	福建省科学技术成果奖	朱学宝、李元善

续 表

序号	年度	成 果 名 称	获奖种类及等级	本校主要完成人
17	1978	坛紫菜自由丝状体培养和直接采苗试验	福建省科学技术成果奖	陈国宜
18	1978	河鳗人工催熟催产及鳗苗早期发育的研究	福建省科学技术成果奖	赵长春、王义强、施正峰、张克俭等
19	1979	鲎人工饲料	福建省科技成果奖二等奖	顾功超
20	1979	闽南渔场-台湾浅滩鱼类资源调查	福建省科技成果奖二等奖	伍汉霖、金鑫波、沈根媛
21	1979	池塘静水养鱼高产技术	江苏省重大科技成果奖三等奖	王武
22	1979	紫菜人工养殖	福建省科学技术成果奖	王素娟等
23	1980	石斑鱼白斑病的病原及其防治的研究	福建省水产科技成果三等奖	黄琪琰、蔡完其、纪荣兴
24	1980	利用高产水生植物草浆养鱼	福建省科技成果奖四等奖	朱学宝、李元善
25	1981	水库溢洪道脉冲电拦鱼电栅	福建省水产厅水产科技成果二等奖；1982福建省科技成果三等奖；1982福建省科技成果推广三等奖；	钟为国
26	1981	鱼类种质资源的研究	农业部科技进步奖二等奖	李思发
27	1981	池塘水质变化与控制的研究	农牧渔业部科技进步奖二等奖	王武
28	1981	鱼类繁殖生理研究	农牧渔业部科技进步奖二等奖	姜仁良、赵维信
29	1983	水库溢洪道脉冲电拦鱼电栅	农业部科技成果技术改进奖二等奖	钟为国
30	1985	鲢、鳙、草、鲂鱼受精过程光、电镜观察	农业部科技进步奖二等奖	王瑞霞等
31	1985	精养鱼池水质管理的原理与技术	农业部科技进步奖二等奖	王　武等

序号	年度	成 果 名 称	获奖种类及等级	本校主要完成人
32	1985	草鱼出血病病毒的分离鉴定及其敏感细胞系的建立	农牧渔业部科技进步奖二等奖	杨先乐
33	1985	饲料复合氨基酸营养源	农牧渔业部科技进步三等奖	季家驹
34	1986	坛紫菜营养细胞直接育苗和养殖的研究	农牧渔业部科技进步奖二等奖	王素娟、张小平、孙云龙
35	1986	应用放射免疫测定鱼类促性腺激素性激素的研究	农业部科技进步奖二等奖	姜仁良、黄世蕉、赵维信
36	1987	黄浦江污染综合防治规划方案研究	国家环保局1986年度环保科学技术进步奖一等奖	金有坤、郑元维、吴淑英等
37	1987	尼罗罗非鱼溃烂病防治研究	农业部科学技术进步奖三等奖	黄琪琰、蔡完其、孙其焕
38	1988	中国内陆水域渔业资源	农业部科技进步奖三等奖	梁象秋（参加者）
39	1989	江口水库大水体养殖综合开发——大型水库脉冲电栏鱼电栅技术	江西省星火奖二等奖	钟为国、李庆民、陈丽月
40	1989	长江、黑龙江、珠江鲢、鳙、草鱼考种	农业部科技进步奖二等奖	李思发、周碧云、陆伟民等
41	1989	鲤鱼棘头虫病的研究	农业部科技进步奖二等奖	黄琪琰、郑德崇、邓柏仁
42	1991	草鱼出血病防治研究	农业部科技进步奖一等奖	黄琪琰、郑德崇
43	1991	鬲湖水产增养殖技术	农业部科技进步奖二等奖	童合一
44	1991	主要水生动物饲料标准及检测技术研究	农业部科技进步奖二等奖	王道尊
45	1991	湖泊围栏区捕捞技术的研究	农业部科技进步奖三等奖 中国水科院科技成果奖二等奖	钟为国、郭大德等

序号	年度	成 果 名 称	获奖种类及等级	本校主要完成人
46	1991	湖泊捕捞技术研究——100 至 1 000 亩围养区捕捞技术研究	农业部科技进步奖三等奖；中国水产科学研究院科技成果二等奖	钟为国、郭大德、张荫乔、沈锡江
47	1991	特种饲料加工技术——仔鱼、幼虾饵料的研究	商业部科技进步奖四等奖	王义强
48	1992	高邮杂交鲫杂种优势利用及其遗传性状研究	江苏省水产科技进步奖二等奖、江苏省科技进步奖四等奖	楼允东、张克俭、杨和荃、张毓人
49	1993	家鱼秋繁及其对次年春繁的影响	江苏省水产科技进步奖二等奖	楼允东、张克俭
50	1996	大型湖泊渔业综合高产技术研究	农业部科技进步奖二等奖	陆伟民、童合一
51	1996	中型草型湖泊渔业综合高产技术研究	农业部科技进步奖二等奖	陈马康、姜新耀、孙其焕等
52	1997	中国经济海藻超微结构研究	农业部科技进步奖二等奖	王素娟等
53	1997	天鹅洲通江型故道"四大家鱼"种质资源天然生态库的研究	农业部科技进步奖二等奖	李思发、周碧云
54	1997	吉富品系尼罗罗非鱼的引进及其同现有养殖品系的评估	农业部科技进步奖三等奖	李思发、李家乐等
55	1997	对虾常见病的防治技术研究	农业部科技进步奖二等奖	蔡生力
56	1997	淡水鱼加工制品开发	农业部科技进步奖三等奖、江苏省水产科技进步奖一等奖	郭大钧、沈月新等
57	1998	条斑紫菜病害防治技术的研究	农业部科技进步奖二等奖	马家海
58	1999	虾蟹类增养殖学	教育部科技进步奖三等奖（教材类）	纪成林

序号	年度	成 果 名 称	获奖种类及等级	本校主要完成人
59	1999	微囊型微粒子饲料	浙江省渔业科技进步奖一等奖;浙江省科技进步奖二等奖	王道尊
60	1999	水产养殖病害防治药物效果对比筛选试验	农业部科技进步奖二等奖	蔡生力参与
61	1999	淡水鱼类种质标准参数及其应用	农业部科技进步奖二等奖	李思发、周碧云
62	2002	鱼类营养及饲料技术研究	湖北省科技进步奖二等奖	王道尊(第三完成人)
63	2005	中国大鲵子二代全人工繁育技术及南方工厂化养殖模式的研究	广东省科技进步奖二等奖	杨先乐
64	2005	出口文蛤消毒净化技术研究及产业化	江苏省科技进步奖三等奖	沈和定(第三完成人)
65	2006	中华鳖传染性疾病防治技术的研究	湖北省科技进步奖二等奖	杨先乐(第二完成人)
66	2006	三角帆蚌和池蝶蚌杂交优势利用技术	浙江省科技成果二等奖	李家乐
67	2006	江黄颡鱼的生物学与养殖技术研究	安徽省科技进步奖二等奖	王武
68	2006	设施渔业水处理装备的研究与开发	江苏省科技进步奖三等奖	朱学宝等
69	2009	湖泊生物资源快速修复与渔业利用技术研究	安徽省科技进步奖三等奖	成永旭
70	2010	养殖海区大型海藻生态修复产业链研究与应用	国家海洋局海洋创新成果二等奖	何培民,霍元子等
71	2012	草鱼营养需要量研究与高效环保饲料开发	湖北省科技进步二等奖(第2完成单位)	冷向军
72	2013	北方稻田种养(蟹)新技术示范与推广	全国农牧渔业丰收奖	马旭洲
73	2017	秋浦杂交斑鳜育种与应用-	安徽省科技进步二等奖(第2完成单位)	赵金良

表4-2-3　上海市科技成果奖

序号	年度	成果名称	获奖种类及等级	本校第一完成人
1	1977	家鱼人工繁殖的研究	上海市重大科学技术成果奖	谭玉钧
2	1985	低盐度海水对虾养殖技术	上海市科技进步奖一等奖	肖树旭
3	1987	池塘养鱼高产和综合养鱼技术	上海市科技进步奖二等奖	谭玉钧
4	1986	渔牧复合生态系统工程研究	上海市科技进步奖三等奖	李思发
5	1988	上海市郊区池塘养鱼高产技术大面积综合试验	上海市科技进步奖一等奖	谭玉钧
6	1988	上海市池塘养鱼高产与综合养鱼技术的研究	上海市科技进步奖二等奖	王道尊
7	1988	上海市海岸带和滩涂资源综合调查	上海市科技进步奖一等奖；上海市农业、乡镇工业科技成果奖二等奖	肖树旭
8	1992	河口区中国对虾育苗与养成水质的研究	上海市科技进步奖三等奖	臧维玲
9	1992	青鱼饲料标准及检测技术	上海市科技进步奖二等奖	王道尊
10	1993	精养鱼池有效磷变化规律及其控制的研究	上海市科技进步奖三等奖	王武等
11	1995	鲫鱼腹水病的研究	上海市科技进步奖二等奖	黄琪琰
12	1996	罗氏沼虾同步产卵、幼体饲料、育苗水质研究	上海市科技进步奖三等奖	赵维信
13	1997	团头鲂、鲢、鳙细菌性败血症的研究	上海市科技进步奖三等奖	黄琪琰
14	1999	《现代科技与上海》	上海市科技进步奖三等奖	楼允东
15	2002	团头鲂良种选育与开发利用——浦江1号	上海市科技进步奖一等奖	李思发
16	2004	中华绒螯蟹种质研究和鉴定技术	上海市科技进步奖二等奖	李思发
17	2005	基于微生物技术的动物源食品安全生产体系的建立与应用	上海市科技进步奖三等奖	成永旭（排名6）
18	2005	紫菜养殖加工出口产业链	上海市科技进步奖二等奖	马家海

序号	年度	成　果　名　称	获奖种类及等级	本校第一完成人
19	2005	渔用药物代谢动力学及药物残留检测技术	上海市科技进步奖三等奖	杨先乐
20	2006	循环水工厂化养殖系统工艺设计与应用研究	上海市科技进步奖一等奖	朱学宝
21	2006	生物技术在水产养殖生态系统修复中的应用研究与开发	上海市科技进步奖二等奖	成永旭（排名6）
22	2007	从吉富到新吉富——尼罗罗非鱼种质创新与应用	上海市科技进步奖一等奖	李思发
23	2008	淡水珍珠蚌新品种选育和养殖关键技术	上海市科技进步奖一等奖	李家乐
24	2009	中华绒螯蟹育苗和养殖关键技术及应用	上海市科技进步奖一等奖	成永旭
25	2009	富营养化水域生态修复与控藻工程技术研究与应用	上海市科技进步二等奖	何培民等
26	2010	坛紫菜良种的选育与推广应用	上海市科技进步一等奖	严兴洪等
27	2011	长江口及临近水域渔业资源保护和利用关键技术研究与应用	上海市科技进步一等奖	唐文乔
28	2011	模拟自然生境规模化繁育松江鲈鱼的系列技术与应用	上海市技术发明三等奖	潘连德
29	2013	中国红鲤的种质创新与应用	上海市科技进步二等奖	王成辉
30	2014	长江口海域赤潮机理和相关入侵藻类识别与风险评估技术研究	上海市科技进步三等奖（第三完成单位）	薛俊增
31	2015	长江刀鲚全人工繁养和种质鉴定关键技术研究与应用	上海市科技发明奖一等奖（第2完成单位）	唐文乔
32	2015	崇明岛高效生态农业关键技术集成与示范	上海市科技进步三等奖（第2完成单位）	王春
33	2016	基于全程配合饲料和营养调控的高品质河蟹生态养殖技术研发和应用	上海市科技进步一等奖（第1完成单位）	成永旭
34	2016	银鲳人工繁育及养殖关键技术及应用	上海市技术发明二等（第2完成单位）	黄旭雄
35	2017	城市缓流河道生态治理技术与效果评价体系研究与应用	上海市科技进步三等奖	王丽卿

第五章　学术队伍

从最早的养殖科建立以来,水产养殖学科的产生和发展凝聚了几代人的辛劳与心血,也培养出了水产养殖学科国家一级教授、二级教授,国家农业岗位科学家及东方学者等各类高级专家,以及一大批终身致力于研究水产养殖科技的诸多人才。现从水产养殖学学科的学术队伍和重要人物介绍两个部分进行阐述。

第一节　学术队伍沿革

水产养殖学研究内容涵盖很广,如前所述,包括鱼类池塘增养殖、大水面鱼类增养殖、名特优水产品增养殖、设施渔业、水产动物疾病防治、水产动物生理学、遗传育种、种质资源研究、水生生物学研究、鱼类学研究等。各相关学科的学术队伍按三个时期进行简述。

一、20世纪50—60年代

20世纪50—60年代水产养殖学学科的学术队伍主要成员是1949年前毕业的专家,如鱼类学的朱元鼎、王以康、骆启荣;水生生物学的肖树旭;遗传学的陈子英;生物学的陆桂、张菡初、王义强;贝类学的郑刚;植物学的华汝成;微生物学的宋德芳;水产资源的王贻观等。另一部分专家则是 20 世纪 50 年代毕业的,代表人物有:孟庆闻、谭玉钧、王嘉宇、林新濯、陆家机、杨亦智、黄琪琰、王素娟、李仁培、李松荣、李秉道、许成玉、刘铭、柳传吉、黄世蕉、苏锦祥、梁象秋、郑德崇、伍汉霖、金鑫波、王瑞霞、雷慧僧、严生良、朱家彦、钟展烈、唐士良、张媛溶、方纪祖、孙其焕、李婉端、洪惠馨、俞泰济、李元善、张英、刘凤贤、蔡维元、李爱美、杨和荃、赵长春、张道南、王道尊、纪成林、姚超琦、姜仁良等。20 世纪 60 年代初有一大批本校毕业和外校毕业的大学生充实到教师队伍中,他们大多工作到 20 世纪 90 年代,并逐渐成为学科中相关方面的骨干专家,为水产养殖学学科的教学和科研做出了很大的贡献,如李思发、朱学宝、陈马康、施正峰、赵维信、楼允东、陈霖海、章景荣、王维德、周碧云、江维琳、宋天复、顾功超、蔡完其、童合一、姚超琦、殷名称、马家海、王武、陆伟民、宋承芳、王霏、臧维玲、周洪琪、张克俭、许为群、金丽华、孙佩芳、李亚娟、李芳兰、翁忠惠、赵玲、章志强、陈国宜、张毓人、周昭曼等。

二、20 世纪 90 年代中后期至 21 世纪初

20 世纪 90 年代中后期上述学术队伍中的人员大多相继退休,此时,学校陆续招聘了一些具博士学位人才,如邱高峰、唐文乔等;还有校内外培养的博士如李家乐、魏华、何培民、鲍宝龙等。此外,还有 20 世纪 80—90 年代前后出国留学后回国的学者,如严兴洪、钟俊生、陆宏达等。还有从外单位引进的杨先乐和蔡生力等。进入 21 世纪后,学校又陆续招聘了一些国内外培养的博士。这些人才充实了水产养殖学学科的教学和科研队伍。成永旭、吕为群、张俊彬、吕利群、李伟明、薛俊增、严继舟等成为水产养殖学学科及相关学科的领军人物和学术团队核心。

三、21 世纪初至今

进入 21 世纪以后,随着学科的不断壮大,有越来越多的优秀人才

加入到学科研究工作中来,东方学者、水产高峰团队、双一流学科建设团队以及岗位科学家等各类高级人才的引进与培育,推动了水产养殖学科的进一步发展。

2008年以来,有吕为群、吕利群、张俊彬、鲍宝龙、李晨虹、张俊芳等教授获聘上海市教委"东方学者"特聘教授称号;有上海市优秀学科带头人李家乐(2006)、严兴洪(2007)、成永旭(2012)和上海市领军人才李家乐(2005)、严兴洪(2011)、成永旭(2015)等高级人才。2017年以陈良标、李家乐、成永旭领衔的水产高峰学科团队进入建设期。截至2018年有吕利群、李家乐、赵金良、成永旭、陈乃松、白志毅等6名教授被聘为农业部岗位科学家,分别为国家大宗淡水鱼产业技术体系渔药研发及临床应用岗位科学家,国家大宗淡水鱼产业技术体系草鱼种质资源与良种选育岗位科学家,国家特色淡水鱼产业技术体系鳜种质资源与品种改良岗位科学家,国家特色淡水鱼产业技术体系中华绒螯蟹种质改良岗位科学家,国家特色淡水鱼产业技术体系大口黑鲈营养改良岗位科学家和贝类产业技术体系淡水珍珠贝种质资源与品种改良岗位科学家。

第二节　学术人物

朱元鼎(1896.10.2—1986.12.19)　字继绍,别名经霖,浙江鄞县(今浙江宁波鄞州区)人,上海水产学院院长,一级教授,著名鱼类学家。1920年,毕业于东吴大学生物系,获理学学士学位。1926年,获美国康乃尔大学理学硕士学位。1934年,获美国密歇根大学哲学博士学位。曾任上海圣约翰大学生物系教授、系主任,研究院院长,理学院院长,代理教务长等职。1952年,调入上海水产学院,从事动物学、鱼类学教学。历任上海水产学院海洋渔业研究室主任,上海水产学院院长、名誉院长。兼任中国科学院上海水产研究所(现东海水产研究所)所长兼鱼类研究室主任,中国水产学会副理事长、名誉理事长,中国海洋湖沼学会副理事长、名誉理事长,中国鱼类学会名誉理事长,中国动物学会第六届理事长,上海市水产学会理事长、名誉理事长,第一至第四届上海市人民代表大会代表,中国人民政治协商会议第二、第三届全国委员会委员,第三、第五届全国人民代表大会代表,《水产学报》主编。1957年11月—1966年5月,1981年12月—1986年12月,朱元鼎任上海水产学院院长、名誉院长。其间,发挥各专家、教授专长,培养众多水产人才,亲自指导和培养青年教师,建立起一支鱼类学骨干研究队伍。

朱元鼎早年从事昆虫学研究。20世纪20年代末,鉴于中国水产资源丰富而研究中国鱼类者多为外国人,于是毅然放弃研究多年的昆虫学,转而研究鱼类学。1931年,编撰中国第一部鱼类学专著《中国鱼类索引》,为研究中国鱼类分类提供基础资料。1935年,发表博士论文《中国鲤科鱼类之鳞片、咽骨与牙齿之比较研究》,论述鱼类演化和形态变化的关系,为鲤科鱼类分类提供依据。

朱元鼎长期从事中国鱼类分类与形态学研究,先后采集鱼类标本达6万多号,在东海和南海发现30多种鱼类新种。1963年,朱元鼎和学生合著出版《中国石首鱼类分类系统的研究和新属新种的叙述》,以鳔的分枝和耳石形态变化、结合外部形态特征作为分类依据,提出中国石首鱼类分类系统,并被译成英文在荷兰出版。1979年,朱元鼎与孟庆闻合著《中国软骨鱼类的侧线管系统以及罗伦瓮和罗伦管系统的研究》,提出中国软骨鱼类新的分类系统,在鱼类形态学、分类学以及进化理论等方面有广泛影响,获1987年度国家自然科学奖三等奖。朱元鼎著或与人合著《中国软骨鱼类志》《软骨鱼类牙型的研究》《中国软骨鱼类螺旋瓣的研究》《中国经济动物志·海产鱼类》《南海诸岛海域鱼类志》等。曾主编《福建鱼类志》《南海鱼类志》《东海鱼类志》等论著,任《中国大百科全书·农业卷》分编委会副主任兼水产学科编写组主编。他倡议编著中国鱼类志,率助手研究中国软骨鱼类、鲀类、杜父鱼类、虾虎鱼类等鱼类地理分布规律,先后出版《中国动物志圆口纲软骨鱼纲》等4部鱼类志书。

朱元鼎生前把私人珍藏图书、资料近两千份提供公用,身后全部献给国家,家属将捐赠所得5万元奖金悉数捐赠上海水产大学,建立朱元鼎奖学金基金。

孟庆闻(1926.11.8—2007.4.13) 江苏常州人,九三学社社员,上海水产学院院长,鱼类学教授,著名鱼类学家。1991年起,享受国务院政府特殊津贴。1949年,毕业于同济大学理学院动物系,获理科学士学位,同年留校任教。1951年,调入华东师范大学任教。1958年,调至上海水产学院任教。1983—1985年,任上海水产学院院长。1956年,加入九三学社,曾任九三学社第七至第九届中央委员和九三学社上海市第十至第十二届副主任委员,第六至第八届全国政协委员、国务院学位委员会第二届学科评议组成员,中国水产学会理事长、中国海洋与湖沼学会常务理事、中国鱼类学会理事、亚洲水产学会理事等职。1986年获亚洲水产学会杰出贡献理事奖。1980年晋升为教授。1995年退休。

孟庆闻长期从事鱼类形态解剖和分类的教学与研究,出版专著9部、水产高校统编教材4本、译著1本,发表论文30余篇,发现软骨鱼类新种13种,承担《中国动物志·圆口纲软骨鱼纲》的编著。与朱元鼎合著《中国软骨鱼类的侧线管系统以及罗伦瓮和罗伦管系统的研究》,提出新的中国软骨鱼类分类系统,获1987年度国家自然科学奖三等奖。《鱼类比较解剖》于1992年被评为国家级优秀教材。其研究成果奠定了中国鱼类系统解剖学的基础、促进中国鱼类系统解剖学的发展,还为开展鱼类分类、系统发育、生理、生态等方面研究和教学提供重要基础资料。2006年,中国科学院院士张弥曼将新发现的生物属种七鳃鳗命名为"孟氏中生鳗",以纪念孟庆闻在鱼类学研究中作出的杰出贡献。

孟庆闻关心学生成长,治学严谨,兢兢业业,亲手绘制教学挂图、制作标本。她严慈相济,深受学生爱戴,既为研究生上课并指导论文,也承担本科生教学任务。孟庆闻重视对青年教师的培养,随堂听课,分析讲课效果,总结经验,提高教学水平,并努力促进国际学术交流。曾被评为上海市和全国"三八"红旗手,1989年获全国优秀教师称号,2009年被评为新中国60年上海百位杰出女教师。

孟庆闻一生淡泊名利,荣辱不惊。她跟随朱元鼎潜心鱼类学研究,因在鱼类学领域贡献突出,曾有院士联名推荐她为院士候选人,她坚辞不受。朱元鼎去世后,孟庆闻秉承朱老遗愿,十五年如一日研究编撰

《中国动物志·圆口纲软骨鱼纲》专著,并在出版时将朱元鼎署名在先。2007年,孟庆闻去世后,上海市政协副主席谢丽娟为其题词"淡雅一生,师风长存"。同年,上海水产大学成立孟庆闻奖学金基金会。

王以康(1897.11.10—1957.3.1)   字钦福,浙江天台人,九三学社社员。三级教授。著名鱼类学家。光绪三十一年(1905年),进私塾读书。1913—1917年,在浙江第六中学读书。1917—1920年,在南京高等师范学校学习。1921年1—5月,在浙江省立第四中学任生物教员。1921年8月—1922年7月,在南京高等师范学校任农业调查推广员,其间结识中国生物学先驱秉志。1922年8月—1924年6月,在长沙湖南甲种农业学校任教。1924—1925年,在南京东南大学跟随秉志改习动物学。1925年9月—1927年7月,随秉志赴厦门大学生物系任助教,从事比较解剖与切片技术工作。1927年10月—1928年7月,任浙江天台中学校长,因派系斗争被捕入狱,后由秉志、竺可桢作保,蔡元培给天台发电报担保方才获释。1928年8月—1934年10月,跟随秉志在中国科学社生物研究所任研究员,专攻鱼类学。1930—1937年,为调查生物资源,多次外出考察,共发现新种16种,报告鱼类446种,著有中国沿海鱼类等论文16篇,陆续在中国科学社生物研究所动物汇刊发表。

1934年11月—1935年12月,受中华教育文化基金会资助,赴法国巴黎大学及法国国家自然历史博物馆从事鱼类研究,兼读博士学位。1936年1月—1940年1月,受中央研究院派遣,赴荷兰水产研究所(现荷兰瓦格宁根海洋资源与生态系统研究所)从事水产研究。其间,参加荷兰抗日救国会,主编《抗战要讯》周刊,并在旅荷华侨中为抗日募捐经费。1940年回国。1940年8月—1944年6月,任湘雅医学院(贵阳)教授。1943年6月,获国民政府教育部颁发的教授证书。

1944年6月,受侯朝海、陈同白推荐,由农林部派往华盛顿任联合国善后救济总署专门委员,协商办理中国渔业善后救济工作。1945年10月—1946年10月,任联合国粮农组织水产委员会执行委员。1946年9月24日起,先后被国民政府农林部与行政院善后救济总署任命为渔业善后物资管理处(简称渔管处)副处长、处长,制订在战争中受损严重的沿海各省区渔业善后及今后发展计划和救济物资的分配方案。其间,兼任中华水产公司筹备委员会副主任委员并主持该公司技术工作。1948年8月—1949年8月,兼任山东大学水产学系教授、系主任。1948年9月—1949年6月,兼任复旦大学生物学系海洋组教授。1948年10月—1949年7月,兼任上海市立吴淞水产专科学校教授,讲授水产动物学、鱼类学,兼任中国动物学会第六届理事。解放前夕,设法抢救人员、保护船只、抢救档案及物资,协助上海市立吴淞水产专科学校师生安全撤离。

1949—1950年,任华东农林水利部水产委员会委员。1950—1951年,任华东水产管理局行政管理处处长。1951年8月,调任上海水产专科学校教务长、教授。从事鱼类学课程教学。在"肃反""三反""五反"及思想改造等运动中,受到不公正待遇,但仍忍辱负重,潜心教学、科研工作。他以诺曼的《鱼类史》为蓝本,结合中国鱼类和渔业特点,于1953年编写完成中国第一部鱼类学教学参考用书《鱼类学讲义》。

1957年3月1日21时,王以康突发心肌梗塞在办公室去世。秉志亲书挽诗:"师弟情亲四十年,相从寂寞困青毡。中间鲋辙曾分润,未几鸿音尚互传。入梦魂来燕北地,临风哭望楚南天。思君永夜难成寝,明月如霜满户前。"遗著《鱼类分类学》《鱼类学讲义》1958年分别由上海科技卫生出版社、上海科学技术出版社出版,其中《鱼类分类学》1960年被送往德国莱比锡国际图书博览会展出并获金奖。

张丹如(1904.11.1—1965.4.20) 曾用名张银生,江苏嘉定(今上海市嘉定区)人,中国民主同盟盟员,教授。1917年,考入江苏省立水产学校。1921年,毕业后先后在江南造船所当练习生、上海信大机制砖瓦厂任厂长,后考取南京河海工程专门学校土木工程专业学习。1927年毕业后,在上海淞沪高督埠办公署工务处任监工员。20世纪30年代末起,先后担任国民政府川沙县建设局局长、上海市工务局技正、大连市政府驻渝办事处专门委员兼主任、南京市政府工务局专门委员兼代理局长、杭州市工务局局长及钱塘江海塘工程处副主任等。1949年8月起,在上海市立吴淞水产专科学校任教,曾任校务委员,主要讲授高等数学、养殖工程等课程,编有《养殖土木工程》教材。1956

年加入中国民主同盟。

陈子英(1896.10.25—1966.3.5) 字晋杰,江苏苏州人,中国民主同盟盟员,二级教授,中国遗传学、海洋生物学先驱之一。1921年,毕业于东吴大学。1926年,在美国哥伦比亚大学摩尔根实验室斯特蒂文特(Sturtevant)指导下获哲学博士学位。历任燕京大学副教授,厦门大学教授兼生物系主任、理学院院长、海洋生物研究室主任,沪江大学、东吴大学生物学教授。1952年调任上海水产学院养殖生物系主任。1956年加入中国民主同盟。曾任政协上海市第四届委员会委员。

陈子英一生虽辗转多地,但一直对遗传学、海洋生物学研究情有独钟。获博士学位回国后,先后在燕京大学、厦门大学从事果蝇遗传学研究,包括果蝇原基的发育,正常型和突变型的差别,通过突变基因表达的研究,对果蝇的镶嵌、雌雄同体等突变现象做出科学解释,并与燕京大学的李汝祺合作开展金鱼的遗传育种研究。1931年,陈子英发表《中国文昌鱼一个雌雄同株标本的研究》。1936年,陈子英在《厦大海产生物研究场报告》中发表《福建南部厦门文昌鱼的历史》一文。

在陈子英的学术生涯中,一个重要贡献就是创立海洋学术团体,推动中国海洋生物学研究发展。20世纪20年代初,陈子英等就在福建沿海各地采集海洋动植物标本,在中国最先开展现代海洋生物学研究。1931年7月,中华海产生物学会在厦门大学创立,陈子英是该会成立之初主要负责人。这是中国专事海洋生物学研究的学术团体,也是中国第一个群众性海洋学术组织,每年在厦门举行例会,开展为期一个半月的暑期海滨生物研究,先后共举办4届研究会,后并入中国动物学会。1932年,陈子英在《中华海产生物学会志》专刊发表《福建省(海洋)动物初步目录》,其中有海绵、软体、甲壳和棘皮等底栖动物名录,所列新种有厦门海丝瓜、林文庆海燕等10多种。其中,发表的《厦门的棘皮动物报告》是中国研究棘皮动物最早的论文。同年,陈子英发表《福建省渔业调查报告》,对福建沿海17县的渔业情况做了较为系统的总结。经过数年艰苦摸索,使中国海洋生物科学研究渐入正轨,为促进中国近代海洋科学发展作出积极贡献,陈子英因此成为中国近代海洋生物研究先驱之一。1934年8月,秉志、辛树帜、陈子英等30人签

名发起成立中国动物学会,陈子英当选第三届中国动物学会理事
(1936—1942 年)。

　　1949 年后,陈子英由东吴大学调入上海水产学院任教,主讲动物
生理学和组织胚胎学,与肖树旭、王嘉宇、杨亦智等在国内率先开设水
生生物学课程,自编讲义,现场调查,采集标本,开展淡水生物学、海洋
生物学教学。1952 年,所创设的水产生物(水生生物)专业是国内率先
设立的四年制本科专业,培养一批水产生物专门人才。1956 年,陈子
英被中央高等教育部评定为二级教授。

　　华汝成(1898. 7. 5—1980. 11. 9)　江苏无锡人,中国民主同盟盟
员,植物学教授。1921 年,以官费生身份进入日本东京国立文理科大
学理科学习植物学。1924 年,转入京都帝国大学农学院植物科。1925
年,毕业回国,先后任教于江苏灌云省立第八师范学校、江苏省立淮安
中学师范部、江苏省立无锡中学、上海大同大学附属中学等。曾任上海
中华书局编辑所代理所长、教科部副部长、自然科学编审主任,上海中
华化工所所长,中华农场场长,昆山农场场长,上海致用大学教务长、农
学院院长、植物学教授,上海大中图书局编审主任、总编辑。1951 年 10
月,调入上海水产专科学校任教,讲授植物学,历任海水养殖教研室主
任、图书馆馆长等职,曾任《水产学报》编委、福建省水产学会副理事长、
厦门市政协委员等职。

　　华汝成长期从事植物学、日语、拉丁语的教学与科研工作,对单细
胞植物有较深研究。20 世纪 50—60 年代,他不辞劳苦和青年学生一
起跋山涉水采集标本,还经常深入渔区生产第一线进行现场教学。主
编出版《主要经济单细胞藻类的生物学及培养和利用》《单细胞藻类的
培养与利用》《小球藻大面积培养》《现代科学发展观》等多本著作,参与
编写《辞海》(生物学部分),编译《人类在自然界的位置》《人体和它的机
能》《浮游生物实验法》等文献。1958—1966 年,受上海市科学研究规
划委员会委托,成功主持小球藻大规模培养及推广任务,为解决三年困
难时期畜牧业饲料短缺和治疗浮肿等疾病发挥积极作用,也为生物饵
料培养课程建设奠定重要基础。

　　骆启荣(1900. 12. 8—1981. 3. 31)　四川郫县人,鱼类学教授。

1916年考取清华学校(清华大学前身),对生物学兴趣浓厚,曾梳理1 000余篇生物学文献索引,并撰写《二十年来中文杂志中生物学记录索引》,收录生物学文献1 000篇,发表于《清华学报》。1924年,清华学校毕业后留学美国芝加哥大学,主攻生物学。1928年,获硕士学位后转赴斯坦福大学攻读动物学博士学位,主修鱼类学和无脊椎动物学。其间,参加西印度群岛的鱼类调查研究工作,搜集、鉴定鱼类标本,发现一新属一新种,命名为 *Holieuticus burbradeusis*(Genus *Holieuticus*)。1930年,获生物学博士学位。回国后,先后担任河北省立水产专科学校校长,河南大学、四川大学、华西协和大学、西北大学、暨南大学教授。1949年春,因暨南大学南迁至广州,骆启荣先后出任中央食品工业部参事、中央农业部参事,后调至河北省立水产专科学校任教授兼养殖系主任。1952年12月,因该校撤销而调入上海水产学院任教授。1960年,调至中国科学院上海水产研究所(现中国水产科学研究院东海水产研究所)编译室任研究员。1963年退休。曾编写《中国食用鱼类》(第一部)、《淡水鱼病害》等著作。

郑刚(1916.1.7—1989.4.20) 曾用名郑知柔、郑祥钦,浙江永嘉人。1930年,进入浙江省立高级水产学校学习。1934年,学校因学潮遭解散。1935年3月,转入浙江省立水产试验场水产训练班养殖科,7月毕业。1937年,任永嘉县土地登记处登记员。1940年起,先后任浙江省第三区渔业管理处第七分处、第六分处主任,从事养殖试验工作。1943年起,历任浙江第一区渔管处水产养殖场技师、浙江省税务管理局总务股长、浙江第一区渔业管理处技士、浙江省渔业局技士、福建省渔业管理局技士兼课长、江浙渔业督导处技士、办事处主任。1949年后,在浙江省人民政府温州专署任实业科干部。1950年11月—1951年10月,任乍浦国立高级水产职业学校教师。1951年底,任上海水产专科学校附设水产技术学校教师。1955年,任上海水产学院养殖生物系教师,讲授鱼病、鱼类学、淡水养殖、海水养殖等课程。1959年9月,任讲师,兼中国科学院上海水产研究所助理研究员。1978年,他主持的河蚌育珠项目获全国科学大会奖。

黄世蕉(1934.8.26—1994.6.14) 福建福州人,中共党员,鱼类生理学教授。1992 年起,享受国务院政府特殊津贴。1956 年,上海水产学院水产生物专业毕业后留校任教。1960 年加入中国共产党。曾在北京外国语学院留苏预备班进修俄语、上海第二军医大学进修生理学。1986 年任研究生办公室主任。1990 年晋升为教授。

黄世蕉长期担任动物及鱼类生理学、放射性同位素应用技术等课程的教学,在鱼类繁殖生理、营养生理方面进行系统深入研究,发表多篇高质量论文,丰富中国鱼类生理学内容,填补空白。参加的鱼类促性腺激素放射免疫测定法研究项目,获 1978 年福建省科学技术成果奖。应用放射免疫测定鱼类促性腺激素、性激素的研究(第二完成人)获 1986 年农业部科学技术进步奖二等奖。1990 年,参与撰写出版的《鱼类生理学》一书,是鱼类生理学领域的主要著作,至今仍为学界推崇和参考。

殷名称(**1940. 2. 27—1996. 10. 12**)　浙江平湖人,九三学社社员,鱼类生态学教授。1996 年起,享受国务院政府特殊津贴。1963 年,上海水产学院养殖系毕业后留校任教,历任教研室副主任、主任。1986—1987 年、1993 年,先后两次在英国邓斯塔夫内奇(Dunstaffnage)海洋研究所进行合作研究。曾任中国鱼类学会理事、国家教委科学技术委员会生物学科组成员。1993 年晋升为教授。

殷名称长期从事鱼类生态学的教学工作,主持编写出版"八五"国家统编教材《鱼类生态学》,填补国内农业院校鱼类生态学教材空白,获上海市高校优秀教材二等奖,参编的《少年自然百科辞典·生物、生理卫生分册》获 1987 年中国图书奖。作为主要完成人之一,在太湖进行渔业资源与增殖试验工作,获福建省科学技术成果奖。1986—1987年,赴英国进修,师从国际著名仔鱼生态学家布兰特(Blanter),回国后主要从事仔鱼生态学研究。曾主持国家自然科学基金项目名贵鱼类仔鱼开口期摄食生态研究,发表《海洋鱼类仔鱼在早期发育和饥饿期的巡航速度》《鲱、鲽鱼卵和卵黄囊期仔鱼的生化组成变化》等多篇论文,曾获评中国科协高水平论文、中国海洋湖沼学会优秀论文。

宋德芳(**1903. 1. 9—1997. 1. 13**)　江苏吴县人,中国民主同盟盟员,微生物学教授。1930 年,从复旦大学生物系微生物专业毕业后留校任助教,后任上海商品检验局技术员。1934 年,赴德国留学。1939
年,获德国马尔堡大学博士学位后回国。曾任上海中法药厂细菌检验
技师,南京高等师范学校、中央大学、上海大学、南通医学院等校教授,
上海商品检验局畜产处技正兼主任。解放后任上海华东纺织纤维检验
局毛麻系科科长,中国畜牧兽医协会理事。抗美援朝时期,提供的止
血、强心、麻醉等十余种重要药物配方为救治志愿军伤员发挥重要作
用。1953 年,任上海水产学院教授,为微生物学课程建设作出贡献,曾
任微生物教研组主任,兼任中国畜牧兽医学会上海分会理事、中国民主
同盟上海水产学院支部组织委员。三年困难时期,向国家提供十余种
营养健身配方,并捐献营养保健方面的注射剂秘方。1962 年,编写《微
生物学交流讲义》用于水产加工专业课堂教学。1963 年,主编出版教
材《微生物学》。1960 年,被评为上海市先进工作者。1974 年退休。

施正峰(1937.2.21—2000.1.22) 上海人,水产养殖学教授。
1993 年起,享受国务院政府特殊津贴。1960 年,毕业于上海水产学院
水产养殖专业并留校任教。长期从事水产养殖和实验生态学教学与研
究工作。1996 年晋升为教授。著有《中国鱼池生态学研究》《水产经济
动物养殖》《Effects of nitrite on the survival of *Macrobrachium
nipponenses*》等著作和文献。1973—1980 年,作为课题主要研究人员
和主要设计人之一,开展河鳗人工繁殖研究,不断完善雌鳗催熟催产和
受精孵化技术方法,使仔鳗成活期长达 21 天,居国际同类研究前列,保
持近二十年记录。设计改进用于家鱼人工繁殖的孵化器,解决原孵化
器孵化操作难、孵化量少的问题,推广后沿用至今。20 世纪 80 年代中
期,受命建立水产养殖生态实验室,并利用循环孵化装置技术,结合水
力学和生物污水处理原理,开发出自净化循环水族箱,迄今仍在全国主
要水产养殖研究、教育机构中应用。20 世纪 90 年代后期,前瞻性地开
展水族科学研究,完成上海和无锡两座中国陆地大型海豚馆的设计和
水处理工艺设计。曾获全国科学大会奖状、上海市重大科技成果奖和
福建省科学技术成果奖,1985 年,被评为农牧渔业部优秀教师。

纪成林(1936.8.26—2005.3.25) 江苏南京人,九三学社社员,水
产养殖推广教授,全国支农扶贫优秀教师。1992 年起,享受国务院政

府特殊津贴。1959年,华东师范大学生物系毕业后分配至上海水产学院任教,历任教研室副主任、主任,系副主任、渔业学院办公室主任,全国水产标准化海水养殖技术委员会委员,九三学社上海水产大学支部委员,杨浦区第七至第十届政协委员。1997年晋升为教授。同年退休。

纪成林长期从事虾类和蟹类养殖的教学与科研,参与《虾蟹增养殖学》教材编写,主编《对虾》《对虾养殖技术》《中国对虾养殖新技术》等著作。作为第二完成人参加中国对虾南移人工育苗及养殖试验项目,获1978年福建省科学技术成果奖。1989—1995年,参加上海郊区低盐度对虾育苗和养殖试验及推广工作,并在江苏、浙江、河北举办25次培训班,每年至少有2个月以上时间深入生产第一线指导生产,为普及推广中国对虾养殖事业作出贡献。1989年,被国家教委、农业部、林业部授予全国支农扶贫优秀教师称号。

纪成林退休后热心社会教育事业。1997年参加筹建校史陈列室。2000年前后在学校开设收藏与鉴赏、水族趣话概论2门选修课,分别介绍收藏与鉴赏和水生生物方面的知识。2002年汇编《水族趣话》深受读者喜爱。2002—2005年,纪成林担任上海水产大学鲸馆顾问,将多年珍藏的上千种贝类标本在该馆义务展出,向青少年普及海洋知识。2003年,上海水产大学在鲸馆成立纪成林工作室。2005年,在上海第五十六中学开设3门特色自主选修课,并指导该校师生课外小组活动。还积极参与社区文化建设,与居委会一起举办收藏与鉴赏展览。"纪成林热心科普事业",被评为2003—2004年度上海市教育系统精神文明十佳好事。在担任杨浦区政协委员期间,为区域发展献计献策。曾被评为九三学社上海市积极分子。

肖树旭(1922.8.1—2007.8.27) 湖北黄陂人,中共党员,水生生物学教授。1992年起,享受国务院政府特殊津贴。1945年,厦门大学生物系毕业后留校任教。1951年,调入上海水产专科学校任教,承担无脊椎动物学、普通动物学等课程的教学工作。与王嘉宇、杨亦智等在国内率先开设水生生物学课程,自编讲义,结合生产实习、野外采集水生生物标本、进行现场调查研究,开展淡水生物学和海洋生物学的教学工作。20 世纪 80 年代初，开设甲壳动物学、虾蟹养殖等新课程，曾任水产养殖系主任、福建省第五届人民代表大会代表、全国对虾养殖专家顾问组成员。1987 年晋升为教授。1992 年退休。

20 世纪 70 年代中期起，从事对虾养殖研究，在厦门地区人工育苗养殖对虾成功并繁衍 4 代，成功实现长江以北海区刺参南移养殖，获福建省科学技术成果奖。20 世纪 80 年代，承担上海市农委、科委等研究项目，对上海海岸带和海涂资源（生物部分）进行综合调查，并作为奉贤对虾育苗场工程项目的技术负责人，取得在河口区对虾育苗的生产性突破。曾获上海市科学技术进步奖一等奖，获全国科学大会先进工作者称号。

陆桂（1917. 10. 14—2009. 4. 28） 浙江平湖人，鱼类增养殖学教授。1991 年起享受国务院政府特殊津贴。1936 年，考入燕京大学。1938 年，转入上海圣约翰大学医科，后改修生物学。1942 年，毕业后供职于重庆北碚的中央研究院动植物研究所从事原生动物研究。其间，曾发表《蛙体内的寄生纤毛虫》《溪虾体上附生的一种吸管虫》论文。解放前夕，陆桂作为先遣队参加接管上海自然科学研究所，任助理研究员。上海解放后，受聘于上海市立吴淞水产专科学校。历任上海水产学院养殖生物系水产养殖教研室主任、养殖生物系副主任、校学术委员会委员、水产养殖系学术委员会主任。曾任福建省第四届政协委员、上海市第六届政协委员。曾任中国水产学会副理事长兼学术与咨询工作委员会主任委员，中国海洋湖沼学会、中国农业工程学会理事，上海市海洋湖沼学会秘书长、理事，《水产学报》副主编、主编。1980 年晋升为教授。1987 年退休。

陆桂长期担任水产养殖系副主任，主管教学与科研工作，为水产养殖学科的建设和发展作出积极贡献。曾开设有动物学、天然水域鱼类增养殖学等课程，倡导开门办学，多次邀请校外生物学专家来校授课。参照苏联教学内容，结合国情与实际，建立新的教学模式。他长期组织师生通过生产实践，从事天然水域淡水鱼类资源和人工增殖方面的调查研究工作，所提在新安江放养虹鳟、太湖银鱼等建议，取得良好实践成果。主要撰写有《钱塘江鱼类及渔业调查初步报告》《钱塘江的鲫鱼》

《淀山湖渔业资源的初步调查报告》等论著。20 世纪 70 年代末,受联合国粮农组织和国家水产总局委托筹建无锡亚太地区淡水养鱼培训中心,筹备和主持亚洲淡水养鱼研讨会。

李应森(**1967. 4. 13—2011. 12. 1**) 湖北大悟人,中共党员,水产养殖学教授。全国渔业科技入户工程农业部渔业专家。1989 年,上海水产大学淡水渔业专业毕业后留校从事水产动物生物学及增养殖教学、科研和科技服务工作。1993—1994 年,受农业部国际合作司委派,作为中国渔业专家组成员,赴古巴工作一年。曾任中国水产学会渔业资源与环境专业委员会委员,中国水利学会水库渔业专业委员会委员。2006 年晋升为教授。

李应森从事淡水捕捞、池塘养鱼学、内陆水域增养殖学等课程教学。2008 年,主持的"鱼类增养殖学"课程被评为国家级精品课程。曾先后主持或参与省部级以上科研项目 20 余项。2011 年,主持农业部农业结构调整重大技术研究专项、上海市基础重大科研项目。2006 年,受聘农业部渔业科技入户工程专家,负责全国重点渔业示范县的组织管理和技术督导工作,为渔区养殖示范户开展技术培训,提出合理建议,督促检查实施情况,被农业部连续两年评为全国农业科技推广标兵,其事迹在《人民日报》《解放日报》《农民日报》等媒体报道。2007 年,被农业部授予全国农业科技标兵称号。2009 年,被科技部授予全国优秀科技特派员称号。同年,被评为上海市先进工作者。在国内外学术刊物上公开发表论文近 80 篇,主持或参与撰写著作、教材 7 部。获省部级科学技术进步奖、教学成果奖等 5 次,获发明专利 1 项、实用新型专利 3 项。

王武(**1941. 2. 6—2016. 2. 6**) 江苏太仓人,中共党员,水产养殖学教授,博士生导师,农业部渔业科技入户示范工程首席专家。1992 年起,享受国务院政府特殊津贴。1963 年,上海水产学院水产养殖系毕业后留校任教。曾任教研室副主任、系副主任。1996 年晋升为教授。2011 年退休。

王武主要从事淡水养殖环境控制、特种水产生物与养殖技术教学和科研工作,主讲池塘养鱼、鱼类增养殖学等课程,长期在生产第一线蹲点和调查研究,总结群众生产经验,与教研室老师一起对池塘养鱼高产子系统进行综合研究,创造了一套池塘养鱼高产、优质、高效的综合技术体系——太湖流域池塘养鱼高产技术体系,提出的"氧盈、氧债"理论成为养殖水环境控制的基础。曾发表《中华绒螯蟹温室育苗水处理的研究》《江黄颡鱼的仔稚鱼发育及行为生态学》等论文共90余篇,出版《池塘养鱼学》《特种水产养殖新技术》《精养鱼池水质管理的原理与技术》等专著、教材共12种。主讲的鱼类增养殖学被评为国家精品课程。曾获10多项省部级奖,被评为全国农村科技推广先进个人、全国农业科技推广标兵、全国优秀教师、首届全国兴渔富民十大新闻人物、农业部解放60周年"三农"模范人物、上海市劳动模范、上海市"菜篮子"十佳科技功臣、上海市教学名师等。

梁象秋(1933.12.23—2016.2.17) 浙江临海人,九三学社社员,水生生物学教授。1992年起,享受国务院政府特殊津贴。1956年,上海水产学院水产生物学专业毕业后留校任教,曾任水生生物系教研室主任。1990年晋升为教授。1999年退休。

梁象秋长期从事水生生物学教学与科研工作,讲授海洋生物学、淡水生物学、水生生物学和甲壳动物学等课程,编著有《水生生物学(形态和分类)》,参与《中国大百科全书》《中国农业百科全书》等辞书部分条目编写,对中国淡水虾类的分类与区系分布有深入研究,共发现4个新属、90个新种。主编的《中国动物志·甲壳动物十足目匙指虾科》,参与主编的《中国动物志·甲壳动物十足目长臂总虾科》分别于2004年、2008年正式出版。1971年,参与河蟹人工繁殖研究,在国内首次培育出幼蟹,主持撰写《中华绒螯蟹的幼体发育》。该项成果于1978年获福建省科学技术成果奖。曾参加东海渔业资源调查、新疆博斯腾湖调查,在太湖虾类资源调查中获1981年中国水产科学研究院科技成果一等奖。参加的中国内陆水域渔业资源调查项目获1988年农业部科学技术进步奖三等奖、上海市海岸带和海涂资源综合调查——上海市海岸带和海涂生物资源调查项目获1988年上海市科学技术进步奖一等奖、上海市海岛调查项目获1993年上海市科学技术进步奖二等奖。

赵长春(1934.9.17—) 曾用名姚长春,浙江绍兴人,中共党员,上海水产大学副校长,副教授。1992 年起,享受国务院政府特殊津贴。
1953 年,考入上海水产学院养殖生物系。1957 年,毕业后留校任教,曾
任水产养殖系副主任,1983 年 8 月—1994 年 2 月,任上海水产学院副
院长、上海水产大学副校长,主管总务、基建、财务、安全保卫、学生管
理、校办产业等。曾兼任上海市海洋湖沼学会副理事长,上海市生态学
会理事。1986 年晋升为副教授。1994 年退休。

赵长春长期从事天然水域鱼类增殖学的教学与研究工作,讲授天
然水域鱼类增养殖学,在天然水域鱼类增殖和鱼类生态学研究方面有
较深造诣,专攻内陆水域鱼类增殖与养殖、鱼类生态学研究。1963—
1966 年,在太湖鱼类资源调查基础上,提出并实施大型开放性湖泊鱼
类的人工放流,取得明显经济效益与社会效益,推动了江苏省和全国大
型湖泊的鱼类放流和资源增殖工作。太湖渔业资源调查和增殖试验项
目获 1978 年福建省科学技术成果奖。1973—1980 年,主持的河鳗人
工繁殖研究课题,促使亲鳗在水池自行产卵受精,培育的鳗鱼苗成活
21 天,培养产后亲鳗成活育肥并再次成熟排卵、排精等均为国际首次。
河鳗人工催熟、催产及鳗苗早期发育的研究获 1978 年福建省科学技术
成果奖,本人获福建省先进科技工作者。

吴嘉敏(1961.12.13—　　)　上海人,中共党员,上海海洋大学党委
书记,水产养殖学教授。1983 年,上海水产学院水产养殖专业毕业后
留校任教。2000 年,获上海水产大学硕士学位。曾任渔业学院副院
长、党总支书记、院长。2000 年 2 月起,任上海水产大学党委副书记、
纪委书记、校工会主席,分管组织、统战、纪检、监察、审计、信访、工会、
妇工委、计划生育、机关管理等工作,协管人事及发展规划工作。兼任
中国海洋与湖沼学会理事,全国水产标准化技术委员会委员,中国水产
学会淡水养殖专业委员会副主任,第三届上海市水产原良种审定委员
会委员。1993 年 5 月—1994 年 5 月,作为中国专家赴古巴指导鱼类人
工繁殖工作。

吴嘉敏长期从事水产养殖学的教学与科研工作,讲授池塘养殖学、
特种水产养殖学、观赏鱼养殖学等课程,先后参加或主持多项国家和省
部级科学研究项目。参加的循环水工厂化鱼类养殖系统关键技术研究

与开发项目,获上海市科学技术进步奖一等奖;中华绒螯蟹育苗和养殖关键技术的研究和应用项目,获上海市科学技术进步奖一等奖和国家科学技术进步奖二等奖;主持的水产养殖专业产学研教育模式实践获上海市教学成果二等奖、上海市优秀产学研合作教育"九五"试点阶段二等奖等。

李家乐(1963.07.01—) 浙江乐清人,中共党员。上海海洋大学副校长、教授、博士生导师。博士毕业于青岛海洋大学水产养殖专业。兼任教育部高等学校水产类专业教学指导委员会主任委员、全国农业专业学位研究生教育指导委员会渔业发展领域分委员会主任委员、中国水产学会常务理事兼淡水养殖分会主任委员、全国水产原种和良种审定委员会委员、农业部淡水水产种质资源重点实验室主任,《Aquaculture and Fisheries》《水产学报》《中国水产科学》等期刊编委。长期从事水产动物种质资源与种苗工程的教学、科研和技术推广工作。培养硕博士研究生 120 余名,出版《池塘养鱼学》《水族动物育种学》《中国外来水生动植物》等教材、著作 10 部。培育水产新品种 3 个,先后主持"973"前期研究专项、"863"、国家科技支撑、国家自然科学基金、国家农业产业技术体系、上海市基础重大等科研项目 50 余项,在国内外学术刊物上公开发表论文 430 余篇,其中 SCI 收录 120 余篇,授权专利 20 余项,其中发明专利 15 项,获国家科技进步二等奖 1 次、上海市科技进步一等奖 3 次。先后获上海市领军人才、上海市优秀学科带头人、国务院政府特殊津贴等荣誉。

王义强(1924.9.15—) 江苏苏州人,中国民主同盟盟员,中共党员,动物生理学教授。1992 年起,享受国务院政府特殊津贴。1949年,毕业于东吴大学生物系,曾任安徽歙县皖南血吸虫病防治所技术员。1952 年起,任教上海水产学院养殖生物系,参与鱼类生理学、组织胚胎学、生物学技术等课程建设工作,筹建免疫实验室,曾任水产养殖系副主任。1983—1984 年,赴美国华盛顿大学(西雅图)作访问学者。曾任中国民主同盟上海水产学院支部宣教委员、主任委员,中国民主同盟上海市第九届代表大会代表。1986 年晋升为教授。1994 年退休。

王义强在国内首次应用免疫细胞化学研究鱼类胰岛和垂体促性腺

机能。结合数十年教学、科研实践经验,主编中国第一本《鱼类生理学》教材,两次修订出版,对鱼类生理学科建设作出贡献。作为第二完成人承担的鱼类生理学课程建设项目,1993 年获第二届上海市普通高等学校优秀教学成果奖二等奖。参与编写著作 20 余部,曾先后主持多个科研项目并获农业部科学技术进步奖二等奖、商业部科学技术进步奖四等奖、国内贸易部优秀科技成果奖、中国水产科学研究院科技成果奖二等奖等奖项。其中,作为主要参与者完成河鳗人工催熟催产及鳗苗早期发育的研究项目,1978 年获福建省科学技术成果奖。

谭玉钧(1925.10.9—　　)　广东台山人,九三学社社员,水产养殖学教授。1992 年起,享受国务院政府特殊津贴。曾任第七、八届上海市政协委员。1950 年,山东大学水产养殖专业毕业后曾在华东水产管理局工作。1954 年 12 月,调入上海水产学院养殖生物系任教,曾任池塘养鱼教研室主任,兼任中国水产学会池塘养鱼专业委员会副主任、上海市财贸办高级职称评委会成员,上海市、河南郑州市水产局顾问。1986 年晋升为教授。1995 年退休。

谭玉钧长期从事池塘养鱼学教学工作,讲授水产养殖、池塘养鱼和池塘养鱼进展等课程,是学校池塘养鱼学科带头人,为池塘养鱼学科发展作出贡献。主编全国统编教材《池塘养鱼学》。主编《中国池塘养鱼学》,获 1992 年国家新闻出版署科技图书一等奖。20 世纪 50 年代末,参加中国科学院家鱼人工繁殖研究课题。20 世纪 60 年代中期,在总结群众池塘养鱼高产技术的基础上,提出具有中国特色的池塘养鱼大面积高产理论与技术,为解决中国人"吃鱼难"作出显著贡献。主持的家鱼人工繁殖的研究,获上海市重大科技成果奖,以及池塘科学养鱼创高产,获全国科学大会奖、福建省科学技术成果奖。池塘养鱼高产和综合养鱼技术研究的课题,在上海崇明万亩鱼塘试验中,使其原亩产 150 多公斤提高到 300 公斤,淀山湖联营场的亩产达 750—1 000 公斤,获国家科学技术进步奖二等奖,上海市科学技术进步奖一等奖。参加的人工合成多肽激素及其在家鱼催产中的应用项目曾获全国科学大会奖、福建省科学技术成果奖。1990 年,谭玉钧荣获上海市"菜篮子"工程科研奉献奖,其名字分别被载入 1993 年、1994 年英国剑桥《世界名人录》和《中国农业百科全书·水产卷》人物条。

王素娟(1928.5.1—) 山东益都(今山东省青州市)人,中共党员,藻类学教授,著名藻类学家。1992年起,享受国务院政府特殊津贴。1953年,山东大学水产系毕业后任教于上海水产学院。1985年,赴美国西伊利诺伊大学作访问学者,并与华盛顿大学(西雅图)合作开展紫菜原生质体分离研究。曾任国际藻类学会、国际海藻学会组委会委员,中国藻类学会常务理事、咨询委员会委员。1986年晋升为教授。1998年退休。

王素娟长期从事海藻学和海藻栽培学的教学、科研工作,是学校海藻学科的学术带头人。主编教材有《藻类养殖学》《海藻栽培学》等,为海藻学和海藻栽培学的建设作出突出贡献。1958—1966年,王素娟带领师生参加浙江省海带南移可行性调查研究和大面积生产栽培课题研究工作,在舟山渔区进行海带培育实验,同时开展条斑紫菜单孢子采苗和单孢子重网采苗研究取得成功,为海带南移和条斑紫菜生产提供主要技术。学校迁至厦门期间,开展坛紫菜养殖生产中的绿烂病、冷藏网以及室内流水刺激壳孢子采苗等研究,获福建省科学技术成果奖,课题组获评为福建省先进教学集体。学校迁回上海后,建立起国内同领域第一个比较先进的海藻细胞工程实验室,开展海藻系列生物技术研究,首创坛紫菜体细胞采苗法,并对条斑紫菜体细胞采苗、生产及育种展开研究。曾出版《中国经济海藻超微结构研究》《海藻生物技术》《中国常见红藻超微结构》等专著,发现紫菜新种3个,发表学术论文近百篇。主持项目曾获1986年国家科学技术进步奖三等奖、农牧渔业部科学技术进步奖二等奖、农业部科学技术进步奖二等奖、全国高等学校优秀教材奖、上海科技博览会优秀奖等奖项。1960年,被评为上海市文教先进工作者和全国文教先进工作者称号,并出席全国"文教群英会"。曾获上海市"三八"红旗手、上海市巾帼英雄、上海市精英、全国高等学校先进科技工作者等荣誉称号,其事迹被收入《中国农业百科全书·水产卷》。

王瑞霞(1933.1.20—) 山东青岛人,中国民主同盟盟员,组织胚胎学副教授。1992年起,享受国务院政府特殊津贴。1958年,山东

大学生物系研究生毕业后到上海水产学院水产养殖系任教。曾任民盟
上海市委候补委员、市委委员,民盟上海市委妇委委员,上海市第八次
妇女大会代表,中国鱼类学会、中国水产学会、中国发育生物学会会员。
1986年晋升为副教授。1989年退休。

　　王瑞霞长期从事水产动物胚胎学的教学与科研工作,在国内水产
高校中首次开设鱼类胚胎学课程。主持鲢、鳙、草、鲂受精生物学的光
镜、电子显微镜研究,修正以往对受精孔和精孔细胞与受精关系的论
点,填补国内空白。对青鱼的早期器官发育研究,填补该领域研究空
白。曾发表《青鱼的原始器官原基的形成和消化系统呼吸系统的发生》
《鲂鱼受精早期精子入卵的扫描电子显微镜观察》等多篇论文,主编《水
产动物胚胎学》《组织学与胚胎学》教材和《无脊椎动物胚胎学》《鱼类胚
胎学》《生物制片技术》等讲义和《鱼类胚胎学图谱》文献资料。主持青、
草、鲢、鳙、鲂鱼受精生物学的光学显微镜和电子显微镜研究项目曾获
国家科学技术进步奖三等奖、农牧渔业部科学技术进步奖二等奖,曾获
农牧渔业部优秀教师、民盟上海市"三八"红旗手、民盟上海市社会主义
建设积极分子等称号。

　　黄琪琰(1933.11.15—　　)　女,曾用名黄尚坚,江苏常州人,中共
党员,鱼病学副教授。1992年起享受国务院政府特殊津贴。1953年上
海水产学院水产养殖专业毕业后留校任教,历任教研室主任、养殖系党
总支副书记、养殖系副主任。1986年晋升为副教授。1989年退休。

　　黄琪琰长期担任鱼病学与水产动物疾病与防治的教学、科研工作,
对鲫鱼鱼怪病的研究填补了国内空白。在石斑鱼白斑病研究中,发现
纤毛虫类瓣体虫属1个新属和新种,曾获福建省水产科技成果三等奖。
1961年,主编并出版中国水产院校首批统编教材之一《鱼病学》。1988
年,在全国首先开设鱼类病理学课程并编写教材。主编的全国高等农
业院校统编教材《水产动物疾病学》曾获华东地区科技出版社优秀科技
图书二等奖、农业部第二届全国高等农业院校优秀教材一等奖。主持
的鲤鱼棘头虫病的研究项目获国家科学技术进步奖三等奖,尼罗罗非
鱼溃烂病防治研究项目获农业部科学技术进步奖三等奖,参加的草鱼
出血病防治技术项目获国家科学技术进步奖一等奖,鲫鱼腹水病研究,

团头鲂、鲢、鳙细菌性败血症研究分别获上海市科学技术进步奖二等奖、三等奖。多次获中国水产学会优秀论文奖。1995年、1996年，连续两年获上海市高校系统老有所为"精英奖"，其科研事迹入选1994年《当代中国科学家与发明家大辞典》。

伍汉霖（1934.4.18—　　）　广东肇庆人，中共党员，鱼类学研究员。1992年起，享受国务院政府特殊津贴。1950年，考入上海市立吴淞水产专科学校渔捞科学习。1956年，上海水产学院水产生物专业毕业后留校任教，历任鱼类研究室副主任、主任。1986年晋升为研究员。1999年退休。

伍汉霖长期从事鱼类分类学、有毒鱼类和药用鱼类研究，共出版16部专著，发表论文近60篇，发现鱼类新种35种、新属6个、新亚科5个。参编朱元鼎主编的《东海鱼类志》《中国石首鱼类分类系统的研究和新属新种的叙述》《福建鱼类志》等著作，为中国海洋鱼类区系调查研究和编写做了大量工作。在西沙群岛、海南岛和广东省鱼类资源调查研究中，参与编写出版《中国鱼类系统检索》《南海诸岛海域鱼类志》《海南岛淡水及河口鱼类志》《广东淡水鱼类志》。1978年和2002年，先后编写出版《中国有毒鱼类和药用鱼类》《中国有毒和药用鱼类新志》，引起鱼类学家广泛关注，成为水产、医药和卫生部门的重要参考文献，并受到日本鱼类学家推崇。1999年，《中国有毒鱼类和药用鱼类》被译成日文版由日本恒星社出版。2008年主编出版《中国动物志虾虎鱼亚目》卷。编写该书时，与日本明仁天皇结下学术友谊，5次应邀访问日本，在天皇生物学御研究所内进行短期虾虎鱼类研究，受到天皇12次接见，讨论学术问题，交换标本和研究报告，并合影留念。1999年、2012年，与台湾鱼类学家合作，先后主编和出版《拉汉世界鱼类名典》《拉汉世界鱼类系统名典》。这是国内外规模最大的2部鱼类名典。前者收录世界有效鱼类种名26 000多种，后者收录截至2011年世界有效鱼类31 000多种鱼名，在世界鱼类中文名称统一进程中迈出重要一步。曾获全国优秀图书奖二等奖、福建省科学技术成果奖、国家水产总局技术改进成果奖一等奖、中国科学院自然科学奖二等奖等奖项。

苏锦祥（1935.1.30—　　）　广东南海人，中共党员，鱼类学教授。

1992 年起,享受国务院政府特殊津贴。1956 年,上海水产学院水产生物专业毕业后留校任教。曾任水产养殖系副系主任、主任,渔业学院学术委员会主任,兼任上海市动物学会理事、副理事长,中国鱼类学会理事、副理事长。1963 年 11 月—1964 年 11 月,曾被水产部委派赴越南承担技术援助任务,获越南政府授予的友谊勋章。1984—1985 年,作为访问学者在美国史密森学会国家自然历史博物馆进行合作研究。1986 年晋升为教授。1999 年退休。

苏锦祥主讲脊椎动物学、鱼类学等课程,曾编撰出版《鱼类学与海水鱼类养殖》《鱼类学》等 7 部全国统编教材和参考教材,获上海市优秀教学成果奖、国家教委第二届普通高等学校优秀教材全国优秀奖。他长期从事鱼类分类、生态、比较解剖学的研究,编著出版《白鲢的系统解剖》《鱼类比较解剖》《鱼类分类学》《中国动物志·硬骨鱼纲鲀形目海蛾鱼目喉盘鱼目鮟鱇目》等学术著作 9 部,出版译著 1 部,在国内外学术刊物发表论文 30 余篇,并参与撰写《英汉渔业辞典》《中国大百科全书·农业卷》《水产辞典》等辞书。1962 年,被水产部指派赴古巴,接运古巴政府赠送中国的 300 余只牛蛙种蛙。主持的真鲷人工繁殖和苗种培育的研究一举突破育苗关,创造中国取得真鲷人工繁殖和苗种培育的首个成功案例。曾获福建省科学技术成果奖、国家水产总局技术改进成果奖一等奖、中国科学院自然科学奖二等奖、全国优秀科技图书奖二等奖等奖项。曾被评为上海市优秀教育工作者,获上海市侨界教师烛光奖等。

王道尊(1935.10.29—　) 辽宁锦西人,中共党员,水产养殖学教授。1992 年起,享受国务院政府特殊津贴。1959 年,上海水产学院水产养殖系毕业后留校任教,历任水产养殖系团总支书记、校团委副书记、养殖试验场技术员、池塘养鱼教研组副主任、水产养殖系副主任。1985—1986 年,赴日本水产厅国立水产养殖研究所进修鱼类营养和饲料学,曾任中国水产学会营养和饲料研究会副主任委员、顾问。1992 年晋升为教授。1999 年退休。

王道尊从日本回国后为淡水渔业和海水养殖本科专业率先开设水产动物营养与饲料学课程,并为研究生开设相关专题,作为副主编,编写出版全国高等农业院校统编教材《水产动物营养和饲料学》。与有关教师共同努力,于1988年申报获得水产动物营养和饲料学专业硕士学位授予权。曾承担过多项国家科技攻关项目,在国内外学术刊物上发表文章50多篇,在鱼类营养需求及饲料配方技术研究中有较深造诣。主持的鱼类饲料研究等项目曾获福建省科学技术成果奖、上海市科学技术进步奖二等奖,参加的人工合成多肽激素及其在家鱼催产中的应用等项目曾获全国科学大会奖状、上海科学技术进步奖一等奖、福建省科学技术成果奖、湖北省科学技术进步奖二等奖。个人曾获全国优秀水产科技工作者称号。

姜仁良(1936.1.20—) 上海人,中国民主同盟盟员,水产养殖学教授。1992年起,享受国务院政府特殊津贴。1959年,上海水产学院水产养殖专业毕业后留校任教。曾任水产养殖系副主任,中国水产学会池塘养殖专业委员会副主任、中国水产学会淡水养殖专业委员会顾问。1995年晋升为教授。1999年退休。

姜仁良长期从事池塘养鱼学教学与研究工作,讲授池塘养鱼和水产经济动物繁殖学等课程,参编《池塘养鱼学》《中国池塘养鱼学》等教材和专著,曾获1992年全国优秀科技图书一等奖。发表学术论文30余篇,其中《合成的丘脑下部促黄体生成素释放激素(LRH)的类似物对家鱼催情产卵的影响研究》《鲤血清促性腺激素的放射免疫测定》等,在生产中得到广泛应用。1959年,与合作者一起突破鳙、鲢人工繁殖难题。1960年,在国内首先突破草鱼人工繁殖技术难关。1978年,作为第一完成人开展的人工合成多肽激素催产中的应用研究获全国科学大会奖状、鱼类促性腺激素放射免疫测定法获福建省科学技术成果奖。1986年作为第一完成人开展的应用放射免疫测定鱼类促性腺激素性激素的研究,获农牧渔业部科学技术进步奖二等奖。参与的池塘养鱼高产技术等研究项目,曾获国家科学技术进步奖二等奖、上海市重大科学技术成果奖、上海市科学技术进步奖一等奖等。2003年,获中国水产学会全国优秀水产学会工作者称号。

杨和荃(1936.8.18—) 四川资中人,中国民主同盟盟员,水生生物学教授。1959年华东师范大学生物系生物专业毕业后任教于上海水产学院水产养殖系。1983 年,加入中国民主同盟。1996 年晋升为教授。1999 年退休。

　　杨和荃长期主讲无脊椎动物学、淡水生物学等课程,主编或参编《淡水生物学》《水生生物学》《淡水见习藻类》《水生维管束植物图册》等著作,发表数十篇论文。曾编导录像电教片《浮游植物》《浮游动物》《淡水生态》3 部,制作 1 700 多帧幻灯片。1984 年参与编写《水生生物学》讲义,于 1996 年作为教材出版发行,是当时国内水生生物学最完整、最系统的教材。参与的上海市海岸带和海涂资源综合调查项目获 1988 年度上海市科学技术进步奖一等奖,澙湖水产增养殖技术(国家“八五”攻关项目)获农业部科学技术进步奖二等奖,团头鲂、鲢、鳙鱼细菌性败血症的研究项目,获 1997 年上海市科学技术进步奖三等奖。1985 年被农牧渔业部评为部属高等农业院校优秀教师。1987 年,被民盟上海市委评为社会主义建设积极分子,1997 年被授予上海市育才奖称号。其事迹入编《上海农业专家名人录》,并入编《中国教育专家名典》。

　　楼允东(1937.5.11—　　) 浙江义乌人,中国民主同盟盟员,遗传育种学教授。1993 年起,享受国务院政府特殊津贴。1960 年,南京大学生物系动物专业毕业后来校任教。曾任组织胚胎教研室副主任、遗传育种教研室主任、鱼类学学科点负责人、《水产学报》编委和上海市遗传学会理事,中国农学会高级会员,中国水产学会资深会员。1993 年晋升为教授。2000 年退休。

　　楼允东长期从事组织胚胎和遗传育种教学工作,主讲胚胎学、遗传学、育种学等课程,主编出版全国高等水产院校统编教材《组织胚胎学》等多部教材,其中《鱼类育种学》是中国第一本正式出版的鱼类育种学专著,后被全国高等农业院校教学指导委员会审定为全国高等农业院校教材,并获全国优秀水产专著二等奖、全国高等农业院校优秀教材奖。1982—1984 年,在英国罗斯托夫渔业研究所(MAFF Fisheries Laboratory, Lowestoft, UK)作访问学者期间,在国际著名学术刊物《Journal of Fish Biology》发表 3 篇有关鱼类多倍体和雌核发育的论文,首次报道用静水压成功诱导出虹鳟三倍体的实验方法,引起各国学者关注。主持鱼虾性别控制研究、淡水鱼类种质冷冻库研究等多项国家攻关项目、农业部生物技术项目、上海市科委招标项目,先后发表论著百余篇(部),曾获福建省科学技术成果奖、上海市科学技术进步奖三等奖、江苏省水产科学技术进步奖二等奖、上海市优秀科普作品奖、上海市水产学会优秀论文奖。

朱学宝(1937.6.17—) 江苏南京人,中共党员,水产养殖学教授。1993年起,享受国务院政府特殊津贴。1960年,上海水产学院水产养殖专业毕业后留校任教。曾任学生辅导员、班主任,水产养殖系主任,农业部科学技术委员会委员。1984年6—12月,以访问学者身份在日本环境厅国立环境研究所从事水体富营养化过程中碳、氮定量转移规律的研究。1992年晋升为教授。2002年退休。

朱学宝长期从事循环水水产养殖系统、水环境控制技术方面的教学与研究工作,主讲同位素示踪技术及其在水产科学中的应用、液闪测量与稳定性核素示踪分析、鱼池生态学讲座等课程,在国内外刊物上发表论文近30篇,出版有《中国鱼池生态学研究》《水生生物学研究法》等著作和译著。1978年,利用高产水生植物草浆养鱼项目获福建省科技成果奖(第一完成人)。曾先后主持商业部、农业部重点攻关项目3项,上海市自然科学基金项目和国家"八五"攻关项目各1项,筹建并主持农业部水产增养殖生态、生理重点开放实验室。1989—1992年,曾主持与日本京都大学、日本环境厅国立环境研究所等合作的5个中日合作科研项目,及中国综合养鱼生理生态学研究、国家引进国际先进农业科技项目BICOM陆上闭合循环水水产养殖系统项目(任首席专家)、上海市科技兴农重点攻关办公室和上海市西部开发科技项目管理中心关于循环水养殖系统技术与开发等研究项目。20世纪末,开始从事循环水水产养殖系统关键技术与应用研究,通过基础研究、技术开发、系统集成、工程示范,形成在理论、技术、装备、应用效果等层面上均有创新性的优质、高效、健康、环保的现代水产养殖新模式,此项成果获2006年上海市科学技术进步奖一等奖。

陈马康(1937.11.20—) 浙江松阳人,九三学社社员,水产养殖学教授。1993年起,享受国务院政府特殊津贴。1960年,上海水产学院水产养殖系毕业后留校任教,历任水产养殖系副主任、渔业学院院长,曾任上海市水产学会常务理事兼秘书长,上海水产大学卤虫研究开发中心主任,全国淡水增养技术推广咨询组成员。1998 年晋升为教授。2000 年退休。

陈马康主讲内陆水域水产养殖学、水域生态学等课程,曾获上海市教学成果奖二等奖。编撰《湖泊水库鱼类养殖与增殖》《内陆水域鱼类养殖与增殖》等教材,发表论文近 30 篇。参加的"八五"攻关项目中型草型湖泊综合高产技术研究项目,曾先后获江苏省水产科学技术进步奖一等奖、农业部科学技术进步奖二等奖、国家科学技术进步奖二等奖。主持的大水面(河道)青虾放流开发示范实验项目,曾获上海市科技兴农三等奖。合著出版的《钱塘江鱼类资源》曾获华东地区科技出版优秀科技图书一等奖,参与出版《千岛湖鱼类资源》。退休后任学校科研督导,并参与保水渔业研究,成功研制出淡水湖泊浮游生物分层采样器,改善了大水面养殖科研条件。

赵维信(1937.11.27—　)　江苏南京人,中国民主同盟盟员,鱼类生理学教授。1992 年起,享受国务院政府特殊津贴。上海市第七、八、九届政协委员。1960 年,南京大学生物系动物专业毕业后任教于上海水产学院水产养殖系,鱼类繁殖生理学学术带头人。曾任民盟上海水产大学第七、八、九届总支委员会主任委员,上海市廉政建设纠风办公室特聘纠风检查员,中国鱼类学会理事,中国比较内分泌学会理事。1980 年 9 月—1981 年 7 月在上海外国语学院出国留学生预备部英语班结业。1982—1984 年,在英国苏格兰农业渔业部海洋研究所作访问学者。1990 年晋升为教授。2000 年退休。

赵维信长期从事鱼类生理学教学、科研工作,主讲鱼类生理生化技术、水生动物内分泌学、鱼类生理生态学等课程,发表学术论文近 70 篇。主编或参编《鱼类生理学》教材 2 本,主持的鱼类生理学课程建设项目曾获上海市普通高等学校优秀教学成果二等奖。1976 年,与中国科学院生物化学研究所合作,在国内率先建立并应用鱼类促性腺激素放射免疫测定技术,研究鱼类繁殖时自身大量分泌促性腺激素的普遍规律。主持的罗氏沼虾同步产卵、幼体饲料、育苗水质关键技术研究项目,攻克罗氏沼虾产卵率低的难题,开辟虾、蟹类甲壳动物的内分泌和生殖机理研究。曾获上海市科学技术进步奖三等奖、福建省科学技术成果奖、农牧渔业部科学技术进步奖二等奖等。个人曾获评为 1986 年上海市"三八"红旗手、1987 年民盟上海市社会主义建设积极分子、1995 年民盟上海市盟务工作积极分子、2003 年上海市教育系统关心下一代工作先进个人。

李思发（1938.4.24—　）　江苏镇江人，中共党员，水产养殖学教授，博士生导师，人事部国家有突出贡献中青年专家。1991 年起，享受国务院政府特殊津贴。1960 年，上海水产学院淡水养殖专业毕业后留校任教。1964 年，赴北京外国留学生高等预备学校进修一年，成为留苏预备生。1979 年 10 月—1981 年 12 月，赴加拿大海洋和渔业部淡水研究所和曼尼托巴大学作访问学者。历任上海水产大学养殖系大水面教研室主任、水产增养殖生理生态实验室主任、水产动物种质资源和养殖生态实验室主任、校学术委员会副主任。曾兼任全国水产原种和良种审定委员会主任、农业部科学技术委员会委员、农业生物安全委员会委员、农业部渔业专家组成员、国际水产养殖遗传研究网指导委员会中方委员、世界自然保护联盟（IUCN）淡水鱼类组专家、国际科学基金会（IFS）科学顾问、国际水产养殖遗传研究网指导委员会中方委员、国际学术刊物《水产养殖》《亚洲水产科学》编委。1986 年晋升为教授。2011 年 12 月退休。

李思发长期从事水产养殖的教学与科学研究，是中国水产经济动物种质资源和遗传保护研究领域的学科带头人。主讲池塘养鱼学、大水面鱼类增养殖学等本科生课程，以及生物统计与实验设计、生物多样性、种质资源保护等研究生课程。关于鱼类种质资源的研究曾获农业部科技进步奖二等奖、上海市首届科技博览会金奖，同名专著获华东优秀科技图书奖一等奖、全国优秀科技图书奖二等奖。先后获得国际科学基金会、加拿大国际发展研究中心等机构资助，建立水产种质资源研究室，选育的团头鲂"浦江 1 号"于 2000 年被全国水产原种和良种审定委员会审定为新品种，农业部审定公布为推广良种，是世界上草食性鱼类首例选育良种，作为第一完成人分别获上海市科学技术进步奖一等奖、国家科学技术进步奖二等奖；选育的"新吉富"罗非鱼，2005 年被全国水产原种和良种审定委员会审定为新品种,系国内近百种引进鱼类中首例具有自主知识产权良种,作为第一完成人分别获上海市科学技术进步奖一等奖、国家科学技术进步奖二等奖;选育的耐盐"吉丽"罗非鱼,2009 年被农业部审定为良种。提出的"中国综合养鱼能量结构与效率"和池塘养鱼"能量陷阱"说引起国内外重视,获国际水生生物资源管理中心(ICLARM) NAGA 奖状和奖金。长期致力于中国水产种质标准化建设,发展并完善鱼类形态、养殖性能、细胞遗传及分子遗传的集成检测和鉴定技术。国内外出版专著 8 部,参编著作 6 部,译著 1部,发表论文 280 余篇,其中 SCI 论文 30 余篇,授权发明专利 4 项。主持制定鲢、鳙、草鱼、青鱼、罗非鱼、河蟹国家标准 6 项、《养殖鱼类种质检验》国家标准 15 项。曾被评为国家"九五"科技攻关先进个人、中国技术市场协会三农科技服务金桥奖先进个人奖、中华英才奖。2008 年分别获全球水产养殖联盟(GAA)、世界水产养殖学会(WFS)颁发的终身成就奖,2011 年获世界罗非鱼协会和国际罗非鱼基金会颁发的詹D. F. 海涅(Jan D. F. Heine)博士 2011 年度纪念奖。

臧维玲(1938. 12. 20—) 山东烟台人,中共党员,水化学教授。1993 年起,享受国务院政府特殊津贴。1964 年,山东海洋学院(今中国海洋大学)海洋化学专业毕业后任教于上海水产学院。1996 年晋升为教授。2003 年退休。

臧维玲长期从事水化学的教学与科研工作,主讲海水化学、淡水养殖水化学和水环境化学等课程,主编或参编全国高校统编教材《养殖水环境化学》《水化学》《淡水养殖水化学》及相应配套实验教材。20 世纪80 年代起,长期带领师生深入生产第一线,为产学研模式建立与发展作出贡献。退休后仍坚持在上海市郊指导罗氏沼虾育苗和生产。所领导团队研制的育苗水质系列消毒法在生产中广为应用,推动养虾业发展。自主研究并提出温室集约化健康养殖和育苗、废水处理再利用等技术,形成具有上海特色的先进技术体系。创立"虾类室内不换水、不用药的养殖技术与模式",产量超过常规生产,并推广至天津、新疆等地。所在团队曾获上海市模范集体称号。主持或参加国家和省部级科研项目 30 余项,发表论文百余篇,曾获上海市科学技术进步奖、上海市优秀产学研工程二等奖、国家教委第三届普通高等学校优秀教材奖二等奖、全国高等农业院校优秀教材奖等奖项。主讲课程养殖水化学,被评为上海市精品课程。曾获上海市劳动模范、上海市教学名师、上海市优秀教育工作者、上海市"三八"红旗手、上海市"十佳"科技巾帼、新中国成立60周年上海百位杰出女教师等荣誉称号。

蔡完其(1939.12.21—) 浙江鄞县(今浙江宁波市鄞州区)人,中共党员,水产动物病害学教授,博士生导师。1993年起,享受国务院政府特殊津贴。1963年,上海水产学院海水养殖专业毕业后留校任教。曾任水产动物疾病与微生物教研室副主任、主任。1996年晋升为教授。2004年退休。

蔡完其长期从事水产动物病害防治、病理及抗逆性选育的教学与科研工作,主讲水产动物疾病学、水产动物病理学等课程,对中国主要淡水养殖鱼类的抗病力开展种间、种群间的差异系统研究,曾发表国内首例鱼类恶性肿瘤论文,曾主持温室集约化养鳖疾病防治技术、中华鳖养殖业持续发展技术研究等课题。20世纪90年代起,研究抗逆性育种,是经国家审定和推广的选育良种团头鲂"浦江1号"、"新吉富"罗非鱼及"吉丽"罗非鱼的主要完成人之一。主译专著2部,参编专著2部,发表论文50余篇。曾获国家科学技术进步奖二等奖1项,农业部科学技术进步奖二等奖、三等奖各1项,上海市科学技术进步奖一等奖2项、二等奖1项,广东、福建省科学技术进步奖二、三等奖各1项。1985年,获农业部优秀教师荣誉称号。

张克俭(1940.2.23—) 江苏南京人,中国民主同盟盟员,组织胚胎学教授。1964年,南京大学生物系动物专业毕业后到上海水产学院任教。曾任校工会兼职副主席。2000年晋升为教授。2002年退休。

张克俭长期从事水产动物组织学、胚胎学、生物切片技术、细胞生物学、发育生物学等课程的教学工作。1973—1979年,在厦门期间,参与河鳗人工繁殖研究项目,该项目于1978年获福建省科学技术成果奖。分别于1985年、1996年,在国内水产院校中较早开设细胞生物学、发育生物学课程。1986年,主编中央农业广播电视学校教材《生物学基础》;1989年,主编《普通生物学》,均由农业出版社出版。1993年,获上海市科学技术进步奖三等奖(第三完成人)。1995 年,获上海市教育委员会颁发的"育人奖"。

张克俭在水产动物胚胎学、组织学及鱼类染色体等研究方面有一定造诣,其鱼类受精过程的连续切片制作与观察及鱼类染色体制备技术与分析在国内同行中颇有口碑,迄今仍不断有同行来校交流。

马家海(1940.9.25—) 广东潮阳(今广东汕头)人,藻类增养殖学教授,博士生导师,国家首批农业科技跨越计划"紫菜养殖加工出口产业链开发"首席专家。1993 年起,享受国务院政府特殊津贴。1963年,南京大学生物系毕业后在南海水产研究所任职。1972 年,调入厦门水产学院,曾任海水养殖教研室主任、水产养殖教研室主任、水产养殖系主任,中国水产学会海水养殖专业委员会委员,中国藻类学会理事、上海海洋湖沼学会理事。分别于 1983 年 1 月—1985 年 4 月、1991年 8 月—1992 年 4 月,赴日本东京水产大学作访问学者、高级访问学者。1996 年晋升为教授。2007 年退休。

马家海主要从事海藻栽培学、海藻学的教学与科研工作,讲授海藻栽培学、海藻学和藻类生物学等课程,承担"948""863"及农业科技跨越计划等多项国家级重点科研项目。在海藻遗传育种、病原病理、生理生态及其相关生物技术学应用上有较深造诣。1984 年,首次发现条斑紫菜减数分裂发生在壳孢子萌发时期,后被日本、加拿大、美国和中国曾呈奎等专家发表的 10 余篇论文证实。在注重基础科学研究的同时,努力使科学研究与生产实践相结合,把基础科研应用于生产实践,在条斑紫菜栽培、病害防治、冷藏网技术以及紫菜加工等方面全面赶超国际先进水平上作出贡献,撰写《条斑紫菜的栽培与加工》等多部专著。以第三完成人获福建省科学技术成果奖四等奖,作为第一完成人分别获得江苏水产局科技进步奖一等奖、农业部科学技术进步奖二等奖、国家科学技术进步奖三等奖、上海市科学技术进步奖二等奖。曾被评为全国优秀水产科技工作者、农业部农业推广先进个人、上海市育才奖。

周洪琪(1942.2.14—) 上海人,九三学社社员,鱼类生理学、动物营养与饲料学教授,博士生导师。1998 年起,享受国务院政府特殊津贴。上海市第九、十届政协委员。1964 年,复旦大学生物系人体与动物生理专业毕业后任教于上海水产学院。曾任鱼类生态生理教研室主任、渔业学院副院长,兼任中国动物学会鱼类学分会理事、饲料学会理事。1985年2月—1986年3月,被选派到美国宾夕法尼亚大学蒙尼尔化学感觉中心作访问学者。1992年11月—1993年5月,被选派到澳大利亚北领地大学作访问学者。1997年晋升为教授。2008年退休。

周洪琪长期从事鱼类生理学及水产动物营养学的教学与科研工作,承担本科生、硕士生、博士生的课程教学,参编《鱼类生理学》《渔业导论》《动物生理学》《水产饲料生产学》,曾获1993年上海市优秀教学成果奖二等奖和2001年上海市教学成果奖三等奖。主持绿色水产饲料免疫增强剂的研究、河鲀功能性饲料添加剂的研究、中华绒螯蟹配合饲料标准制订等上海市科委重点科研项目、上海市自然科学基金项目、农业部项目、上海市教委重点学科项目等,完成农业部"七五""八五"攻关项目,发表论文百余篇。曾被评为1997—1998年度上海市"三八"红旗手。

杨先乐(1948.2.14—) 湖南桃源人,中共党员,水产动物疾病控制与水产养殖安全教授,博士生导师。1992年起,享受国务院政府特殊津贴。1982年,上海水产学院水产养殖系毕业后赴中国水产科学研究院长江水产研究所工作,曾任该所鱼病室副主任。1997年起,任教于上海水产大学,任渔业学院副院长,农业部水产增养殖生态、生理重点开放实验室主任,农业部渔业动植物病原库主任。2008年起,任国家水生动物病原库主任,兼任中国水产学会鱼病研究会第四届委员会副主任委员,中国兽药典第三届委员会执行委员会副主任委员,水生动物、蚕蜂专业委员会主任委员,中国科协病虫害灾害预测与防治第三至五届专家组专家。1992年获农业部有突出贡献中青年专家称号。1999年晋升为教授。

杨先乐主讲水产动物免疫学、鱼类药理学、水产动物医学概论等多门本科生、硕士生和博士生课程,主持编写《新编渔药手册》《水产养殖用药处方大全》《水产动物病害学》《鱼类药理学》等著作和教材。创建中国第一个渔业动植物病原库,并在学校首建水产品药物残留检测实验室、农业部渔药临床试验实验室。首次研制出解决中国鱼类第一个病毒病的草鱼出血病细胞培养灭活疫苗,使草鱼成活率提高 25％ 以上,作为第四完成人完成的草鱼出血病防治项目获国家和农业部科学技术进步奖一等奖。先后获国家、省、市等科学技术进步奖 20 余项,国家、省市优秀科技论文奖 11 项,鉴定成果 12 项。发表著译作 32 部(册),论文 250 余篇,制定国家与农业部标准 10 个。

严兴洪(1958.9.28—) 浙江义乌人,九三学社社员,藻类育种学教授,博士生导师。中国紫菜研究中青年专家。1982 年 1 月,上海水产学院海水养殖专业毕业后,在山东青岛市水产养殖公司任技术员、助理工程师。1987 年 7 月,上海水产大学水产养殖学硕士研究生毕业留校任教。1998 年 3 月,毕业于东京水产大学水产生物学讲座,获博士学位。1998—2000 年,在长崎大学完成日本文部科学省学术振兴协会(JSPS)博士后研究。2000 年 10 月,回校工作。2002 年晋升为教授。历任上海水产大学藻类增养殖教研室主任,海洋生物系副主任,院、校二级学术委员会委员,兼任农业部全国水产原种和良种审定委员会委员、中国水产学会生物技术分会理事、鱼病分会理事、中国藻类学会理事等。

严兴洪长期从事海藻育种的教学与科研工作,讲授细胞工程、海藻细胞工程、海藻学、海藻栽培、海藻生物技术等课程。2002—2011 年,连续 3 次担任国家"863"计划重大研究课题首席科学家,带领研究团队对坛紫菜的基础遗传学和育种学进行了系统研究,首次揭示坛紫菜的性别为雌雄同体而非雌雄异体为主、坛紫菜的单性生殖与机理以及坛紫菜的减数分裂发生位置等三大基础遗传学问题,进一步完善坛紫菜的生活史。在国际上首次提出紫菜单性育种理论,并建立坛紫菜单性良种选育技术,利用此技术培育出中国首个具有自主知识产权的紫菜单性良种——坛紫菜"申福 1 号",于 2009 年被全国原种和良种审定委员会审定、农业部公布为适宜推广的水产良种。以第一完成人先后获 2010 年度上海科学技术进步奖一等奖、2011 年度国家科学技术进步奖二等奖。此外,在条斑紫菜的人工色素突变体分离和优良品系培育,以及江蓠原生质体成株培养等方面先后获国际海藻协会、亚太藻类学会、日本藻类学会以及中国水产学会等颁发的学术奖励。2007 年,获上海市优秀学科带头人资助。2011 年,入选上海市领军人才计划。

李伟明(1961.9.10—) 江西波阳人,美国国籍,教授,国家特聘专家。1982 年 1 月毕业于上海水产学院淡水渔业本科专业。1987 年,获上海水产大学水产养殖专业农学硕士学位。1994 年,获美国明尼苏达大学渔业学博士学位。1994—1996 年,在美国宾夕法尼亚费城莫耐尔化学感官中心做博士后研究。2008 年起,任美国密歇根州立大学终身教授、弗雷德里克环境生理学终身讲席教授。2010 年起,任上海海洋大学水产与生命学院教授。同年,入选中央组织部"千人计划"。2011 年,被中央组织部授予国家特聘专家称号。

李伟明长期从事环境生物学、外激素通信、脊椎动物内分泌学和基因组学研究,对动物通信理论及入侵种群控制具有开创性意义,研究成果被美国和加拿大环保局应用于北美五大湖,成为世界上首次利用脊椎动物外激素诱杀有害物种、控制生物入侵的成功典范。主持的无颌脊椎动物研究工作推动脊椎动物进化理论的新发展,并领导国际七鳃鳗基因组注释工作。在《科学》《美国国家科学院院刊》《神经科学杂志》等学术期刊发表多篇论文,所领导实验室获美国国家卫生研究所、国家卫生基金会、能源部、海洋基金、五大湖渔业委员会、五大湖渔业信托基金与五大湖保护基金和加拿大科学与工程研究部基金资助,总经费超过 1 100 万美元。

成永旭(1964.5.10—) 河南济源人,九三学社社员,甲壳动物增养殖和营养繁殖学教授,博士生导师。上海市曙光学者。1981—1985 年就读于河南师范大学生物系;1986—1989 年在上海水产大学水产养殖专业攻读硕士研究生,毕业后任教于河南师范大学生物系。1993 年 10 月考入华东师范大学生物学系攻读博士学位,1996 年进入厦门大学海洋学博士后流动站工作。1998 年 10 月任教于上海水产大学。2006 年 6—10 月,在美国史密森海洋环境研究中心进行美国兰蟹的繁殖营养学合作研究。兼任中国甲壳动物学会理事,上海市动物学会、饲料行业协会理事,《上海海洋大学学报》《海洋通报》《水产科技情报》杂志编委。2002 年晋升为教授。同年,入选上海市曙光学者。

成永旭主要从事河蟹养殖和营养繁殖学的教学和研究工作,讲授甲壳动物增养殖学、水产动物营养繁殖学、水产动物健康养殖学等课程,先后承担和参加国家支撑计划、公益性项目,农业成果转化项目,自然科学基金,上海市科委、农委、教委基础重点或科技攻关项目等30余项,发表论文150余篇,编写出版教材1本并获农业部优秀教材奖。曾获国家海洋科技创新二等奖、上海市科学技术进步奖二等奖、安徽省科学技术进步三等奖等奖项。主持的中华绒螯蟹育苗和养殖关键技术研究和推广项目,获2009年度上海市科学技术进步奖一等奖、2010年度国家科学技术进步奖二等奖。

第六章 科教平台

  1921年养殖科创建后，1922年在昆山周墅镇建成淡水养殖实习基地，主要为了丰富学生实践教学，而科学研究则相对较为薄弱。1952年上海水产学院成立，"海洋渔业研究室"并入养殖系，并更名为"鱼类研究室"，成为主要的研究平台。20世纪50年代，养殖系在浙江舟山、上海杨浦区杨家宅、观音堂路（现佳木斯路）等地建设淡水养殖实验场；在厦门办学期间，在集美的中池建设淡水养殖试验场，协助开展科学研究。学校迁回上海后，随着学科发展及专业课程的教学要求，一批教学实习及科研基地先后建设并投入使用，1982年在浙江奉化湖头渡筹建海水养殖试验场，1983年开始建设南汇滨海淡水养殖试验场。目前，水产与生命学院有鱼类研究室、农业部淡水水产种质资源重点实验室、水产种质资源发掘与利用省部共建教育部重点实验室、农业部渔业动植物病原库、农业部鱼类营养与环境研究中心、农业部团头鲂遗传育种中心、上海市水产养殖工程技术研究中心、水域生态环境上海市高校工程研究中心、上海高校水产养殖学E-研究院、上海海洋大学生物系统和神经科学研究所等科学研究平台，为水产养殖学科建设和科研发展起到了良好的推动作用。2009年，学院中心实验室获批国家级实验教学示范中心建设单位，建成后国家级水产水产科学实验教学中心面积7 120 m²，拥有先进的水产学科实验教学仪器和现代化教学设施，为水产学科的发展提供了有力保障。

第一节 国家水产科学实验教学示范中心

国家水产科学实验教学示范中心（下文简称中心）前身为学院中心实验室，建于 2002 年。中心建设发展历史悠久，最早可追溯到 1923 年设立的"生物实验室"。"文革"后逐步发展为"基础生物实验室"。1996年通过了上海市高校教学实验室评估，被评为优秀教学实验室，实验室规模达到了 680 m²；2000—2001 年二次获上海市基础实验室贷款项目支持，购置了大批大型进口仪器设备，并扩建了共享实验室，于 2002 年学院成立中心实验室，实现了人员和仪器设备统一管理、资源共享，实验室规模达到了 830 m²；随着 2003 年搬迁至科技大楼，面积几乎增加近一倍；2007 年，中心被评为上海市实验教学示范中心；2008 年，中心搬迁至临港新校区，面积达 7 120 m²；2009 年，获批国家级实验教学示范中心建设单位。

中心是一个以水产学一级学科为基础，面向水产养殖学、海洋渔业科学与技术、水族科学与技术、生物科学等相关专业的公共实验教学平台。目前主要承担全校生物科学类基础课程、以及水产学科专业课程的本科生实验实践教学，同时也为研究生的教学科研提供技术支撑。中心是国家和上海市重点建设的实验教学中心。在学校百年发展历程中，为水产及相关学科的发展，本科、硕士、博士和博士后完整学位体系的建立奠定了基础。

中心拥有一支由管理人员、技术人员和指导教师组成的高素质实验教学队伍。专职人员中，高级职称以上教师占 60%，硕士以上学历高于 80%。拥有先进的水产学科实验教学仪器和现代化教学设施，拥有 3 500 余件仪器设备，设备总值 2 700 余万元。拥有 4 类功能实验室：由鱼类学、水生生物学等 13 个教学实验室组成的学科基础实验室，有水产养殖、渔业遥感等 10 个教学实验室组成的专业特色实验室，有渔业动植物病原库、捕捞航海模拟 6 个实验室组成的综合训练实验室，以及 13 间大学生创新实验室，全方位为本科生的实验、实践教学、毕业论文与科技创新等活动提供服务。中心建有 2 个显微互动教学实验室,为生物类相关基础课程的开设创造了优良的条件;13 间创新实验室为本科生自主开展科技创新提供了基本保障;中心依托的水产与生命学院建有国内高校种类最全的鱼类标本室,配备了大量具有鲜明水产科学特色的系统与设备,如可控"养殖循环系统""模拟生态系统"等,学院 A 楼的公共实验平台则拥有高新仪器设备,中心鼓励教师充分利用中心先进仪器设备,如研究用显微镜、PCR 仪、离子色谱仪、液相色谱仪等用于本科生实验教学、毕业论文、创新实验中,取得了良好效果。

根据"以学生为本、传授知识、培养能力、提高素质"的人才培养要求,通过"教学与科研结合、校内与校外结合、自主与创新结合、课内与课外结合"的四结合原则,建立了与理论教学有机结合,以能力培养为核心,分层次的实验教学体系,涵盖基本型实验、综合设计型实验、研究创新型实验。形成了"学科基础、专业特色、综合训练、科技创新"4 大实验教学功能模块,在加强生物学、环境学、工程学的学科基础上,充分体现水产学科综合性、应用性、创新性强的专业特点,通过生产实践、科技创新等教学环节,全面提升学生认知、应用、探索与创新的能力。实验教学中技术、方法和手段丰富多彩,主要为标本观察、活体解剖、计算机模拟、活体培养技术等,并不断引进先进的化学技术、生化技术、生态技术、生物技术以及分子生物学等现代方法与手段;实验材料可包括个体、器官、组织、细胞、分子等不同水平。实验类型可以分为现场演示、论证、综合、设计、创新型等。

第二节　农业部渔业动植物病原库

"中华人民共和国农业部国家水生动物病原库"(以下简称"病原库"或 NPCCAA)是我国水产行业第一家培养物保藏机构,是 1998 年 11 月由农业部批准在上海海洋大学建设的水生动物病原及相应的细胞株(系)保藏中心,计划总投资 1 500 万元,现已基本建成。

"病原库"保藏对象包括与水产行业相关的微生物、细胞株、质粒等培养物。"病原库"对外服务的业务范围包括：微生物的分离、鉴定、保藏；细胞株系的建立、保藏；疫苗、诊断试剂、微生态制剂等相关产品的开发等。目前，病原库建立细胞收集的方式主要有三种：自行建立、相关单位无偿赠送和交换。通过这些方式病原库现收集保存有细胞 18 株，其中包括 CE（草鱼囊胚细胞）、CGB（鲫鱼囊胚细胞系）、CIK（2 株，草鱼肾细胞系）、CO（草鱼性腺细胞系）、EPC（3 株，鲤鱼上皮瘤细胞）、FHM（2 株）、Hela（人子宫瘤细胞系）、TEL（大菱鲆肌肉细胞系）、PCK（大黄鱼肾细胞系）、PCP（大黄鱼吻端细胞系）、PSF（草鱼吻端成纤维细胞系）、VERO（非洲绿猴肾细胞系）、SPHK（花鲈头肾细胞）、SBES1（真鲷胚胎细胞）等。可提供和交换的病毒分别为细菌病毒 80 余株、昆虫病毒 40 余株、动物和人类医学病毒近 100 株、植物病毒 40 余株，但目前尚未有水产动植物病毒提供。

病原库的建立对有效地保藏病原，有效防治渔业动植物病害，进一步推动我国渔业发展具有十分重要的意义。具体来说，它可以在以下几个方面发挥作用：

一、深化渔业动植物病害的防治工作。有利于渔业动植物病害诊断试剂、防治试剂、高效低毒的化学药品、微生物制剂以及生物制品的研究和开发，推动试、制剂的商品化进程，使我国渔业动植物病害的防治呈现新局面。

二、带动相关学科的应用技术的发展。病原（尤其是某些病毒和细菌病原）是进行分子生物学、免疫学、微生态学等方面研究的较好材料，利用它们可在某些学科的应用方面（如种质、营养等）起到较大的作用。

三、丰富渔业动植物疾病的防治理论。病原库的建设，将会为今后病原的分离工作提供模式株和参考株；加强定位、定种的准确性；在此基础上，逐步形成中国水产养殖动植物的病原学。

四、节约保存开支，避免病原、细胞株（系）的遗失。病原库将为全国从事水产动物病害工作的研究者与相关人员提供进行病原鉴定的场所、方法、技术及仪器服务，为其保存病原及相应细胞株提供全面服务。

五、促进国际的合作与交流。病原本身就是一种实物成果,国外学者对此有较浓的兴趣,借助它们,将会为我们与国外同行在合作研究、技术交流等方面,在国际资金的引进与利用方面,获得更多的途径。

病原库对外服务,主要项目有:

1. 病原、细胞株(系)的代保管;

2. 病原、细胞株(系)的鉴定;

3. 提供各种细胞株(系)、病原及工程细胞、菌株或其他微生物体等;

4. 提供有关细胞株(系)、病原及其相关研究工作的实验室及仪器、设备;

5. 提供有关细胞株(系)、病原及其相关研究咨询;

6. 病原库档案。

第三节 农业部淡水水产种质资源重点实验室

一、概况

农业部淡水水产种质资源重点实验室(原名:农业部水产增养殖生态、生理重点开放实验室)依托上海海洋大学水产养殖学科。1993年成立,主要开展水产动植物种质特性鉴定、遗传改良等方面的综合研究。2002年11月7日实验室通过了农业部重点开放实验室的第四轮评估,被更名为"农业部水产种质资源与养殖生态重点开放实验室"。研究内容主要有建立并逐步完善具有国内、国际先进水平的水产种质资源理论与技术体系,主要研究方向有水产动植物种质特性鉴定,水产动植物遗传改良与生物技术、水产苗种检测等。2005年,又通过农业部重点开放实验室第四轮建设的中期评估,2011年7月更名为农业部淡水水产种质资源重点实验室。

实验室现有一支以固定人员为主、中青年科技人员为骨干的人才队伍。实验室主任由李家乐教授担任,实验室主要学术带头人为成永

旭、赵金良、吕利群、刘其根等教授。实验室大力开展应用基础研究,在
"十一五"期间,实验室新立各类科研项目 200 余项,其中国家级项目
28 项,包括 973 前期研究专项、863、科技支撑、国家自然科学基金等,
累计科研经费超过 7 000 万。获得国家科技进步二等奖 2 项,上海市科
技进步奖一等奖 3 项,其他省部级科技成果奖 2 项,国家精品课程 2
项。发表的 SCI 和 EI 论文 87 篇,获得的新品种、专利等成果 10 余项。

二、实验室发展目标及主要任务

农业部淡水水产种质资源重点实验室的建设充分利用和发挥我校
科技、人才优势,培养更多、更高层次从事水产生物种质资源保护、利用
和创新的科技人才,为长三角乃至全国的水产养殖业的进一步发展提
供技术与人才支持,通过种质资源和利用的自主性、原创性研究,建立
一个立足上海、服务全国的水产种源研究基地,最终将在我国水产领域
里建成一个领军性的专门从事水产种质资源的理论基础、技术开发及
储备的研发机构。

三、研究方向及研究内容

1. 重要淡水水产动物种质资源与遗传育种,主要研究内容如下:
水产种质资源评估发掘与利用、水产生物分子标记开发与辅助育种、水
产基因组学及其在育种中的应用。

2. 重要水产动物繁育调控与种苗工程,主要研究内容如下:水产
动物繁育控制技术、水产动物种苗工程和保障技术、水产动物营养繁殖
与饲料开发。

四、人才队伍及科研团队建设

本实验室已经形成了一支以固定人员为主、以中青年科技人员为
骨干的人才队伍,现有教授 19 人,副教授 23 人,中级及以下 16 人,还

有 1 名高级工程师和 4 名专职实验人员专门负责实验室管理,拥有博士学位教师达 90％以上,有海外留学经历的占 30％以上。(高级专业技术职务人员情况见附表 2)实验室聘请了国内该领域著名专家担任学术委员会委员。

重点实验室采取了灵活的政策和机制,近三年来,引进了 2 名上海高校东方学者特聘教授,10 余位具有博士学位的年轻人才来重点实验室工作,充实壮大了研究队伍,有利于研究团队的形成和后备人才的培养。

实验室主任及主要学术带头人简介:

实验室主任:李家乐教授。男,1963 年 7 月生,教授,博士生导师。上海海洋大学校长助理、水产与生命学院院长。主要研究方向:水产动物种质资源与种苗工程。现兼任国务院学位委员会第六届学科评议组成员,全国水产原种和良种审定委员会委员,中国水产学会淡水养殖分会副主任委员,《水产学报》《遗传》等多家杂志编委,中国海洋大学海洋生物遗传育种教育部重点实验室学术委员会委员,华东师范大学兼职教授,上海高校水产养殖 E-研究院首席研究员等。曾任国家自然科学基金委员会第十二、十三届专家评审组成员,全国农业推广硕士专业学位教育指导委员会委员、渔业协作组组长。2005 年入选上海领军人才培养计划,2006 年成为上海市优秀学科带头人,并获国务院政府特殊津贴。

先后主持"973"前期研究专项、"863"、国家科技支撑计划、国家自然科学基金、国家农业产业技术体系、上海市基础重大等科研项目 30 余项。在国内外学术刊物上公开发表论文 200 余篇,其中 SCI 论文 50 余篇,申请专利 24 项,其中授权 7 项,出版《中国外来水生动植物》《池塘养鱼学》等著作、教材 7 部。获国家科技进步二等奖 1 次,上海市科技进步一等奖 3 次,浙江省科技进步二等奖 1 次。

主要学术带头人:

1. 成永旭教授:男,1964 年 5 月生,教授,博士生导师。中国甲壳动物学会理事,上海市动物学会理事,上海市饲料行业协会理事。《上海海洋大学学报》《海洋通报》等杂志编委。2002 年上海市曙光学者。

主要研究方向：为水产动物增养殖和营养繁殖学，重点是对虾蟹类方面的增养殖和营养繁殖学研究方面。

自 1987 年开始，一直从事蟹类养殖和营养繁殖学的研究工作，特别是从事河蟹养殖和营养繁殖学的科研工作，从河蟹的育苗，饵料培养，扣蟹和成蟹等整个养殖阶段的养殖模式和饲料都有较为系统的研究，先后承担和参加国家支撑计划、农业公益性项目、农业科学技术转化项目、国家自然科学基金、上海市科委基础重点、上海市农委重点攻关、上海市教委重点等 30 余项相关科研课题，发表相关论文 150 余篇，其中 SCI 论文近 20 篇，主编出版教材一部并获农业部优秀教材奖。相关成果"中华绒螯蟹育苗和养殖关键技术研究和推广"获 2009 年度上海市科技进步一等奖（1），2010 年度国家科技进步奖二等奖（2）。还先后获得上海市科技进步二等奖（2）、国家海洋科技创新二等奖（2）等多项奖项。

2. 吕利群教授：男，1971 年 11 月生，博士生导师。农业部水生动物病原库（筹）副主任。主要研究方向：水产动物病原生物学及病害控制。2003 年获以色列希伯莱大学博士学位；2003—2008 年分别在新加坡国立淡马锡研究院和医学生物学研究院担任研究员，2008 年受聘为上海市首批东方学者特聘教授；2010 年入选上海市浦江人才计划，并入选农业部"十二五"现代农业产业技术体系岗位科学家。

一直从事水产动物病毒学研究，目前正主持和承担国家自然科学基金、教育部博士点基金、教育部归国留学人员启动基金、上海市科委重点等科研项目，项目主要涉及草鱼出血病和水霉病等淡水鱼主要病害的致病机制和生物防治策略。在国内外杂志共发表研究论文 17 篇，其中 SCI 论文 14 篇，并有两篇论文发表在病毒学顶级期刊 Journal of Virology 上；获得国际专利 1 项。因在病毒学方面的研究成就入选 2011 年科学与工程名人录 Who's Who in Science and Engineering 2011 - 2012（11th Edition）。

3. 赵金良教授：男，1969 年 11 月生，教授，博士生导师。上海海洋大学水产动物种质资源与遗传育种研究中心主任。主要研究方向：水产动物种质资源与遗传育种。曾先后参加国家科技攻关项目、农业部、上海市以及国际合作项目等,目前正承担罗非鱼产业技术体系、国家自然科学基金重点、上海市科委、上海市农委等项目。参与新品种"吉富品系罗非鱼"的引进、"新吉富罗非鱼"和"团头鲂浦江1号"二个新品种的培育。在国内外学术刊物上公开发表论文50余篇,其中SCI论文6篇,参编专著1部,参编中华人民共和国国家标准13项,发明专利1项。获国家科技进步二等奖1次、上海市科技进步一等奖2次、上海市科技进步二等奖1次,国家质量技术监督检验总局标准计量成果二等奖1次、农业部科技进步二等奖2次。

4. 刘其根教授:男,博士,教授,博士生导师。1965年8月生,水产与生命学院水产养殖系主任、水产养殖国家特色专业负责人;兼任水域环境生态上海市高校工程研究中心常务副主任,上海市水产养殖工程技术研究中心副主任、水产科学国家实验教学示范中心副主任;第四届国家水产标准化委员会委员、中国水产学会淡水养殖分会委员、上海市原良种审定委员会委员、中国高校水产学科发展联席会理事。长期担任《生态学基础》《水域生态工程与技术》等本科生课程和《水域生态学》《环境生态学》硕士研究生课程及《高级水产养殖学》(养殖生态部分)博士生课程的教学。

主要研究领域和方向:(1)淡水湖泊富营养化和蓝藻水华发生及控制的生态学、渔业水域或水产养殖生态系统生态修复理论与技术;(2)水产动物的生理生态学、水生生态系统营养动力学和食物网相互作用及其关联机制;(3)生物入侵生态学和水产生物资源保护生态学;(4)生态养殖技术(多营养级综合养殖模式)与综合养殖生态工程;(5)湖泊/水库鱼类增养殖及其生态学等。

主要学术骨干

1. 施志仪教授:男,1954年7月出生,博士生导师。现任上海海洋大学研究生部主任,博士后科研流动站站长。研究领域为分子遗传学及细胞分子生物学。主要研究方向:牙鲆胚后发育生物学——以牙鲆胚后发育为对象,在组织形态学的研究基础上,围绕甲状腺激素-miRNA-靶基因对变态发育的调节机制进行研究。三角帆蚌外套膜细胞培养和细胞学辅助育珠——通过对三角帆蚌外套膜细胞的原代培养及其珍珠形成机理研究,并且应用于生产实践的珍珠培育,已获得国家专利1项。鲟鱼、鲨鱼侧线等感觉的发育和比较进化学——通过追踪鲨鱼和鲟鱼从胚胎发生到成体阶段的完整的外周侧线系统形成及其相关的基因功能,研究鱼类电感受与机械感受系统的发生,发育和进化。近五年来先后承担国家自然科学基金项目3项、上海市教委自然科学重点项目1项、上海市科委重大项目1项、教育部高等学校博士学科点专项科研基金项目1项、上海市高校自然科学研究项目1项、上海市博士后基金项目1项。

2. 邱高峰教授:博士,博士生导师,1994年毕业于华东师范大学生物科学系(现生命科学学院),获理学博士学位。先后在日本国立水产养殖研究所(Japanese National Research Institute of Aquaculture)、美国 West Virginia University 农业学院做博士后、特别研究员4年。作为主要负责人之一筹建了生物技术本科新专业和生物技术实验室,先后担任过生物技术教研室主任、生命科学系主任、生物技术学科点学术带头人等职。主讲过《遗传学》《基因工程》《分子生物学》《生物工程概论》《组织与胚胎学》《普通生物学》等本科课程以及《水产动物遗传与生物技术》《基因与基因组》研究生课程。目前主要研究方向:水产动物分子遗传与繁殖、基因组学。现主持和承担过的主要科研项目:国家自然科学基金、上海市"浦江人才"计划项目、教育部留学回国人员科研启动基金、上海市自然科学基金、上海市教委创新科研基金、上海市农委重点攻关项目、教育部重点科研项目、日本学术振兴学会(JSPS)博士后研究基金、上海市教委重点学科科研基金、青年教师科研基金、上海水产大学校长基金等。

3. 冷向军教授:男,1972年1月出生,博士。2009—2010年,作为中央博士服务团第十批成员支援西部建设,挂职陕西省安康市农业局副局长;2011年在美国康奈尔大学从事访问学者研究。现任上海海洋大学研究生部副主任,兼任中国水产学会水产动物营养与饲料专业委员会委员、中国粮油学会饲料分会委员、上海市饲料行业协会理事,《上海海洋大学学报》《饲料工业》杂志编委。主要研究方向为动物营养与饲料学(包括经济水产动物,观赏水产动物等)、饲料加工工艺学、饲料与水产品安全等。目前已在各级学术刊物发表论文 130 余篇,申请专利 6 项,主编、参编教材、专著 5 部(含在编),制订水产行业国家标准 1 项。近年来先后主持参加了加拿大 JEFO 国际合作项目、上海市科技兴农重点攻关项目、江苏省宿迁市高层次人才基金项目,另主持国(境)内外企、事业单位合作项目多余项。

4. 邹曙明教授:男,1972 年 7 月生,博士,博士生导师,农业部团头鲂遗传育种中心常务副主任。1995 年本科毕业于南开大学生命科学学院,1998 年和 2004 年获上海水产大学硕士和博士学位,2007 年 2 月—2008 年 3 月在美国密歇根大学分子、细胞和发育生物学系作访问学者博士后。主持"十二五"国家"863"计划主题项目团队课题、国家自然科学基金、国家 863 子项目、财政部行业专项子项目等课题,先后参加国家"九五""十五"科技攻关和科技部农业科技成果转化基金等项目。获得 2005 年度上海市科技启明星、2008 年度上海市曙光学者称号。

5. 谭洪新教授:1968 年生,男,博士,硕士生导师,水产与生命学院副院长、循环水养殖技术与工程研究室主任。2002 年 9—11 月,在日本 BICOM 株式会社进行"闭合循环水产养殖系统"合作研究。主要研究方向:循环水养殖技术与系统工程,养殖水处理新技术与新工艺,养殖污染生态调控技术。主讲水族馆创意与设计(本科生课程)、湿地生态工程(本科生课程)、实验生态学(硕士研究生课程)、水污染控制原理与技术(硕士研究生课程)等课程。近年来主持及参加的科研项目有:公益性行业(农业)科研专项、国家科技支撑计划项目、上海市农业"四新"推广项目、上海水产大学博士启动基金项目、上海市科技兴农重点攻关项目、国家 948 项目、上海市西部开发科技合作项目、上海水产大学校长基金项目、上海市人民政府对外合作交流项目、国家高技术研究发展计划项目。还主持或参加了多个技术服务项目。

6. 潘连德教授:男,1960 年 10 月出生,吉林长春人。现从事水产动物(水族宠物)医学本科和临床兽医学研究生教学和科研工作,主要研究方向是水产养殖和水族宠物病害临床诊断和控制技术,重点对水族"疑难病"病因、病理、临床诊断和治疗技术攻关,以及水产(水族宠物)养殖、海水鱼、虾蟹类育苗技术和新渔药研究开发和攻关。2006 年创建"水族宠物诊所"http//www. panfishery. com,面向社会开展水族宠物临床医学诊断和医疗技术研究和服务。近年来主持的科研项目有：国家自然科学基金一项、上海市教育委员会发展基金项目"中华鳖'白底板'病病因、病理及其控制研究"、上海市科技兴农重点攻关项目"松江鲈鱼苗种生产技术研究"、上海水产大学校长基金"松江鲈鱼回访苏州河技术基础研究"、上海市长江口中华鲟自然资源保护管理处项目"中华鲟病害临床诊断和控制技术研究"、上海市科技兴农项目"松江鲈鱼养殖和病害控制技术"、上海市教育委员会重点项目"中华鲟烂鳃病和胃充气并发症的病理机制研究"、海南海口泓旺农业发展有限公司"宠物龟规模化养殖和育苗关键技术"、温室养殖中华鳖危重病害诊控（锦溪、南汇、杭州）、临港普露湾开心农庄钓鱼场养殖技术。主讲水族科学与技术专业本科生"观赏水族病害学"、临床兽医学专业研究生"水产动物病原学"课程；辅讲水族科学与技术和水产养殖等专业本科生"水产动物医学慨况"课程。

7. 陆宏达教授：男,教授,上海海洋大学水产动物医学系,硕士生导师。从事水产动物疾病以及相关方面的研究和教学工作三十多年,具有丰富的实践经验。主要研究方向为水产动物病害、诊断及其防治,水产动物病理,水产动物免疫和药物药理等。擅长水产动物疾病、病理和诊治,尤其虾、蟹类疾病的诊治以及主要养殖鱼类的疑难病诊治。经常深入水产养殖生产第一线,帮助解决水产动物疾病问题。主要承担"水产动物疾病学""水产动物病理学""水产动物病原生物学"和"水产动物医学研究进展"等本、专科、硕士和博士研究生课程的教学主讲任务。主持过省市级研究项目 6 项,参与国家级、省市级研究项目 5 项。作为参与者,获得上海市科学技术进步一等奖 1 项和二等奖 1 项,校级科技成果一等奖 1 项；作为主持人获得校级科技成果三等奖 1 项,获得省、市级优秀论文奖 6 项；参编《水产动物疾病学》《淡水鱼病防治实用技术大全》《水产养殖动物病害防治问答》《爆发性鱼病防治技术》和《鱼病防治实用技术》等著作。在 Diseases of Aquatic Organisms、《水产学报》《中国水产科学》《水生生物学报》和《动物学杂志》等国内外核心刊物上发表论文 50 余篇。

8. 王成辉教授：男，1972 年生，博士、硕士生导师。研究方向：水产动物种质资源与遗传育种。现主持国家自然科学基金、教育部新世纪优秀人才计划、国家公益性行业（农业）科研专项、上海市科委科技攻关等项目；为上海市中华绒螯蟹产业技术体系建设（2010—2014）首席专家；2002 年 10—11 月参加国际水生生物资源管理中心（现名世界鱼类中心）的数量遗传学培训。2003、2005、2006、2007 年分别到匈牙利渔业、水产养殖和水利灌溉研究所合作从事鲤鱼分子标记的研究工作。2007 年以来与美国 Nebraska 大学合作物种入侵遗传学、生物信息学等研究。曾获上海市明治乳业生命科学奖。作为参加人，获上海市科技进步一等奖 1 项、省市级科技进步二等奖 2 项。现为中国农业生物技术学会理事，《中国农业科技导报》理事，中国水产学会、上海市水产学会、上海生物工程学会会员。国内十家刊物、国外六家 SCI 刊物的审稿人。目前主持的科研项目有鱼类配套系育种的两个基础问题研究、鱼类配套系育种的遗传配合力研究（教育部新世纪优秀人才支持计划）、彩鲤分子育种研究（国家公益性行业科研专项）、中华绒螯蟹优异种质聚合与配套系育种（上海市科委科技攻关项目）、上海市中华绒螯蟹产业技术体系建设（首席专家）。

9. 戴习林教授：男，硕士，1969 年 12 月出生。全国微孔增氧高效健康养殖技术指导专家组成员，主要研究专业方向：海洋生物繁殖与发育生物学、甲壳动物增养殖、虾类遗传育种及养殖水环境调控。主讲课程：甲壳动物增养殖学、生物统计。长期在一线从事甲壳动物的教学与研究，开展过中国明对虾、斑节对虾、凡纳滨对虾、日本囊对虾、罗氏沼虾等虾类育苗、养成以及水质管理与生态防病等技术的开发和生产指导。主持、参加了 30 余项国家和省、市或农业部的有关虾类育苗、养殖的科研课题，形成了一套较为成熟、并行之有效的河口区虾类高产、稳产健康养殖技术和虾病综合防治技术，开发了虾类集约化、温室工厂化养殖技术和养殖设施装备，发明的水质净化网和提升式微孔增氧器已在生产中成功应用。近几年，在罗氏沼虾遗传育种研究方面也取得了一定的进展。近年来主持和参加了上海市科委重点攻关课题、国家青年基金项目、上海市科技兴农重点攻关项目、国家科技部科技人员服务企业行动项目、上海市教委"创新团队"项目、上海市科技兴农重点推广项目、上海市科委国内科技合作项目、国家星火项目、上海教委项目、国家863计划课题、上海市科委重点攻关课题、新疆乌鲁木齐科委课题、国家科技支撑计划课题、农委推广等项目。

表6-3-1 农业部淡水水产种质资源重点实验室固定人员名单

序号	姓名	性别	学位	职称/导师	主要研究方向
1	李家乐	男	博士	教授/博导	种质资源
2	李思发	男	学士	教授/博导	种质资源
3	赵金良	男	博士	教授/博导	种质资源
4	邹曙明	男	博士	教授/博导	种质资源
5	王成辉	男	博士	教授/硕导	种质资源
6	王 武	男	学士	教授/博导	种苗工程
7	施志仪	男	博士	教授/博导	生物技术
8	邱高峰	男	博士	教授/博导	生物技术
9	成永旭	男	博士	教授/博导	营养繁殖
10	冷向军	男	博士	教授/博导	营养饲料
11	谭洪新	男	博士	教授/博导	养殖生态
12	刘其根	男	博士	教授/博导	养殖生态
13	杨先乐	男	学士	教授/博导	病害控制
14	吕利群	男	博士	教授/博导	病害控制
15	潘连德	男	学士	教授/硕导	病害控制
16	陆宏达	男	硕士	教授/硕导	病害控制
17	曲宪成	男	博士	副教授/硕导	生物技术
18	李小勤	女	硕士	副教授/硕导	生物技术
19	汪桂玲	女	博士	副教授/硕导	种质资源
20	陈再忠	男	博士	副教授/硕导	种苗工程
21	陈晓武	男	博士	副教授/硕导	生物技术
22	何 为	男	学士	副教授/硕导	种苗工程
23	马旭洲	男	博士	副教授/硕导	种苗工程
24	刘利平	男	博士	副教授/硕导	种苗工程

序号	姓名	性别	学位	职称/导师	主要研究方向
25	吴旭干	男	博士	副教授	营养饲料
26	罗国芝	女	博士	副教授/硕导	养殖生态
27	张俊玲	女	博士	副教授	生物技术
28	胡鲲	男	博士	副教授/硕导	病害控制
29	姜有声	女	博士	副教授	病害控制
30	高建忠	男	博士	副教授/硕导	种苗工程
31	陈乃松	男	硕士	副教授/硕导	营养饲料
32	黄旭雄	男	博士	副教授/硕导	营养饲料
33	华雪铭	女	博士	副教授/硕导	营养饲料
34	张庆华	女	硕士	副教授/硕导	病害控制
35	宋增福	男	博士	副教授/硕导	病害控制
36	杨志刚	男	博士	副教授/硕导	营养饲料
37	杨筱珍	女	博士	副教授/硕导	营养饲料
38	白志毅	男	博士	副教授	种质资源
39	胡忠军	男	博士	副教授/硕导	养殖生态
40	朱正国	男	大学	高级工程师	实验室管理

表6-3-2　农业部专业性(区域性)重点实验室学术委员会名单

职务	姓名	职称	单　　位
主任委员	桂建芳	研究员	中国科学院水生生物研究所
副主任委员	李思发	教授	上海海洋大学
委员	陈立侨	教授	华东师范大学
委员	包振民	教授	中国海洋大学
委员	刘少军	教授	湖南师范大学
委员	卢大儒	教授	复旦大学
委员	孙效文	研究员	中国水产科学研究院黑龙江水产研究所
委员	邹桂伟	研究员	中国水产科学研究院长江水产研究所
委员	戈贤平	研究员	中国水产科学研究院无锡淡水渔业研究中心
委员	白俊杰	研究员	中国水产科学研究院珠江水产研究所

职务	姓名	职称	单 位
委员	叶金云	教授	浙江湖州师范学院
委员	成永旭	教授	上海海洋大学
委员	李家乐	教授	上海海洋大学

五、科研成果

实验室大力开展应用基础研究。在 2006—2010 年期间,实验室新立各类科研项目 300 余项。其中,国家级项目 28 项,包括 973 前期研究专项基金 1 项,国家 863 计划 4 项、国家科技支撑计划 5 项、国家自然科学基金重点项目 1 项、面上项目 15 项,省、部(市级)项目 200 余项,累计科研经费超 7 000 万。

表 6-3-3 "十一五"期间获得的省部级以上科技进步奖

序号	项目名称	项目完成人及排名顺序	获奖名称及等级	授奖机构	获奖时间
1	中华绒螯蟹育苗和养殖关键技术的开发和推广	成永旭(2)、王武(3)	国家科技进步二等奖	国务院	2010 年
2	罗非鱼产业良种化、规模化、加工现代化的关键技术创新及应用	李思发(1)、李家乐(5)	国家科技进步二等奖	国务院	2009 年
3	中华绒螯蟹育苗和养殖关键技术的研究和推广	成永旭(1)、王武(2)、吴旭干(5)	上海市科技进步奖一等奖	上海市	2009 年
4	淡水珍珠蚌新品种选育和养殖关键技术	李家乐(1)、汪桂玲(3)、李应森(4)、白志毅(5)	上海市科技进步奖一等奖	上海市	2008 年
5	从吉富到新吉富罗非鱼选育与推广应用	李思发(1)、李家乐(6)、赵金良(7)	上海市科技进步奖一等奖	上海市	2007 年

序号	项目名称	项目完成人及排名顺序	获奖名称及等级	授奖机构	获奖时间
6	循环水工厂化水产养殖系统关键技术研究与开发	朱学宝(1)、谭洪新(2)、李家乐(3)	上海市科技进步奖一等奖	上海市	2006年
7	瓦氏黄颡鱼生物学与养殖技术与产业化研究	王武(1)、马旭洲(4)、刘利平(5)	安徽省科技进步奖三等奖	安徽省	2006年
8	鱼类增养殖	李应森(1)、王武(2)、马旭州(3)	国家级精品课程	教育部	2006年
9	鱼类学课程建设	唐文乔(1)、龚晓玲(2)、鲍宝龙(3)	国家级精品课程	教育部	2006年

六、对外开放与学术交流

实验室充分利用资源,设立开放课题,资助一些具有创新思想和新研究方向的研究人员,开展国内外较高水平学术研究,促进了实验室多学科的交叉和交流。"十一五"期间,先后设立开放课题30余项,主办或参与各类学术交流活动240余人次。

第四节　省部共建水产种质资源发掘与利用教育部重点实验室

一、概况

上海海洋大学省部共建水产种质资源发掘与利用教育部重点实验室于2005年8月经教育部批准立项建设,项目负责人由水产与生命学院院长李家乐教授担任,2008年7月通过教育部验收并对外开放。

2008年8月以前,实验室位于上海市军工路334号,面积5 340平方米,其中大型仪器设备共享区480平方米,重要水产动植物繁育调控与种苗工程研究方向开放区 480 平方米,重要水产动植物种质资源与遗传育种研究方向开放区 380 平方米,种质资源保护实验区 2 200 平方米,以及水产种质资源评估、水产基因组学、分子标记与遗传育种、水产繁育控制基因与克隆、水产营养繁育技术和水产动植物种苗工程等功能实验区 1 800 平方米。有仪器设备 1 600 多台(套),其中 10 万元以上大型设备仪器 43 台(套),累计投入建设经费 2 027.1 万元。2008 年9 月,学校搬迁上海市浦东新区临港新城,实验室也整体移至临港新城新校区,现有面积 4 861 平方米,其中科研用房 3 889 平方米。

实验室建立了《教育部水产种质资源发掘与利用重点实验室管理制度》《实验室使用规则》《实验室安全管理制度》和《大型精密仪器管理制度》等一系列的规章制度。实验室管理实行主任负责制。实验室主任根据管理规定负责实验室及研究人员的协调管理和实验室学科发展规划,成立了学术委员会和办公室。学术委员会主任全面负责督促检查各研究团队的建设和科研计划的落实,实验室办公室主任负责日常管理和运作。

二、实验室定位与发展目标

实验室依托生物学一级学科博士点、水生生物学上海市重点学科和海洋生物学上海市教委重点学科等学科领域,为这些学科提供支撑平台。根据学科发展需要,对研究方向进行了重大调整,将海洋生物多样性基础理论研究作为主要内容,为海洋生物资源保护和利用提供支撑作为主要发展目标。

三、研究方向及内容

实验室有三个主要的研究方向:海洋鱼类多样性与基因组学,海藻与海藻遗传学,海洋生物生态生理学。

主要研究内容包括:(1)水产动植物种质资源研究,侧重团头鲂、罗非鱼、中华绒螯蟹、三角帆蚌、青虾等水产动植物种质资源的挖掘、评估和创新研究;(2)水产基因组与分子标记研究,包括草鱼、牙鲆、三角帆蚌等基因转录组研究,条斑紫菜丝状体发育消减文库建立与差异性基因筛选,条浒苔 Rubisco 酶聚集蛋白核影响因子研究及 rbcL 基因序列分析,草鱼、鲢、鳙、青虾、三角帆蚌和缢蛏的微卫星标记和 SSR 标记的开发,鳜鱼、鲢、鳙、草鱼的 AFLP 标记的筛选等;(3)遗传育种与分子标记辅助育种研究,如鱼类优异功能基因的发掘与良种开发研究,鱼类人工和自然多倍体的进化和人工诱导模式等;(4)水产繁育控制基因与克隆,如海星卵母细胞发育调控研究,内分泌干扰物对鱼类和虾类生殖相关基因表达,性别决定关键酶类和性激素水平的影响等;(5)水产繁育分子生物学,如鱼、虾、蟹繁殖功能基因组研究,条斑紫菜自由丝状体发育调控与无贝壳育苗新技术研究等;(6)水产动植物种苗工程,如三角帆蚌和池蝶蚌杂交优势利用技术,鲢、鳙、草鱼和团头鲂遗传资源的变迁,高产优质罗非鱼选育,水产重要养殖动物抗病育种基础研究,坛紫菜良种选育技术,海带配子发生过程中 lhef 家族基因的时空表达与功能分析等。

四、人才队伍及科研团队

实验室有研究团队 6 个:以李思发教授、李家乐教授为学术带头人的水产动物种质资源和遗传育种研究团队;以唐文乔教授为学术带头人的鱼类等水产生物资源研究团队;以杨先乐教授为学术带头人的水产病原生物种质资源保藏和利用研究团队;以成永旭教授、王武教授为学术带头人的水产动物繁育与种苗工程研究团队;以邱高峰教授为学术带头人的水产繁育生物技术研究团队,以及以严兴洪教授、马家海教授为学术带头人的海藻种苗工程研究团队。实验室有固定研究人员40 人。其中,正高级职称 24 人,副高级职称 14 人;具有博士学位 31人,博士生导师 18 人,硕士生导师 16 人。十一五期间,实验室重点加强了中青年领军人才队伍建设。

实验室主任及主要学术带头人简介

实验室主任:陈良标教授。男,1966 年出生,原中科院遗传与发育生物学研究所研究员,人类与动物遗传学中心副主任,博士生导师。1988 年毕业于杭州大学(现浙江大学)生物系细胞生物学专业,1991 年获中国科学院发育生物学研究所理学硕士学位,1993 和 1996 年从美国 University of Illinois at Urbana-Champaign 获生理学硕士和分子生理学博士学位,1997 至 1999 年在美国 National Institutes of Health 做博士后研究。2000 至 2001 年服务于美国生物信息公司 Doubletwist Inc.,从事生物信息数据库工作。2001 年回国,2004 年 6 月入选中科院"百人计划",2006 年获国家杰出青年基金。《遗传学报》编辑委员会副主编,《遗传》编辑委员会副主编。

主要研究方向是动物进化与环境基因组学,以及干细胞分化的机理。

通过分子生物学、生物信息和细胞生物学等研究手段,阐述新基因起源的分子机制,基因组进化与环境的相互关系,以及细胞分化的分子控制。现阶段主要研究极端环境下的基因组进化、干细胞全能性及分化的分子基础、生物信息学和数据挖掘。

极端环境下的基因组进化:生活在地球两极的鱼类在千万年的寒冷环境中进化出了许多新的基因和特殊的生理机制以适应寒冷的极地环境。通过比较基因组学和分子生物学的研究手段揭示极端寒冷环境下基因组的进化规律以及细胞对严寒适应的分子基础。

肿瘤干细胞发生的表观遗传机制:分析胚胎干细胞和肿瘤干细胞的基因表达谱和蛋白质谱、发掘控制肿瘤干细胞发生和分化的表观遗传因子,并揭示其功能。

主要学术带头人

1. 李伟明教授:男,1961 年 9 月出生,国家"千人计划"特聘教授,1982 年毕业于上海水产大学淡水渔业专业(本科),1987 年毕业于上海水产大学鱼类生理学专业,获农学硕士学位,1994 年毕业于美国明尼苏达大学渔业和神经科学专业特,获理学博士学位。现任美国密歇根州立大学终身教授、终身讲席教授(Chair Professor)。主要研究领域为:化学生理、信息素通信、鱼类信息素调控,鱼类生殖及应激内分泌调控,无颌鱼类进化,基因组注释及功能基因组学,入侵种生物控制。

先后主持美国 NIH、NSF、美国能源部、SEA GRANT、五大湖渔业委员会、五大湖渔业信托基金、五大湖保护基金和加拿大科学与工程研究部（NSERC）的基金资助，总经费超过 1100 万美元。近年来，在《SCIENCE》《PNAS》《JOURNAL OF NEUROSCIENCE》《BMC Evolutionary Biology》等国际顶级学术期刊发表多篇具有很强学术影响力的论文。

2. 唐文乔教授：男，浙江慈溪人。博士，博士生导师。现为"水生生物学"上海市重点学科带头人、鱼类研究室主任、水生生物系主任、学校教学委员会委员。中国鱼类学会副理事长、水产种质资源发掘与利用教育部重点实验室副主任、农业部水生野生动物自然保护区评审委员会委员、中国水产学会名字审定委员会委员、农业部湿地标准化委员会委员、上海市涉渔工程生态修复专家咨询委员会委员等。系统地整理了中国的平鳍鳅科、蛇鳗科、蝴蝶鱼科、鲉鲚科鱼类，发现 7 新种、1 新亚属和 8 中国新记录种。在国际上率先建立了一个鱼类辐射剂量估算解剖模型，并成功用于某核电厂的辐射剂量率估算。先后参与或主持国家和省部级科研项目 20 余项，参与撰写专著 9 部，发表论文 70 余篇，获省部级科技进步奖 2 项，教学成果奖 6 项。主要从事鱼类学、水生野生动物保护、水工程环境评价等方面的教学和研究，兼顾生物标本制作和保藏技术等，目前专注于长江口鱼类生物多样性保护及其生命过程的研究。

3. 严兴洪教授：博士，博士生导师。1958 年出生，1998 年毕业于日本东京水产大学水产生物学专业，获博士学位，2000 年完成日本文部省学术振兴协会（JSPS）博士后研究。现任全国水产原良种审定委员会委员，获上海市领军人才、上海市优秀学科带头人等称号。先后主持 3 期国家"863"计划重大研究项目、3 个国家自然基金项目。在国际上完成首例江蓠原生质体成株培养，选育出我国第一个紫菜良种——坛紫菜"申福 1 号"。先后获国家科技进步二等奖（第一名）、上海市科技进步一等奖（第一名）等奖励；同时，曾获国际海藻学会青年优秀论文一等奖、日本藻类学会最优秀论文奖、中国水产学会优秀论文一等奖等奖励。主要研究方向：海藻遗传育种，海藻生理生态与分子生物学，经济海藻的栽培与病害。

4. 何培民教授：博士，博士生导师，男，1959 年 10 月出生，江西人。2000 年毕业于南京农业大学，获得植物生理学光合细胞和分子生物学博士学位。上海市"曙光学者""浦江人才""上海市优秀学科带头人"。2001—2003 年在美国 Connecticut 大学海藻生物技术重点实验室进行访问合作，从事海藻生物技术和生态修复研究工作。主要从事海藻生物技术和分子生物学、海洋生物学与活性物质研究。现担任上海海洋大学"水域环境生态上海高效工程研究中心"主任、"海洋环境生态与修复研究所"所长、水产与生命学院海洋生态环境系主任，先后承担过国际科学基金项目、国家海洋 863 项目、国家海洋局重大专项、国家环保部重大水专项、国家自然科学基金项目、上海市优秀学科带头人项目、上海浦江人才项目、上海教委曙光计划项目等科研项目。现为中国生物化学与分子生物学学会海洋生物化学与分子生物学分会常务理事、中国藻类学会理事、中国环境科学学会理事、中国微生物学会海洋微生物专业委员会委员、上海市海洋与湖沼学会理事、上海生物化学与分子生物学学会理事、上海药学会海洋药物专业委员会副主任，上海市水产学会、上海生物工程学会、中国藻类学会、中国水产学会（资深）、亚洲水产学会、美国藻类学会等会员。

主要学术骨干

1. 周志刚教授：男，1964 年 8 月出生。博士，海洋生物学教授，水生生物学专业博士生导师。安徽省肥东县人。曾担任上海市水产学会理事，并被《海洋科学》《上海水产大学学报》编辑部聘为编委会委员。现为美国藻类学会、中国植物生理学会、中国水产学会、中国细胞生物学等学会的终身会员，并被聘为上海市细胞生物学会理事及中国藻类学会常务理事。先后连续多年承担《植物与植物生理学》《生命科学导论》（植物学部分）、《水生生物学》（藻类学部分）、《生物质能》等本科生课程以及《藻类生理生化》等研究生课程的教学任务。1996 年先后主持中国科学院院长基金及中国博士后科学基金支持的研究项目；1998年至今已 5 次主持国家自然科学基金资助项目；1998 年入选上海市教育发展基金会"曙光学者"；2000 年先后参加国家海洋"863"及国家转基因植物研究与产业化开发等项目研究；2005 年及 2008 年又分别主持上海市教育委员会的资助项目；2006 年主持国家教育部高等学校博士学科点专项基金资助项目；2009 年先后主持国家教育部留学回国人员科研启动基金项目以及参加科技部"863"项目的研究工作；2011 年主持国家海洋局可再生能源专项基金项目。

3. 吕为群教授：博士，博士生导师。1998 年毕业于英国利物浦 JM 大学，获得环境生物学博士学位。先后在英国利物浦大学、英国曼彻斯特大学和上海海洋大学任研究员、高级研究员和教授，并于 2009 年 12 月受聘为上海市"东方学者"特聘教授；2011 年入选上海市浦江人才计划和上海市人才发展基金。自 1998 年起从事适应生物学领域的科研和人才培养工作。在世界上率先建立和应用整合生物学研究体系，对生物环境适应力和应激分子调控网络进行研究，揭示生物在不同环境下"生存"的奥秘。先后承担和参加英国 BBSRC 和 NERC、欧盟第 6 框架和第 7 框架科研计划、中国国家自然科学基金、上海市科委创新和基础重点项目、上海市教委重点项目等相关科研课题，吕为群教授在应激生物学理论、生物环境适应力及其调控机制、生物钟及其调控基制和海水鱼淡化养殖技术等领域在国际上享有较高声誉。近年来一直持续保持有自己特色的国际学术影响力，在《Current Biology》《PNAS》《Endocrinology》等国际著名刊物上发表 SCI 学术论文 23 篇。

4. 张俊彬教授：男，海洋生物学博士，博士后，博士生导师，"东方学者"特聘教授，上海市教委首届"科技新星"。从事海洋鱼类的研究工作，研究方向为海水鱼类繁育生物学和分子生态学，先后在美国和加拿大学习和工作。开展了海水鱼类紫红笛鲷、红鳍笛鲷和平鲷的繁殖生物学基础研究和人工繁殖；在国内率先实现了金钱鱼规模化人工繁育的突破，为海水养殖增添了新的资源。还立足于我国海水经济鱼类资源保护的研究，开展海洋鱼类分子生态学的研究，将分子生物学手段和海洋生态学相结合，揭示海洋鱼类生活史，研究海洋生物与环境的适应机制和生物的进化机理。目前主要集中在以下三个方面的研究：(1)金钱鱼的生殖调控与人工繁育技术；(2)以模式生物斑马鱼开展鱼类繁殖生物学基础研究；(3)通过分子生物学和海洋生态学相结合，研究海洋鱼类在海洋生态系统的作用和机理。近年来,主持国家科技部"十二五""科技支撑计划"项目,国家自然科学基金多项,上海市教委"曙光计划"项目,上海市教委"东方学者"项目等;先后参与国家"973",国家自然科学基金重点项目。申请发明专利 3 项,发表 SCI 文章近 30 篇。近几年的研究论文迄今已被国内外学者引用 180 多次。多次被邀请在国际会议上作大会发言。

5. 鲍宝龙教授:男,浙江临海人,生于 1970 年 6 月,上海海洋大学水产与生命学院,博士,硕士生导师,水生生物系副主任,2010 年 12 月起受聘为上海市"东方学者"特聘教授。2004 年 3 月至 2005 年 8 月,美国 Auburn 大学访问学者,从事鱼类基因组学方面的研究;2007 年 9 月至 2009 年 9 月,美国 Nebraska-Lincoln 大学的博士后,从事表观遗传学方面的研究。兼任中国鱼类学会理事,美国营养学会会员。主要研究成果:提出并证明了比目鱼类变态过程中眼睛移动是眶下皮肤组织细胞分裂的结果,证明旧假说所认为的脑颅扭转导致眼睛移动的错误观点,提出了新的解释比目鱼眼睛移动的组织学模型。较早系统地研究了鱼类 CC 趋化因子家族基因的进化。发现羧化全酶合成酶催化组蛋白生物素酰化,是通过其与组蛋白 H3 直接相互作用的结果;发现生物素敏感的 miR-539 可调控羧化全酶合成酶基因。比较系统研究了暗纹东方鲀体内细菌组成,并鉴定和分离出产河豚毒素细菌。在国内较早开展了海水鱼类早期发育阶段的摄食生态的系统性研究,建立了一种新的测定饥饿仔鱼"不可逆点"的方法。到目前为止,在 Developmental Biology、Biochemstry Biology Acta、Journal of Nutrition、Journal of Nutritional Biochemistry、Genome Biology、Molecular Immunology、Development Comparative Immunology、Immunogentic、Molecular Genetics and Genomics、Aquaculture、Fish & Shellfish Immunology、Molecular Ecology Note、Toxicon、Animal Biotech、Aquaculture Research、动物学报、海洋与湖沼、水产学报等国内外核心刊物上发表 60 余篇学术论文。曾主持或参与国家、省部级科研项目 20 余项,曾荣获上海市教育成果一等奖、上海市科技进步三等奖和上海市教育成果三等奖各 1 次。获得专利授权一项,2006 年,本人作为主讲教师之一的鱼类学课程获得"国家精品课程"称号。目前研究方向：主要从事鱼类发育与进化生物学，研究领域涉足鱼类胚后发育的机制、鱼类固有免疫基因的进化、鱼类发育过程中的表观遗传机制、细菌与鱼类的协同进化等。近年来主持了国家自然科学基金项目、上海市教委重点创新项目、上海市浦江计划等多个科研项目。

6. 李晨虹教授：男，博士，上海海洋大学水产与生命学院教授，博士生导师。1973 年出生，安徽郎溪人。1993 年毕业于上海水产大学水生生物专业，获理学学士学位，1996 年毕业于上海水产大学水产养殖专业，获农学硕士学位，2007 年毕业于美国内布拉斯加大学生物学专业，获博士学位，2007 年至 2010 年于美国内布拉斯加大学进行博士后研究，2010 年至 2012 年于美国查尔斯顿大学豪林斯海洋研究所进行博士后研究。获上海市"东方学者"称号。在国际上首创基因组序列比较法寻找系统进化分子标记，对同领域的研究产生了较重要影响。所著论文（第一作者并通讯作者）"A practical approach to phylogenomics: the phylogeny of ray-finned fish（Actinopterygii）as a case study"发表在 BMC: Evolutionary Biology 上，成为该系列期刊中被频繁下载（highly accessed）的文章之一，已被引用 60 多次。首次提出了用聚类分析的方法对 DNA 序列进行分组分析，解决了系统进化学数据分析的难题。以此项研究为核心发表论文（第一作者并通讯作者）"Optimal data partitioning and a test case for ray-finned fishes（Actinopterygii）based on ten nuclear loci"在著名期刊 Systematic Biology 上。被引用 47 次。先后获得农业部科技进步三等奖（1997）、上海市科技进步二等奖（2004）和上海市科技进步一等奖（2007）等奖励。主要研究方向：水生动物的系统进化和分子生态。

7. 王丽卿教授：博士，教授，博士生导师。1970 年 2 月生，浙江东阳人。1992 年 7 月毕业于上海水产大学"水生生物学"本科专业，同年留校任教。1999 年于上海海洋大学获硕士学位，2008 年于上海海洋大学获博士学位。讲授课程：《水生生物学》《甲壳动物学》《湿地生态与保护》《水草栽培学》。主要研究方向：水生生态学及水域环境生态修复，内容包括水体富营养化控制和水生态系统重建（建立）、修复工程，浮游动植物群落生态及演替规律研究;水生植被恢复技术与应用;着生藻类生态学研究,水质调控技术与维护管理。近五年来承担和参加了国家水专项子课题、上海市科委重大项目、上海市科委项目子课题、博士启动基金项目以及上海市水务局、新疆水利厅等下达的多项研究课题。还主持或参加了"生物科学"国家级特色专业建设、"生物科学"专业上海市学科内涵建设、上海市精品课程"水生生物学"课程建设等多项教学研究课题。其中"水生生物学"课程荣获上海市精品课程,还获得校级教学成果"一等奖"2 次、校级课程建设"一等奖"1 次、参加的"富营养化水域生态修复与控藻工程技术研究与应用"项目荣获上海市科技进步二等奖。

8. 蔡生力教授:男,1957 年 5 月出生。教授、博士,硕士生导师,浙江临安人。海洋生物系主任。研究方向:海洋生物学,观赏性海洋生物,水产动物繁殖和发育生物学及增养殖学。主持或参与了国家"863"项目(子项目主持)、上海市教委重点项目(项目主持)、上海市教育委员会重点学科建设项目、上海市教委科研创新重点项目、上海市科技兴农重点攻关项目、教育部骨干教师项目、上海市教委重点项目(项目主持)、上海市农委项目等研究课题。曾获上海市"育才奖"、农业部科技进步二等奖、中国水产科学研究院科技进步三等奖、国家海洋局海洋创新成果奖二等奖、中国水产科学院科技进步二等奖、上海海洋大学教学成果二等奖、上海水产大学"师德标兵"奖、国家海洋局海洋创新成果奖二等奖。主编或参编了《甲壳动物的健康养殖与种质改良》等五部专著。

9. 钟俊生教授:男,博士,硕士生导师。1963 年 2 月出生,浙江省武义县人。1984 年 7 月毕业于上海水产学院海洋渔业系渔业资源专业;2000 年 3 月在日本高知大学理学部自然环境学科获得硕士学位;2003 年 3 月在日本爱媛大学连合农学研究科获得博士学位。主要研究方向:鱼类早期生活史;鱼类个体发育与系统发育的关系;沿岸海域鱼类仔稚鱼的生态;仔稚鱼沿岸碎波带保育场的利用;洄游性鱼类仔稚鱼向内湾、江河的移动机制;鱼类系统分类;沿岸渔业资源评价保护与评价。目前主持的科研项目:浙江海洋鱼类志(科技部支撑项目)、鳗苗定置网对仔稚鱼的损害现状研究（长江渔业资源管理委员会办公室）、长江口洄游鱼类生态与资源养护关键技术研究（上海市科技委员会）。主编及参与编写著作：《中国动物志，虾虎鱼亚目》《舟山海域鱼类原色图鉴》《内蒙古水生经济动植物原色图文集》《黑潮鱼类》（日英文）。近年来在国内外刊物上发表论文数十篇。

10. 江敏教授：女，1972年9月出生，博士研究生。水产与生命学院副院长，水产科学国家实验教学示范中心主任。主要研究方向：渔业水域环境监测与调控、环境化学、环境毒理学。近五年来主持或参与上海市教委科研创新项目、上海市农委项目、美国 CRSP 项目（子项目负责人）、欧盟 SEAT（Sustainable Ethic Aquaculture Trade）项目（子项目负责人）、上海市教委重点项目、上海市教委理科项目、上海水产大学校长基金项目等课题。主持了《养殖水化学》精品课程建设项目，"养殖水化学"被评为上海市精品课程（第二主讲教师），"环境科学导论"被评为上海市全英语教学示范课程（负责人），还获得上海市育才奖、上海水产大学优秀教育工作者、上海水产大学"三八红旗手"、上海水产大学"优秀指导教师"、上海水产大学"师德先进个人"、上海市"新长征突击手"等奖励。近五年来在国内外刊物上发表论文20多篇。

11. 薛俊增教授：男，博士。1966年9月生，山东日照人，华东师范大学动物学专业理学博士，中国科学院水生生物研究所水生生物学专业博士后。上海海洋大学海洋研究院海洋生态环境与修复研究所副所长，上海海洋大学水产与生命学院流域与近海生态实验室主任。主要从事河口、近海和海岛生态学研究和海洋动物分子进化和系统发育。河口、近海和海岛生态学方面目前主要涉及长江口底栖动物生态、洋山港及周边海域生态、舟山海域海岛潮间带生态等内容，旨在探讨人类活动和气候变化对河口、近海和海岛生态的影响以及外来入侵种对港口和邻近海域生态环境的影响。分子进化和系统发育方面主要从事海洋甲壳动物亲缘关系、外来物种分子溯源等相关研究。先后主持各类科研项目40余项，在国内外学术刊物发表论文100余篇，主编教材1部，参编2部，获授权发明专利和实用新型专利4项。主要研究方向：海洋生态学、分子进化和系统发育。近五年主要项目：三峡水库主要支流库湾浮游动物对水库水利调度和库湾水动力过程的生态响应(国家自然科学基金)、长江口海域赤潮机理和相关入侵藻类识别与风险评估技术研究专题四:长江口海域主要潜在外来藻类的生态适应机制研究(上海市科委"长三角联合攻关"项目)、浮游动物对大型深水水体温度垂直分布的生态响应(上海市教委项目)、东海海洋自然保护现状与战略对策(上海市海洋湖沼学会)、洋山深水港海洋环境监测和评价体系的构建及应用(上海市科委海洋科技临港专项)。

12. 沈和定教授:男,1964 年 5 月生,浙江奉化人,博士,硕士生导师。曾任上海水产大学水产养殖教研室副主任、海洋生物学科点负责人、学院学位委员会委员、上海市水产学会水产养殖专业委员会委员等职;现任上海海洋大学水产与生命学院海洋生物系副主任,兼任中国贝类学会理事,是世界贝类学会会员及国内多家专业学会会员,是多家重要学术期刊审稿人和全国各级科技中心的项目评阅及奖项评审专家。1987 年 7 月毕业于山东海洋学院(现名中国海洋大学)水产学部水产养殖专业,获农学学士学位;2002 年 6 月在上海水产大学获农学硕士学位;2009 年 6 月在上海海洋大学获农学博士学位。现承担本科生的《贝类学》《贝类增养殖学》《水族趣话》,硕士生的《贝类生物学与养殖》及博士生的《水产动物繁殖生物学进展》等课程的教学任务;曾多年从事水产动物健康、高产、优质、高效育苗及生态养殖技术的研究和推广工作;目前主要从事贝类和贝类增养殖学及遗传育种、贝类生态作用评价分析、水产养殖低碳技术、海洋生物系统分类和分子进化等方面的研究和开发。主持完成国家教委、农业部和上海市重点学科基金资助项目以及省部级和校级科研项目近 30 项。获得省部级、地方及校级奖项共 12 项。取得专利及专利申请各一项,作为第一副主编由中国农业出版社出版的"十一五"规划教材《贝类增养殖学》,获全国农业院校优秀教材奖。近五年来在国内外刊物上发表论文数十篇。

13. 严继舟:医学博士,中国细胞生物学会、美国细胞生物学会(ASCB)和美国斑马鱼信息网协会(ZFIN)会员。PLoS ONE 和 Cancer Investigation 期刊审稿人,捷克共和国(Czech Republic)国家自然科学基金特邀评审。1980 年至 1988 年在武汉大学医学院(原湖北医科大学)医学系和病原生物学专业学习,先后获医学学士和硕士学位。1993
年至 1995 年获中英科技合作项目资助在英国伦敦大学伦敦卫生和热
带医学学院(London School of Hygiene and Tropical Medicine)进修血
清流行病学和分子生物学。1996—1999 年第二军医大学病原生物学
博士毕业获医学博士学位。2000 年 6 月至 2005 年 3 月在美国国家卫
生研究院(NIH)从事博士后研究,主要研究斑马鱼发育基因组学。随
后应聘美国宾夕法尼亚大学医学院(University of Pennsylvania School
of Medicine)助理研究员(Research Associate),从事白血病和抑癌基因
表观遗传学和信号转导研究。2009 年 3 月回国就职于上海海洋大学
水产与生命学院。主要研究方向:干细胞和再生、发育基因组学、信号
转导。承担《基因组学》《药物化学》和本科生《营养与疾病》等教学任
务。目前正在"组织完全再生的细胞转分化及其分子机制""干细胞迁
移和巢居""环境因素对生殖干细胞性别分化的影响"等方面开展研究。
近两年,在国际著名专业杂志上发表了有影响的论文十数篇。

表 6-4-1　省部共建种质资源发掘与利用教育部重点实验室研究人员名单

序号	姓名	性别	学位	职称/导师	备注
1	陈良标	男	博士	教授/博导	种质资源
2	李伟民	男	博士	教授/博导	种质资源
3	严兴洪	男	博士	教授/博导	种苗工程
4	唐文乔	男	博士	教授/博导	种质资源
5	鲍宝龙	男	博士	教授/博导	种质资源
6	张俊彬	男	博士	教授/硕导	种质资源
7	宋佳坤	女	博士	教授/博导	种质资源
8	何培民	男	博士	教授/博导	资源环境
9	周志刚	男	博士	教授/博导	种苗工程
10	蔡生力	男	博士	教授/硕导	种质资源
11	江　敏	女	博士	教授/硕导	资源环境
12	沈和定	男	博士	教授/硕导	种质资源

序号	姓名	性别	学位	职称/导师	备注
13	薛俊增	男	博士	教授/硕导	资源环境
14	严继舟	男	博士	教授/硕导	种质资源
15	王丽卿	女	博士	教授/博导	资源环境
16	龚小玲	女	博士	副教授/硕导	种质资源
17	刘至治	男	博士	副教授/硕导	种质资源
18	李娟英	女	博士	副教授/硕导	资源环境
19	刘　红	女	博士	副教授/硕导	种质资源
20	张饮江	男	硕士	副教授/硕导	资源环境
21	吴惠仙	女	博士	副教授	种苗工程
22	陈立婧	女	博士	副教授/硕导	种质资源
23	张瑞雷	男	博士	副教授	种质资源
24	贾　睿	女	博士	副教授	资源环境
25	杨金龙	男	博士	副教授/硕导	种质资源
26	杨金权	男	博士	副教授	种质资源
27	何文辉	男	学士	副教授/硕导	资源环境
28	霍元子	男	博士	副教授	资源环境
29	杨东方	男	博士	副教授/硕导	资源环境
30	胡乐琴	女	博士	副教授	资源环境

五、科研成果

近五年来,实验室承担各类科研项目300余项。其中,国家863计划项目4项、国家科技支撑计划项目6项、国家自然科学基金重点项目1项,国家自然科学基金面上项目15项,省、市级科研项目200项,累计科研项目经费超过7 000万元。获得各类科研和教学奖项10项。其中,《鱼类学》课程建设获得国家级精品课程,获国家科技进步二等奖3项,获上海市科技进步奖一等奖4项,上海市科技进步奖二等奖3项,安徽省科技进步奖二等奖 1 项,国家海洋局海洋创新成果奖二等奖 1 项。每年发表高质量研究论文 100 余篇,其中 SCI 和 EI 论文 40 篇以上。

六、对外交流与合作

实验室开展了广泛的国内外学术交流。实验室已经与美国奥本大学、马里兰大学、佛罗里达理工学院,澳大利亚库克大学、塔斯马尼亚大学,日本东京海洋大学、三重大学,新加坡国立大学淡马锡研究院,中国科学院水生生物研究所,中国科学院海洋研究所,中国水产科学研究院,上海市农业科学研究院,中国海洋大学,华中农业大学,宁波大学,大连水产学院,集美大学,广东海洋大学,浙江海洋学院,淮海工学院等国内外院所建立稳定的合作关系。多次聘请院士、国内外专家学者来我校进行学术交流和学术报告。实验室还发挥人才和技术优势,与一批校外企业也进行了广泛的产学研合作。

第五节　农业部鱼类营养与环境研究中心

一、概况

本中心于 2004 年 8 月编写《上海水产大学鱼类营养与养殖环境研究中心项目可行性研究报告》申报后,获得农业部批准(农计函〔2004〕402 号;农计发〔2006〕2 号;发改投资〔2005〕2763 号)。2007 年 2 月,上海水产大学鱼类营养与养殖环境研究中心建筑施工设计方案完成,2008 年 10 月中心基础建设基本落成。

中心面积 1 150 m^2,建有虾蟹类营养与养殖环境室,鱼类营养与养殖环境室,观赏鱼营养与养殖环境室,大型藻类保种和培养室。中心设主任、副主任各 1 名,办公室主任 1 名,负责中心日常的运行和管理。现任主任是成永旭教授。

二、定位和目标

中心定位：水产动物营养饲料与养殖环境研发和创新。

研究目标：基于水产品高效生态养殖技术体系建立为目标，以营养饲料研究为抓手，以提高饲料利用率和指导养殖生产，结合我国水产养殖目前的问题，依据安全食品生产的要求，在生态养殖系统生产中，以提高水产养殖产品的食品安全性和优质化。

技术创新性目标：在饲料研究开发方面，以往在水产动物饲料与营养研究领域，人们多数会将饲料作为连接动物体与环境的主要纽带，研究主要集中在必需营养成分缺乏导致的营养性疾病问题，而极少关注和研究将饲料及其营养作为环境因素，如何影响和调整水生生物生理、生态性能和应激能力的作用。本中心研究团队今后的研究，将根据现代营养生态学、现代微生态学、现代生态学理论的集成应用，采用具有前瞻性和领先性的水产产品设计理念，综合应用动物营养调控技术提升饲料的安全性，营养平衡性，提高动物抗环境胁迫和免疫性能作为动物源食品安全性控制的源头，开展无抗生素的动物安全生态型防御性饲料配制与应用技术研究，探讨养殖环境立体净化处理，创建新型生态养殖模式，最大限度降低水产养殖过程中二次污染（自身环境污染），从而能保证水体良性的生态环境，改变传统养殖模式水体治理的重点"病害防治"所造成的水产养殖水体环境失调，有机体（养殖对象）的微生态失衡现象，并对养殖的产品，进行安全追踪和品质分析，保障养殖产品优质、高效、无公害。

三、主要研究方向

1. 虾蟹类营养饲料研究和养殖环境为主要研究目标，开展虾蟹类蟹类营养及调控机理方面的研究（如虾蟹类脂肪酸合成与代谢机理研究，饲料中脂类营养对虾蟹类亲本卵巢发育及其内分泌调控的机制研究）；虾蟹类水产动物营养与饲料的开发应用研究。

2. 集约化虾蟹类,鱼类养殖环境调控和应用

利用循环水工厂化水产养殖系统工艺设计方面的优势,以及在虾蟹类、鱼类营养调控研究方面优势,进行虾蟹类和鱼类集约化养殖技术开发和应用。

四、科研进展

上海海洋大学鱼类营养与养殖环境研究中心在最近五年取得了重要的研究成果,发表论文 224 篇,专利申报 10 项。中心在虾蟹类营养饲料、营养繁殖调控以及养殖方面和工厂化养殖环境调控方面都取得了一定的成绩,2010 年"中华绒螯蟹育苗和养殖关键技术的开发和推广"获得国家科技进步二等奖,2006 年"循环水工厂化淡水鱼类养殖系统关键技术研究与开发"和 2009 年"中华绒螯蟹育苗和养殖关键技术的研究和推广"获上海市科技进步一等奖,"生物技术在水产养殖生态系统修复中的应用研究与开发"2006 年获上海市科技进步二等奖。目前中心研究的方向仍然聚焦在虾蟹类经济水产动物的营养调控,新饲料开发和养殖环境的调控方面,研究成果对创建高效生态安全的虾蟹类养殖技术体系,促进虾蟹类养殖业的可持续发展,增加渔农民收入都有重要作用。

第六节　农业部团头鲂遗传育种中心

一、定位与目标

2011 年 6 月获农业部批准建设"农业部上海海洋大学团头鲂遗传育种中心"。该中心位于上海市浦东新区老港镇(原滨海镇)南区 18丘,占地 150.5 亩,建设内容包括室外标准化土池、温室大棚、室内养殖车间、亲鱼产卵池、孵化车间、循环水苗种培育车间等。中心建成后,将在保存现有"浦江 1 号"良种以及各类育种中间材料的基础上,继续深

入团头鲂遗传改良和选育研究,不断培育出新的优质水产品种(系),满足团头鲂养殖产业的发展需要,成为我国团头鲂良种创新的重要基地。

二、管理制度及部门设置

农业部上海海洋大学团头鲂遗传育种中心以上海海洋大学水产与生命学院为主建设,建成后实行主任负责制,学院院长兼任中心主任,负责中心建设和统一管理,加强对中心的宏观指导和管理。中心设立常务副主任由邹曙明教授担任,负责日常运转。中心设立学术委员会,聘请相关领域的国内外知名专家担任,把握中心研究方向。

三、研究方向及内容

1. 主要淡水养殖动物种质资源学研究

重点开展团头鲂、草鱼、罗非鱼、鳜、三角帆蚌等主要淡水养殖鱼类种质资源的收集和整理,建立育种技术档案库,构建主导养殖鱼类种质资源库;建立以分子标记为基础的亲子鉴定技术,建立种质评估和优秀种质筛选技术。

2. 淡水重要养殖动物育种学研究

以提高生长速度和抗逆性(抗病、耐低氧、耐盐碱)等为重点,采用选择育种(群体选育、家系选育)、杂交育种、染色体组操作等集成技术手段,建立淡水重要养殖动物的育种技术体系,培育出生长迅速、抗逆性强的新品种,并进行优秀种质及良种的推广示范。

3. 淡水重要养殖动物育种新技术

重点进行淡水重要养殖动物的育种新技术研究。建立分子标记辅助育种技术,建立高效转基因技术,建立全基因组选育技术和建立人工高效突变体诱导和选育新技术。

第七节　上海市水产养殖工程技术研究中心

上海市水产养殖工程技术研究中心由上海市科学技术委员会于 2009 年批准成立，是依托上海海洋大学的一个公益性服务和技术推广机构，是上海市科委公共研发平台之一。该中心坐落于上海海洋大学浦东新区滨海镇养殖场内，建有水产养殖新品种开发与应用、工厂化循环水养殖系统开发与应用、生态养殖与调控技术开发与应用等三大工程化技术开发平台，主要围绕我国水产养殖可持续发展过程中需要解决的关键工程化技术问题，以技术集成创新为核心，持续不断地孵化和熟化适合规模生产所需要的具有市场竞争力的工程化技术成果，从而提高工程中心的科技创新人才培养能力、科技开发能力和社会服务水平。

本工程中心下设综合办公室、良种培育部、设施渔业部、生态养殖部。中心主任由水产与生命学院院长李家乐教授兼任，中心常务副主任由谭洪新副院长担任。

第八节　水域生态环境上海市高校工程研究中心

一、沿革

2001 年 10 月，上海海洋大学为了加强水域环境研究力量，成立了"水域环境研究中心"，2006 年 4 月更名为"水域环境生态工程研究中心"，2008 年 3 月被上海市教委批准为"水域环境生态上海高校工程研究中心"。

1. 主要科研

工程研究中心开展科学技术研究与国家需求紧密结合，"十一五"期间，承担了国家水专项课题（5 个）、国家海洋局科研项目课题（4 个）、国家自然科学基金(2个)、国家科委与上海科委世博专项(1个)、上海市科委项目(10多个)等50多个纵向课题和50多个横向工程项目,总经费达到了6 000多万。近年来,工程研究中心人员在国内外刊物发表论文400多篇,其中SCI收录论文50多篇,获国家专利40多项,正在申报20多项,主编、参编了20多部专著和教材。

通过多年理论研究与实践,基本建立富营养化水域生态修复与控藻工程核心技术:对于严重和中度富营养化的城市景观水体,建立了"富营养化水域食藻虫引导沉水植物生态修复工程技术";对于轻度污染和富营养化河道和湖泊,建立了"水体生态修复与景观构建工程集成技术";对于近海富营养化水域,已建立了封闭型海域、网箱养殖海域、开放型海域"大型海藻栽培生态修复技术"。其中一批海洋与湖泊生态修复工程项目已经引起上海和全国关注,经过3—6个月的生物操纵和生态修复工程实施后,淡水水质可由原来V—劣V类水质提高到II—III类,透明度由原来0.3—0.5 m提高到1.5—3.0 m,海水水质可由原来IV—劣IV类提高到I—II类,透明度由原来0.5—1.0 m提高到3—6 m,并可长效维护水生生态系统稳定,长期抑制水华和赤潮发生。

2. 主要奖励

在"十一五"期间,工程研究中心在科学技术研究上取得较大突破,特别是在水域环境生态修复工程技术方面取得了较好成绩。

工程研究中心主任、何培民教授领导的工程研究中心团队完成的项目"富营养化水域生态修复与控藻工程技术研究与应用"获2009年度上海市科技进步奖二等奖,领导海藻生态修复工程研究团队完成的项目"养殖海区大型海藻生态修复产业链研究与应用"获2010年度国家海洋局科技创新成果二等奖,承担项目"基于生物活性的红藻膳食纤维和红藻糖的创新开发及其应用"获2009年度教育部科技进步奖二等奖(第2名)。张饮江副教授主持的国家和上海科委世博专项"上海世博园水体生态景观系统关键技术研究与应用"获得了2010年度美国景观设计最高奖——综合景观设计杰出奖、2010年度西班牙最佳景观奖,并获得了2011年度上海海洋大学科技成果奖一等奖、上海市科技进步三等奖,且参与项目"模拟自然生境规模化繁育松江鲈鱼的系列技术与应用"获得 2011 年度上海市科技发明二等奖(第 3 名),参与项目"淡水珍珠蚌新品种选育和养殖关键技术"获得 2008 年度上海市科技进步一等奖(第 13 名)。何文辉副教授主持的项目"北京圆明园水系生态修复工程设计与应用"获 2009 年度上海优秀工程咨询成果奖二等奖。

二、总体目标

建立高水平、高起点、创新性强的水域环境生态工程研究中心,并在全国水域环境生态与生态景观方面起着重要引领作用,建立具有国内水域生态工程研究一流的实验室和基地,组建一支高水平从事水域环境生态理论研究和技术开发的人才队伍,成为能够承接国家重大工程项目重要平台,成为今后我国水域环境生态工程项目研究孵化、工程项目成果转化、工程专业人才培养的重要基地。

1. 研发平台 3 个

景观水域生态修复平台,内陆水域生态修复平台,近海海域生态修复平台。

2. 专业实验室 4 个

水域生态景观规划设计与模拟实验室,水域生物操纵与生态修复工程技术实验室,有毒有害藻类快速检测与控制实验室,水域环境检测与生态安全评估实验室。

三、研究方向

1. 景观水域生态修复工程

(1) 水域生态景观工程规划与设计,

(2) 水域景观生态修复工程技术集成与创新,

(3) 农药残留、环境激素快速检测技术建立与应用。

2. 内陆天然水域生态工程

(1) 湖泊蓝藻控制与生态修复关键技术研究与创新,

（2）内陆水域生态调控与"清洁渔业"技术，

（3）水源地保护与水生态系统安全性评估体系建立。

3. 近海海洋生态修复工程

（1）大型海藻生态修复集成技术研究与创新，

（2）近海海域人工鱼礁生态修复技术，

（3）赤潮毒素快速检测技术建立与应用。

四、主要任务

工程研究中心主要研究任务：不断开发和研究具有我国特色和高水平的水域环境生态修复工程核心和关键技术与创新平台，尤其是研发富营养化水域生态修复工程关键技术、建立富营养化水域生态修复工程核心技术、形成富营养化水域生态修复工程规范操作技术。通过开展各种水域生态系统构建、生态修复和生态维护等理论模型研究和应用关键技术研发，培养出一支高水平、具有丰富经验从事水域环境生态研发工作人才队伍。引领全国水域环境生态修复工程技术快速发展，向全国推广，为我国水环境生态保护做出更大贡献。主要集中以下三个方面：

景观水域生态修复工程：该研究方向主要应用水生生态学与景观生态学原理，利用水生动物控制蓝绿藻抑制水华发生，同时增加透明度，重建沉水植被和水生生态系统，以改善水质，提升环境质量，形成清澈优美的景观水体。

内陆水域生态工程：该研究方向主要针对富营养化水域，应用食物链原理和营养级联效应生态调控技术，控制顶级消费者鱼类种类和数量，最终将水华蓝藻控制在安全范围内，同时达到水产品产出。

近海海域生态修复工程：该研究方向主要应用大型海藻直接去除氮磷，并应用人工鱼礁建立海洋动物栖息地，从而达到改善海洋生态环境效果，建立各种海域生态修复动力学模型，高效生产有机海水鱼类，并建立有毒赤潮藻类分子预警系统和赤潮藻毒素快速检测技术，研究出绿潮浒苔爆发机制和控制技术。

组建集技术研发、成果推广、工程化实施为一体的高新技术开发与服务实体，即为开展相应的水体修复应用技术研究和新技术开发提供平台，同时也是有利于快出成果并直接将其转化为生产力的可行途径。

五、管理机构

工程中心是依托上海海洋大学开展工程技术创新与系统集成的科研实体，是学校学科建设的重要内涵。列入学校重点学科建设和科技创新基地建设与发展规划。工程中心在资源分配上计划单列，是相对独立、与院系平行的依托高等学校的二级机构。

工程中心的建设发展纳入学校相关规划，根据工程中心所依托的学科特点、产业背景和学校管理实际情况，制定有利于工程中心发展的管理体制和运行机制；协调并解决工程中心建设发展中的重大问题，落实资金及其他配套条件。

工程中心负责遴选推荐和考核工程中心主任，聘任工程中心副主任、技术委员会主任、副主任和委员。制定有利于工程中心建设与发展的考评体系，负责工程中心日常考核和预评估，并将考核和预评估结果报送上级主管部门。配合主管部门做好工程中心的验收与评估工作。根据技术委员会建议，及时向教育部报送工程中心建设与发展中的重大问题。

在上海海洋大学领导下，工程中心实行主任负责制，主持工程中心全面工作，并向上海海洋大学提名推荐工程中心副主任和技术委员会成员人选。

工程中心主任由上海海洋大学提名，上海市教委聘任。工程中心主任任期 5 年，采取"2+3"考核管理模式，即工程中心主任受聘 2 年后，上海海洋大学对工程中心业绩和工程中心主任进行届中考核并报教育部核准。对考核不通过的教育部将予以解聘。

技术委员会是工程中心的技术咨询机构，其职责是负责审议工程中心的发展战略、研究开发计划，评价工程设计与试验方案，提供技术经济咨询和市场信息、审议工程中心年度工作等。技术委员会会议每年至少召开一次。

工程中心实行项目合同制和人员聘任制。研究开发队伍由固定人员和客座流动人员组成,固定人员由工程中心主任在校内外聘任。客座流动人员由项目负责人根据工作需要和研发项目的实际情况聘任,经工程中心主任核准后作为流动编制,其相关费用在项目经费中支付。

工程中心建立健全内部管理规章制度,注重工程化开发设施和网络环境建设,提高使用效率,重视知识产权保护,学术道德建设,加强数据、资料、成果的真实性审核及存档工作。

工程中心原则上实行相对独立的财务核算,按照国家相关法规管理,其成果转化收益主要用于依托高等学校的学科建设和工程中心的可持续发展。

六、学术委员会

表6-8-1水域环境生态工程研究中心技术委员会成员

姓 名	单 位	职称/职务
徐祖信	上海市科学技术委员会、同济大学	副主任、教授
朱石清	上海市海洋局、上海市水务局	副局长、高工
金相灿	中国环科院水环境研究所	教授
刘永定	中国科学院水生生物研究所	教授
陈荷生	太湖流域水资源保护局	教授级高工,原副局长
陈英旭	浙江大学环境科学学院	院长、教授
杨林章	中科院南京土壤研究所	副所长、研究员
胡维平	中科院南京地理与湖泊研究所	主任、研究员
阮仁良	上海市海洋局、上海市水务局	处长、高工
周琪	同济大学环境科学与工程学院	院长、教授
仵颜卿	上海交通大学环境科学与工程学院	执行院长、教授

七、人才队伍

水域环境生态工程研究中心主要骨干成员：

何培民、张饮江、刘其根、王丽卿、何文辉、江敏、陈立靖、李娟英、薛俊增、彭自然、邵留、霍元子、凌云、于克峰、胡忠军、胡乐琴等。

第九节　上海高校水产养殖学E-研究院

一、概况

2003年8月，我校水产养殖学科经上海市教委批准为上海高校E-研究院，并获首批建设经费300万元，建设期10年。2007年，该E-研究院顺利通过上海市教委组织专家的节点考核，并再次获得300万元的建设经费资助。

上海高校水产养殖学E-研究院(Aquaculture Division，E-Institute of Shanghai Universities，简称EISU)学术委员会由国内水产界最著名的专家组成，主任由林浩然院士(中山大学)担任，副主任由雷霁霖院士(中国水产科学研究院黄海水产研究所)担任，委员包括：桂建芳研究员(中国科学院水生生物研究所)、张元兴教授(华东理工大学)、刘占江教授(美国奥本大学)、林俊达教授(美国佛罗里达理工学院)和我校的杨先乐教授、严兴洪教授和何培民教授等。

水产养殖学E-研究院是以信息网络为平台的研究机构，由首席研究员、学术委员会和特聘研究员组成。实行首席研究员负责制，以首席研究员为第一责任人，全面履行E-研究院的管理职责。特聘研究员由首席研究员根据E-研究院的发展规划按需、按标准进行公开招聘。目前，E-研究院特聘研究员共有16人，首席研究员由我校李家乐教授担任，成员有陈立侨教授(华东师范大学)、包振民教授(中国海洋大学)、陈松林研究员(中国水产科学研究院黄海水产研究所)、孙效文研究员

(中国水产科学研究院黑龙江水产研究所)、宋佳坤教授(美国马里兰大学)、岳根华研究员(新加坡淡马锡生命科学院)、曾朝曙教授(澳大利亚詹姆斯库克大学)、张国范研究员(中国科学院海洋研究所)、解绶启研究员(中国科学院水生生物研究所)、庄平研究员(中国水产科学研究院东海水产研究所)和我校的成永旭教授、唐文乔教授、周志刚教授和邱高峰教授。

二、研究方向

经过建设、总结和凝练,E-研究院由最初的水产动植物种质资源与遗传育种、水产动物医学、藻类学、养殖水域环境学、水产动物营养与饲料、设施渔业等六个研究方向,现演变为两个方向:水产动物种质资源与创新,水产养殖生态系统。

三、主要活动

(一)建立E-研究院实体

建立挂靠在上海海洋大学校园网的"水产养殖E-研究院"子网点,网址为 http://eisuad.shou.edu.cn/。落实了E-研究院日常工作场所,配备了专职秘书及其他辅助工作人员进行日常事务的处理。挂牌成立了学术委员会,召开学术委员会会议4次,E-研究院建设工作会议7次。

(二)举办学术会议

E-研究院一直把举办学术会议作为重要的工作之一,通过经常性的学术交流和学术会议,提高上海海洋大学水产养殖学科的研究水平,并促进整个水产产业的发展。自E-研究院成立以来,共举办国际和国内学术会议19次,其中国际会议9次。

(三)举办前沿讲座

通过E-研究院的平台,聘请国内外优秀学者开设研究生基础前沿课程,可使研究生及时、准确、全面地了解学科前沿领域研究成果,并注重综合性、系统性和交叉性。自 E-研究院成立以来,特聘研究员及通过特聘研究员邀请而来开设研究生基础前沿课程的共 15 人次,开设了 9 门研究生基础前沿课程。

四、人才培养

特聘研究员为培养人才发挥了重要作用。自成立以来,E-研究院各特聘研究员共培养研究生 165 名,其中博士生 49 名,同时培养博士后 3 名。

五、学术研究

自成立以来,E-研究院特聘研究员获得国家级科技进步二等奖 2 项,国家级技术发明二等奖 1 项,获得省部级一等奖 5 项,二等和三等奖 10 多项。发表署名论文 91 篇,其中 SCI、EI 论文 43 篇。获得重要项目 95 项,共获得科研经费 11,207 万元。

六、主要成果

我校是国内最早开展水产种质资源研究的单位,20 世纪 80 年代李思发教授回国后创建了该领域。经过长期实践总结,形成了系统的水产动物种质资源和遗传育种理论体系。在该理论的指导下,经过 16 年的系统选育,获得了团头鲂“浦江 1 号”新品种,被国家原良种审定委员会审定为新品种(品种登记号 GS-01-001-2000),并获 2004 年度国家科技进步二等奖。选育的“新吉富”罗非鱼,于 2006 年被认定为“适宜推广的养殖品种”(品种登记号:GS-01-001-2005),2007 年获得了上海市科技进步一等奖的初评和复评。学校在淡水珍珠蚌良种选育方面也取得了丰硕的成果,“我国五大湖三角帆蚌优异种质评价与筛选项目”获 2004 年度上海市科技进步三等奖,“三角帆蚌和池蝶蚌杂交优势利用技术"项目获 2005 年度浙江省科技成果二等奖,该项目执行过程中所培育出的"康乐蚌"于 2007 年 1 月被认定为新品种(品种登记号:GS02－001－2006)。李家乐教授主持的《淡水珍珠蚌新品种选育和养殖关键技术》项目通过培育和推广新品种,在种苗规模化繁育、珍珠插片、病害防治和水质调控等关键技术方面取得了重要突破,此项目被评为 2008 年上海市科技进步一等奖。李家乐教授又于 2009 年获得国家 973 计划前期研究专项"农业生物品质改良和高效育种研究"资助,这也是学校首次获得国家 973 计划前期研究专项资助。在这个项目中,学校为项目第一承担单位,李家乐教授为项目协调人,上海市科委为项目依托单位。该项目共设立 10 个课题,其中"三角帆蚌种质对淡水珍珠品质的影响及其机理研究"课题由李家乐教授主持。

特聘研究员严兴洪教授在承担的"863"计划重大专项课题"坛紫菜良种选育技术"的 3 年时间内,培育出坛紫菜优良品系 30 个。2006 年,特聘研究员严兴洪教授的团队继续承担"十一五"国家"863"计划重大项目"紫菜、江篱等优质、高产、抗逆新品种的选育"。严兴洪教授申报的"坛紫菜单性生殖机理和单性育种学研究"项目获得 2007 年度上海市优秀学科带头人计划资助。严兴洪教授还在 2009 年受聘为第四届水产原种和良种审定委员会委员。

特聘研究员杨先乐教授是我国鱼病防治工作的顶级科学家,他承担了我国唯一一个病原库建设,已经完成了一期工作,目前二期正在进行。他还将渔药代谢研究与水产品安全相结合,获得了一批有影响的研究成果。主持的"药物代谢动力学及药物残留检测技术"荣获 2005 年度上海市科学技术进步三等奖,"中华鳖传染性疾病防治技术研究"荣获 2005 年湖北省科技进步二等奖。2006 年主持国家"十一五"科技支撑计划项目"渔药安全使用技术和新型渔药制剂开发"。

特聘研究员成永旭教授获 2009 年度上海市科技进步奖一等奖,成永旭教授在主持项目中,与团队成员和协作单位紧紧围绕我国中华绒螯蟹育苗和养殖实践中制约河蟹养殖业发展的主要瓶颈问题,数十年来,系统研究了河蟹的性早熟机理和脂类营养对河蟹生殖性能和苗种质量的影响机制,创造性地建立了"河蟹亲本强化育肥培育技术""河蟹育苗生物饵料培养及营养价值评价技术""土池低盐度生态育苗技术""综合强化法培育一龄蟹种新技术""河蟹营养生态饲料配制新技术"以及以"河蟹养殖水体生态修复技术"为基础的河蟹池塘生态养殖模式——"当涂模式"、盘锦地区稻田生态养蟹模式——"盘山模式"等多项系列化技术成果,并对各项技术优化、集成推广,解决了中华绒螯蟹育苗和养殖过程中存在的关键问题,有力地促进了我国河蟹养殖业的健康发展,使我国河蟹养殖业成为世界蟹类养殖业中的奇迹。项目发表论文150余篇,其中SCI 9篇,16篇重要论文被SCI引用30次,71篇核心论文被中国引文数据库(CNKI)引用622次。申请国家专利7项,获得授权4项,培养研究生25名,出版著作5部,其中国家级教材2部。

特聘研究员唐文乔教授承担的"鱼类学"课程在2006年被评为国家级精品课程后,这两年又先后获得"第四届上海高校教学名师""第二届上海高等学校市级教学团队"等荣誉称号,今年唐文乔教授主持的"鱼类学精品课程建设的探索与实践"获高等教育上海市级教学成果奖表彰大会一等奖。

特聘研究员为学校水产养殖学科建设发挥了重要作用。本校特聘研究员均为水产养殖国家级重点学科的学科带头人和学术带头人,E-研究院的建设在人才队伍建设和培养、科学研究等方面均紧密结合本校水产养殖学科的建设进行。在E-研究院建设中,更借助外部的特聘研究员和学术委员会成员的力量为我们的学科建设服务,提升学校水产养殖学科的地位,使学校在该学科领先的地位更加稳固。

E-研究院建设期间,所依托生命学院新增水生生物学学博士点,新增省部共建水产种质资源发掘与利用教育部重点实验室、农业部鱼类营养与环境生态研究中心、上海市水域环境生态工程研究中心,新增海洋生物学上海市教委第五期重点学科,新增上海市水产生命实验教学示范中心,完成了农业部渔业动植物病原库一期建设。2007年,又顺利通过教育部组织的国家重点学科考核评估,以高分重新成为国家级重点学科。2009年,学校水产科学实验教学中心获得国家级实验教学示范中心建设单位,这是学校历经多年教学改革、队伍建设以及实验室建设的成果,今后将为全国高等学校实验教学的改革与发展发挥示范作用。另外,通过合作获得了国家"863"、科技支撑和上海市科委基础重大等重要项目。

第十节　上海海洋大学鱼类研究室

鱼类研究室是我校成立最早的研究实体之一,也是本校从事科普教育的主要基地,由上海水产学院前院长、著名鱼类学家朱元鼎教授于1952年创立。具有鱼类学研究、教学、标本收藏、科学普及、人才培养等多方面功能,是我国鱼类学研究和教学的重要基地之一。

一、历史沿革

鱼类研究室的创始人是我国著名鱼类学家、中国现代鱼类学主要奠基人之一朱元鼎先生(1896—1986)。朱元鼎在1931年即出版了我国第一部鱼类学专著《中国鱼类索引》,1934年在美国密歇根大学获得博士学位后,历任上海圣约翰大学教授、生物系主任、研究院院长、理学院院长等职。1952年上海水产学院成立时朱朱元鼎调入我校,主持创立"海洋渔业研究室"。该室被当时的华东军政委员会教育部批准为高校直属研究室,与学院各系、处是平行的一个单位,直接受院长领导。研究室下设鱼类分类组、鱼类标本室和资料室。1958年10月东海水产研究所创立,该室由上海水产学院及东海水产研究所合办,并更名为"鱼类研究室",朱元鼎兼任学院院长、东海水产所所长及鱼类研究室主任。1972年上海水产学院迁往厦门办学,鱼类研究室被一分为二,伍汉霖、金鑫波随朱元鼎南迁,在厦门水产学院另组鱼类研究室。1980年学院迁返上海,鱼类研究室再次被分割,但主要研究力量随迁上海。1999年,鱼类研究室被中共上海市委宣传部、上海市科委、市科协和市教委命名为"上海市水生生物科普教育基地"。2002年鱼类研究室在行政和教学上归属生命科学与技术学院领导,并吸收了鱼类学科点的主要力量。2007 年,学院更名为水产与生命科学,并成立水生生物系,鱼类室在行政和教学管理上归属水生生物系。

　　鱼类研究室成立之初有研究人员 2 名(朱元鼎、缪学祖)、管理员 1 名(施鼎钧)、标本剥制员 1 名(虞纪刚)。至 1962 年鼎盛时期共有研究人员 11 名(朱元鼎、罗云林、伍汉霖、金鑫波、许成玉、王幼槐、陈葆芳、邓思明、黄克勤、倪勇、詹鸿禧),绘图员 2 名(尹子奄、吕少屏),管理员 1 名(高保云)。郑文莲、郑慈英、梅庭安(越南)、宋佳坤等著名教授曾先后在这一时期师从朱元鼎先生,在该室从事鱼类学研究。1980 年学校返沪后,在研究室工作过的有朱元鼎、伍汉霖、金鑫波、沈根媛、屠鹏飞、安庆、彭德熹、虞纪刚、赵盛龙、钟俊生、牟阳、翁志毅、张晓明、唐文乔、杨金权和刘东等。

　　自 1952 年建室至 1986 年,鱼类室的各项工作一直由朱元鼎亲自领导。朱元鼎辞世后,研究室主任由伍汉霖担任,2002 年初由唐文乔担任,并聘请了伍汉霖教授、孟庆闻教授、苏锦祥教授、王尧耕教授、李思发教授、曹文宣院士(水生所)和张春光研究员(动物所)等国内著名学者为学术顾问。

二、主要业绩和成果

(一) 人才培养

　　研究室成立之初,朱元鼎即着手后备人才的培养,亲自带队示范各类鱼类标本的采集,精心组织各项研究工作。我国当代多位著名的鱼类学家如孟庆闻、郑文莲、郑慈英、罗云林、苏锦祥、伍汉霖、金鑫波、邓思明以及越南鱼类学家梅庭安诸教授均在上世纪 50 年代师从朱元鼎先生,从事鱼类分类学的研究工作,后来在各自的研究领域均作出了重要贡献。在朱元鼎的领导下,鱼类研究室很快成为我国鱼类学研究的一支重要力量,成为我国鱼类学研究的四大基地之一,并承担了国家多项重点研究课题。自 1989 年起研究室科研人员还参加部分鱼类学的教学工作,带领和指导学生野外实习。孟庆闻、苏锦祥、伍汉霖是我校最早的硕士研究生导师之一,培养出多名鱼类学硕士。2004 年,研究室老师获得培养鱼类学方向博士研究生的资格。

(二) 科研工作

鱼类研究室创立以来,在鱼类区系、基础分类和生活史等多个领域开展了卓有成效的研究工作。

1. 区系调查

组织或参加了一系列国内重要的学术考察,对我国鱼类的多样性开展了艰苦卓绝的调查研究。如 1957 年的闽江鱼类调查;1958 年的云南、四川及广西淡水鱼类调查;1958—1960 年的全国海洋普查;1959 年的淀山湖鱼类调查;1959—1961 年的东海鱼类调查;1962 年的西沙群岛鱼类调查;1963 年的粤西鱼类调查;1964 年的湖南鱼类调查;1964 年的海南岛海洋鱼类调查;1965—1966 年的海南岛淡水鱼类调查;1974—1979 年的福建鱼类、闽南渔场调查;1977 年的南海诸岛海域鱼类调查;1983 年的海南岛淡水鱼类调查;1985—1986 年的广东淡水鱼类调查;2001—2002 年的长江口九段沙鱼类调查;2002—2012 年的长江江苏靖江段沿岸鱼类调查等。在大量考察调查的基础上,先后主持或参加完成了《南海鱼类志》《东海鱼类志》《南海诸岛海域鱼类志》《福建鱼类志》《中国鱼类系统检索》《海南岛淡水及河口鱼类志》《广东淡水鱼类志》《江苏鱼类志》等专著的撰写,为摸清我国鱼类资源和鱼类志书的撰写作出了重要贡献。

2. 分类学研究

由朱元鼎于 1964 年发起的组织全国鱼类学家编写《中国鱼类志》的倡议得到同行们的赞同,并在上海进行了分工,该室承担了"圆口纲软骨鱼纲""虾虎鱼亚目""鲀形目""鲉形目"等 4 卷的编写任务。中国鱼类志的编写后来纳入《中国动物志》计划。目前,由该室朱元鼎和孟庆闻主编的《中国动物志》(圆口纲、软骨鱼纲)、苏锦祥主编的《中国动物志》(硬骨鱼纲鲀形目、海蛾鱼目、鮟鱇目)、金鑫波主编的《中国动物志》(硬骨鱼纲鲉形目)和伍汉霖主编的《中国动物志》(硬骨鱼纲鲈形目虾虎鱼亚目)以及唐文乔、刘东作为主要作者参编的《中国动物志》(硬骨鱼纲背棘鱼目、鳗鲡目)已由科学出版社出版。

由该室发现的鱼类新种有 70 余种、新属 7 个,是我国发现海洋鱼类新物种最多的研究机构之一,鱼类室也成为我国上述四大鱼类类群收集标本及资料最为完整全面的研究基地。

另外,该室的早期专著《中国软骨鱼类志》《中国石首鱼类分类系统的研究和新属新种的叙述》《中国软骨鱼类侧线管系统以及罗伦瓮和罗伦管系统的研究》等都在国内外鱼类学界产生了广泛影响。

3. 鱼类生活史和保护生物学研究

殷名称率先在国内的水产院校创建了鱼类生态学课程,其 1995 年出版的《鱼类生态学》一直是国内鱼类学教学的主要教材。上个世纪 80 年代,殷名称发表的"海洋鱼类仔鱼在早期发育和饥饿期的巡游速度""北海鲱卵黄囊期仔鱼的摄食能力和生长""江鲽在卵和卵黄囊期仔鱼发育阶段生化成分的变化""北海鲱卵黄囊期仔鱼的摄食能力和生长""鱼类仔鱼期的摄食和生长"等都是国内很有影响的研究鱼类早期生活史的文献。后来,鲍宝龙和龚小玲继承了这一研究方向,在仔鱼发育和生理生态方面作出了很好的成果。钟俊生近年在鱼类早期生活史、沿岸海域鱼类仔稚鱼生态与碎波带保育场利用、洄游性鱼类仔稚鱼的移动机制等研究上取得的新成果,产生了广泛的影响。唐文乔在长江河口鱼类多样性及其生命过程,以及长江刀鲚的种群结构、鳗鲡洄游行为等研究也获得社会认可,这些成果作为"长江口及临近水域渔业资源保护和利用关键技术研究与应用"的重要部分,获得 2011 年上海市科技进步奖一等奖。

4. 辞书和有毒及药用鱼类志书编写

早在 1958 年,朱元鼎与王文滨出版了《中国动物图谱鱼类》第一册。其后鱼类室研究人员对科普及辞书方面的编写工作给予较大的关注,完成了《英汉水产词汇》《辞海》《简明生物学词典》《农业大辞典》全部鱼类条目和《中国大百科全书农业卷》《中国大百科全书生物学卷》《中国农业百科全书水产卷》《英汉渔业词典》《汉英渔业词典》《中国脊椎动物大全》部分鱼类条目的编写,为鱼类学的教育和科学普及作出了重要贡献。伍汉霖与台湾鱼类学家邵广昭、赖春福等合作编著的《拉汉世界鱼类名典》和《拉汉世界鱼类系统名曲》二书,堪称当代海峡两岸三

地规模最大的二部鱼类名典,分别收录全球 26 000 和 31 000 多种鱼类
名称,为全球华人对鱼类中文名称的统一迈出重要的一步。

上世纪 70 年代鱼类研究室即开始了有毒鱼类及药用鱼类的研究,
是我国目前唯一从事有毒鱼类和药用鱼类防治与应用的研究机构。伍
汉霖、金鑫波等于 1978 年出版了《中国有毒鱼类和药用鱼类》,并于
1999 年由日本长崎大学野口玉雄教授翻译,在恒星社厚生阁出版日文
版。由伍汉霖主编、分别于 2002 年和 2005 年出版的《中国有毒和药鱼
类新志》和《有毒药用及危险鱼类图鉴》,对我国 382 种有毒鱼类和药用
鱼类的种类鉴别、毒性、中毒症状、治疗、预防和药用、主治等方面作了
详细叙述,是我国首部将有毒鱼类和药用鱼类以鱼类志形式写成的
专著。

三、境外合作与交流

1. 与日本明仁天皇的交往:伍汉霖早在 1979 年即与日本当时的
明仁亲王就虾虎鱼类开始了交流,相互交换标本和研究报告。十年后,
1989 年 3 月至 5 月伍汉霖应明仁天皇的邀请,首次访问日本,在东京的
赤坂御所作短期研究,曾 3 次受到天皇的接见,讨论虾虎鱼类分类学问
题。1992 年天皇访问上海,再次接见伍汉霖教授,并相互交换鱼类标
本。1995 年 9 月伍汉霖再次被邀请访问日本 60 天,并在皇宫内的生物
学御研究所再次作短期研究,其间又 3 次受到接见。1999 年 9 月第三
次应邀访日,在生物学御研究所 2 次受到接见,并向天皇讲授中国有毒
鱼类的研究进展及香港海洋鱼类的分类。2001 年 9 月及 2009 年 10 月
先后第四、第五次访日,在宫内厅总共受到天皇 12 次接见。他们两人
的交往成为中日友谊的佳话。

2. 自 1989 年至今伍汉霖受国外鱼类学家的邀请,先后在日本、新
加坡、英国、加拿大、美国、韩国有关大学及博物馆作短期研究,3 次赴
中国台湾地区"中研院"动物研究所进行合作科研,在上述各国及台湾
地区沿岸采得大量国外及台湾地区虾虎鱼类标本。钟俊生自 1996—
2003 年日本高知大学和日本爱媛大学留学 8 年,目前为学校外事处负

责人,正为研究室的对外交流发挥着诸多作用。

3. 中日合作科研:鱼类研究室自 1994 年开始与日本九州大学、东京大学、宇都宫大学、国立科学博物馆等单位的鱼类学家合作进行为期 10 年的《中国大陆及朝鲜半岛鲅鲸鱼亚科鱼类的系统分类和生物地理学的研究》,取得较大成绩,达到预期目的。

4. 邀请外国专家来室作短期合作研究:上世纪 90 年代以后,鱼类室对国外鱼类学家开放,每年邀请 1—2 名国外知名鱼类学家来我室进行合作研究。1992 年(6.20—7.5)和 1994 年(10.5 — 10.17)邀请日本高知大学教授著名深海鱼类专家 Dr. Okamura 来室合作研究南海深海长尾鳕;1993 年(12.8—12.20)及 1997 年(5.20 — 6.1)邀请京都大学教授 Dr.中坊彻次来室合作研究,并作学术报告。1995 年(5.1 — 5.10)和 1998 年(10.5—10.11)邀请三重大学副教授 Dr.木村清志来室合作研究;1996 年及 1999 年(3.2 — 3.12)邀请日本高知大学教授 Dr.町田吉彦来室合作研究南海深海鱼类;1997 年(5.20 — 6.1)及 2002 年分别邀请明仁天皇的科研助手 Dr.岩田明久和池田佑二(侍从职)来沪合作研究虾虎鱼类,并作学术报告。几年来与国外学者合作,共同发表论文 7 篇,取得了预期效果,同时也提高了我室在国外的知名度。

另外,先后有日本鳐类研究所所长 Dr.石原元(1986.6.5 — 6.10,来室检测鳐类标本),伦敦大英自然历史博物馆 Dr. P. Whitehead (1986.9.4—9.11,1988.5.6 — 5.11,二次来室检测鲱类标本),日本鱼类学会前会长、东京大学博物馆教授 Dr.阿部宗明(1987.6.15 — 6.20,来室检测河豚和飞鱼),法国巴黎自然历史博物馆研究员 J.-P. Sylvestre (1987.10.2—10.9,来室检测上层鱼类标本),北海道大学教授 Dr.仲谷一宏(1988.11.10—11.17,来室检测光尾鲨类标本),美国生命研究所所长 Dr. Bruce. W. Halstead (1989.6.2—6.7,交流毒鱼类研究情况),中国台湾地区的台湾大学动物系沈世杰教授(1994.6.3 — 6.10,来室研究鲈形目鱼类),台湾清华大学曾晴贤教授(1997.4.10 — 4.16,来室研究平鳍鳅科鱼类),台湾海洋生物博物馆 Dr.陈义雄(1997,5.16 — 25,来室研究虾虎鱼类),日本九州大学副教授 Dr.松井诚一(1998.5.20—5.25,来室作河口鱼类研究),台湾"中央研究院"动物研究所所长邵广昭教授(1998.9.3—9.5,来室讨论世界鱼名字典编排体例),日本三重大学教授 Dr. 木村清志和宫崎大学教授 Dr. 岩规幸雄(1998.10.5—10.11,来室检测银鲈科标本),以及台湾海洋大学食品科学系主任黄登福教授(2001.9.10—9.12,来室讨论有关海洋毒素方面科研问题)等先后来我室作短期研究。

此外,斐济总理一行(2002.5.30)、斐济驻华大使(2002.5.9),以及东京水产大学校长隆岛史夫教授、事务局长松本五朗(2002.8.9)等先后访问过鱼类标本室。

四、标本收藏及科普活动

标本是传统鱼类学研究的物质基础,也是鱼类学教学和科学普及的有力教具。研究室成立之初即十分重视标本的收集和保藏,至上世纪 70 年代已有标本 1 100 余种,3 万余号。但标本是一种易损的学术载体和有力教具,沉积着极其丰富的科学信息。经过 1972 年与东海水产所和 1980 年与厦门水产学院的两次分割,至 1980 年迁返上海时,不仅馆藏标本数量已大为减少,标本所携带的科学信息也受到了很大的损失。虽然之后的 20 年作了一些标本补充和鉴定,但 2003 年从海洋楼搬迁至生命楼以及 2008 年从军工路校区搬迁至临港新校区时,又损失了一些标本和附着的信息。近些年我们在长江口附近及江浙地区作了潜心收集,馆藏标本虽然已有增加,但总体家底并不明了。从 2007 年开始,鱼类研究室开展了"馆藏鱼类标本的采集信息、物种鉴定、编目和数据库构建"工作,目前鱼类标本的采集信息、物种鉴定和编目大部分已完成。

为向广大中小学生普及水生动物的科学知识,自 1987 年开始我室先后在苏州狮子林(1987.3—5,9—10),江苏徐州展览馆(1987.11—1988.4),山东济南趵突泉公园(1988.2—7),安徽蚌埠市少年科技馆(1988.8),江苏扬州个园(1989,1991),浙江杭州植物园(1995.5—8),上海沪西工人文化宫(1999.7—10),浙江金华婺洲公园(2001.5—9),

上海虹口公园(由虹口区少科站及我校合办,2001.11上海科技节)等外省及本市园林、博物馆合作举办珊瑚、珊瑚礁鱼类、南海贝类等水生动物科普展览会,取得预期社会效果,扩大了我校知名度。2000年6月鱼类室被中共上海市委宣传部、上海市科委、市科协和市教委命名为"上海市水生生物科普教育基地"。2001年5月,该室在广西北海主持解剖了长达18余米的抹香鲸标本,成为桂沪两地当时的轰动性新闻。以鱼类室为主要技术力量完成的我校鲸馆(2002)和上海水生生物科技馆(2006),是上海特色科普教育基地之一,也是我校校园文化的主要实体之一。目前,正在建设"海洋生物科技馆"。

五、在中国鱼类学会中所起的作用

中国鱼类学会是隶属于中国海洋湖沼学会、中国动物学会的二级学会,是由著名鱼类学家伍献文、朱元鼎倡议和发起,于1979年成立的,目前有会员近600人。学会汇集了我国鱼类学基础与应用研究各个领域的所有专家、学者,先后有伍献文、刘建康、张弥曼、陈宜瑜、曹文宣、朱作言6名会员当选为中国科学院院士,林浩然会员当选为中国工程院院士。此外,还吸收了加拿大、美国、日本等国家的一些知名学者如 D. E. McAllister, K. W. Abe, P. H. Greenwood, R. Arai, I. N. Ryabov, T. Nakajima 等入会。学会已举办了16次全国范围的学术会议,在最近的6次会议上,还有台湾地区、香港地区和海外的诸多学者专程前来参加,与二十多个国家和地区的几十个机构建立了文献互换关系,在国内外都有着广泛的影响。目前学会挂靠在中国科学院水生生物研究所。

在历届理事会中的任职:

朱元鼎:第一、二届理事会(1979—1989年)名誉理事长

苏锦祥:第三、四、五、六届理事会(1989—2006年)副理事长

唐文乔:第七、八届理事会(2006—)副理事长

孟庆闻、殷名称、赵维信、周洪琪、钟俊生、鲍宝龙等教授先后被选为学会理事。

结语

六十多年来,鱼类研究室经历了3次长距离搬迁和7次校内转移,也经受了多次人员调动和标本分割,走过了一条崎岖艰辛的道路。但在校领导的关怀和支持下,在朱元鼎等几代科研人员的顽强拼搏下,鱼类研究室从无到有,高起点地发展,取得了丰硕的学术成果,至今已成为我国四大鱼类研究和标本保藏基地之一。获得了1项国家自然科学奖和多项省部级科技奖,并支撑起我国水产类第一门国家精品课程"鱼类学"和国家特色专业"生物科学"的建设,为学校赢得了很高的学术声誉。除了继续从事基础鱼类分类与鱼类志编研、鱼类辞书编撰与科学普及等传统研究领域,鱼类研究室将跟踪国内外最新的学科方向,拓展新的研究领域,大力开展长江口鱼类生物多样性及其生命过程的研究,争取为学校的发展和我国鱼类学研究作出更大的贡献。

第十一节 上海海洋大学滨海水产科技创新中心

1982年12月我校(原上海水产学院)与南汇县人民政府签署的《联合兴办淡水养殖试验场的原则协议》,1983年经国家农牧渔业部水产局批准建设淡水养殖场内场,整个基地是筑堤围海而成,于1984年4月使用至今;1986年8月29日经农牧渔业部水产局(1986)(渔计)第312号文批准、南汇县人民政府同意,委托南汇县新港乡人民政府筑堤围海建成了淡水养殖场外场。

1982年12月,南汇县人民政府与学校签订联合兴办淡水养殖试验场的原则协议,南汇县提供海滨公社范围内的海涂围垦土地120亩,学校负责生产基建投资和教学科研基建投资。1983年南汇县人民政府又与学校签订补充协议,双方将养殖场正式定名为淡水养殖试验场,是以教学、科研为主兼顾苗种生产的教学科研基地,试验场培育的种苗优先供应南汇县发展养殖生产。1985年11月,学校与南汇县计根生副县长商议,南汇县把养殖场划归学校所有,共占地 150.489 亩(内塘),但当时没有取得土地使用证,直到 1993 年 5 月 28 日学校才正式取得养殖场的国有土地使用证(沪国用〔南〕字第 1426 号)。2001 年 4 月 10 日学校取得了南汇养殖场外塘的房地产权证(沪房地南汇字〔2001〕第 002524 号),总面积 233.496 亩。

1983 年双方协商制定了《南汇县人民政府、上海水产学院联合淡水养殖试验场组织与经营管理细则》,经营管理工作分为组织管理、财务管理、生产和技术管理四个方面,但后来并未付诸实施。

1984 年淡水养殖试验场竣工,建成学生、教工宿舍、实验室办公楼、食堂浴室及配电房等 1 481 平方米,开挖大小池塘 38 只。场长兼技术员先后由吴嘉敏、陈文银、诸华文、何文辉、张登沥等担任。1997 年集资筹建虾蟹鱼多功能育苗车间,1998 年开始接受学生生产实习,场长兼技术人员由朱正国、戴习林等老师担任。

2002 年至 2008 年,由于学校两地办学等各种原因,对淡水养殖基地的建设没有进一步加强,这期间由于育苗池、养殖池塘等养殖设施受台风、暴雨等自然条件的影响,受到了严重的损坏,没有很好地发挥基地的作用。2008 年学校整体搬迁临港校区后,学校开始加强对基地的建设。2009 年,在上海市科委的支持下,上海市水产养殖工程技术中心落户我校淡水养殖基地,2010 年开始上海市水产养殖标准化养殖基地建设,同年获农业部团头鲂遗产育种中心项目建设,这些新建的项目已于 2012 年完成。目前,淡水养殖基地可容纳 70 名学生开展生产实习及科研创新活动,为我校水产学科的科技创新发挥重要的作用。

第十二节　上海海洋大学海水养殖试验场

1958 开始,我校养殖系以王素娟老师为主的"海带南移"研究团队在舟山开展了一系列的研究活动,1958—1966 年期间,学校在普陀山建立一座约 200 平方米的临海贝藻育苗室。在厦门期间,学校在集美建有海水养殖场,可进行鱼、虾、贝、藻育苗试验,场长为顾功超。厦门海沧钟宅大队也有海水养殖专业的实习基地。

学校迁回上海后,为了给海水养殖专业学生生产实习创造条件,1982年在浙江奉化湖头渡筹建校海水养殖试验场。1983年,我校浙江省奉化县松岙公社湖头渡海水养殖场建成,养殖场占地面积7.88亩,其中包括学校有产权的4.88亩,长期租用的外塘3亩。有建筑物1 250平方米,其中二层楼房26间(970平方米),平房10间(280平方米)。1983年至1998年,建成后的养殖场一直由渔业学院管理,主要用于生产实习和海洋生物资源调查实习;1999年开始由校产处管理,学校不再投资搞生产实习,养殖基地外塘出租给当地的养殖户,但基地仍承担生命学院和海洋学院的学生的海洋生物资源调查实习,实习时间为每年5月份(2—3批)和9月份(2—3批),每批30余人实习1—2周。后因养殖场常遇洪涝积水,墙体严重侵蚀,维修费用高,不能正常使用,2005年3月17日学校常委会批准处置养殖场土地,2007年4月28日学校与浙江船厂签订土地处置协议,以158万元卖给浙江船厂。

2005年10月5日,学校与象山县人民政府签署《海洋与水产科技合作协议书》,拟在象山建设上海海洋大学海水养殖科教基地。11月8日,学校召开由相关学院、部门参加的"象山实习基地"可行性论证会,认为象山基地的地理位置、资源环境等能满足学校要求,相关学院应有这样的科教基地作为学科建设的支撑。11月9日,校党政联席会议决定购置象山50亩左右地块,建设满足60个学生/批次的教学实习用房。

2008年3月18日,象山基地正式开工;2010年6月23日,完成一期建设的象山科教基地迎来了首批实习师生。2007级生物科学专业77名学生,开始了"海洋生物多样性调查"实习。2011年4月28日正式挂牌,上海海洋大学海水养殖科教基地正式启用。

第十三节　上海海洋大学生物系统和 神经科学研究所

上海海洋大学海洋生物系统和神经科学研究所是在上海水产大学

更名为上海海洋大学的背景下,旨在为开辟一条新的基础理论与应用学科能"一对一"直接合作的通道,由美国马里兰大学来的特聘教授宋佳坤博士于2007年11月创立的,是一个开放式多学科交叉的研究平台。目前,该所主要以多种鱼类为研究对象,应用功能形态解剖,行为和神经电生理记录分析以及分子生物学等多种技术,对鱼类特殊感觉器官及神经系统的结构、功能、进化发育和再生,以及对环境生态的适应机制进行深入研究,进而为它们在仿生学和各种不同应用领域,有机地提供理论基础。

首任所长宋佳坤教授毕业于上海水产学院(本校前身)海水养殖专业,1980年由朱元鼎院长和中科院动物所郑作新教授推荐,考取美国密执安大学(University of Michigan,Ann Arbor)奖学金,由中科院自费公派留学,主修比较神经生物学和鱼类学。宋佳坤教授长期从事鱼类进化形态学与比较神经生物学研究,为表彰其在"脑神经个体与系统发育理论上的独特见解和贡献,以及在鱼类侧线与侧线神系统的新发现"于1992年荣获美国先进科学协会的荣誉会员(AAAS Fellow)。

目前,该团队拥有教师5名,其中教授2人,讲师2人,是一支以中青年和具有海外留学经历的教师为主的创新型团队。该团队拥有博士后1名、研究生17名,并与国内外多所著名大学和研究所建立了实质性的合作和交流。该所成立以来,在学校及学院的支持下,科研条件得到迅速发展,目前已拥有设备较齐全的分子生物实验室、细胞培养室和完善的斑马鱼和其他各类鱼的饲养房以及较为先进的显微摄影(包括荧光)和显微注射设备、神经显微手术和解剖、神经电生理和鱼类行为与听觉、电感受等测试记录分析设备的实验室。并能分享使用生命学院的扫描电镜等大型仪器。目前,主持国家自然科学基金项目、上海市科委重点项目和973前期项目各1项。已在 Integrative Zoology 上发表本所成立大会论文集一本,6篇SCI论文,8篇国内核心期刊论文,并获得授权专利和实用新型专利各1项。

第七章　科技服务

水产养殖学科的社会科技服务始终贯穿学科的整个发展过程,主要有产学研合作与科技入户活动两种方式。在科技服务的过程中推动和丰富了水产养殖学科的研究内容,形成了系列特色鲜明的活动,充分体现了我校把论文写在江河湖海上的办学风格。

第一节　依托"产学研"基地
开展渔业科技服务

20世纪50年代,曾在宁波东钱湖建立教学实习基地,海水藻类养殖教研组教师深入舟山渔区,在进行现场教学的同时,进行海带大面积南移试验,开始建立产学研基地。60年代在渔区开展池塘高产养鱼技术服务,建立起具有中国特色的池塘养鱼高产理论体系。90年代,学校与金山区漕泾镇共建申漕特种水产养殖公司,成为学院水产养殖学科长期产学研基地,内容和规模日益完善,对该公司的发展提供了技术支撑,为全市高校产学研基地树立了典型。

进入20世纪以来,学院从"水、种、饵、病"等方面,与江苏吴江水产养殖有限公司、上海市松江区水产良种场、上海农好饲料有限公司、上海崇明赢东村等建立了"产、学、研"合作。参与了支援中西部建设,在新疆冷水性人工鱼类繁育与养殖、云南设施渔业车间建设与推广、西藏亚东鱼技术开发、安徽河蟹养殖等方面做了大量工作。有力地推动了服务社会工作,产生了显著的社会效益和经济效益。

第二节　组建教授博士服务团开展富有成效的渔业科技入户活动

　　2005年,王武教授被聘为农业部渔业科技入户首席专家。为贯彻《关于推进农业科技入户工作的意见》,学院当年组织10位专家组成的党员教授服务团,赴全国渔业科技示范县——江苏高淳渔区,开展渔业生产指导与培训服务活动。2006—2008年先后赴安徽省当涂县江苏省宝应县、安徽省五河县、湖北和安徽、江苏昆山等地开展科技入户活动。

　　2009年学院教授博士服务团分成8个服务分团分别赴上海市郊区县,江苏省扬州市宝应县、盱眙县和高淳县,安徽省芜湖市、宣城市宣州区和当涂县,四川省都江堰市,宁夏银川市郊、石嘴山市、青铜峡市和中卫市等18个区县进行渔业科技服务夏季行动。2010年,组建了由水产与生命学院为主,食品学院、经管学院参与的服务团,分成10个服务分团,共61位教师,带领24位博士生和硕士生,赴30多个区县,开展科技下乡"夏季行动"。2011年,组建由水产与生命学院为主,食品学院、经管学院、海洋学院和人文学院参与的服务团,分成12个服务分团,共110位教师,带领3位博士生和36位硕士生,赴上海、江苏、浙江、安徽、辽宁、宁夏、西藏、新疆等8省(区),共38个区县的渔区进行科技服务。

　　至今,参加的教授、博士一年比一年多,服务的面也一年比一年宽,影响也一年比一年大,成为本校为渔业服务的品牌,利用假期参加科技服务"夏季行动"的教授、博士累计达240人次;累计赴25个省85个县,在渔区举办112期培训班,培训农民8 295人次。同时,为服务上海水产发展,学院教师与上海18家标准化水产养殖场签署了产学研对接协议。

2011 年 10 月,上海海洋大学和苗栗县签订了中华绒螯蟹养殖科技合作协议,协助当地发展河蟹养殖产业,逐步探索形成苗栗河蟹养殖模式,实现规模化生产。2012 年 1 月 12 日至 3 月 3 日,在校党委副书记吴嘉敏的统筹部署下,学院成永旭教授、吴旭干副教授、杨志刚副教授及水产与生命学院十多位研究生放弃寒假假期,精心挑选的 2 220 公斤约 33.7 万只优质中华绒螯蟹优质蟹种分五批漂洋过海顺利运至台湾苗栗县。在这期间,我校王春博士及研究生阙有清放弃春节休息,在苗栗开展蟹种放养前的准备和放养后的指导工作。目前,我校协助苗栗县发展当地大闸蟹养殖产业,逐步形成苗栗大闸蟹养殖模式,实现规模化生产的工作已取得阶段性成果。

第三节 支援西部渔业与精准扶贫

水产养殖学科是一门应用性极强的学科,多年来依托科技下乡等特色活动把水产科技送到了一线养殖户的塘头。充分发挥东部地区科技优势,把水产养殖先进技术送到了贵州、宁夏、陕西、西藏等边远地区,积极参与当地的精准扶贫活动,为当地水产养殖技术改进与扶贫活动做出了显著的贡献。现重点介绍两个典型案例。

一、积极帮扶贵州实现现代渔业新发展

2008 年,学校选育的瓯江彩鲤被就引进到贵州省 7 个地、州、市的 12 个县进行养殖,其中遵义市是最大的养殖区。农业部渔业科技入户工程首席专家王武教授等高级专家多次驻地指导遵义市现代渔业发展。2012 年,成永旭教授团队在贵州平塘县进行大闸蟹引进和养殖的试验项目探索,当年就喜获成功,给农民带来了增收,成永旭教授被平塘县人民政府授予"荣誉县民"称号。2013—2016 年,稻渔综合种养新工艺在遵义从最初的 800 余亩推广至 30 000 余亩,依托水产养殖专业学校与遵义市政府签署战略合作框架协议,实现校、地"产、学、研"紧密

结合,有效促进了高校科研和技术成果在遵义市的推广和应用。2015年11月,学校与贵州铜仁签订全面深化产学研合作协议,开展高品质河蟹养殖技术推广,同时进行稻蟹种养的研发探索,使铜仁的河蟹养殖发展到6 825亩,并在2015年第九届全国河蟹大赛中斩获金奖。经过多年的努力,以成永旭、马旭州等教授领衔的科研团队针对我国河蟹产业发展转型需求,全面构建了"基于全程配合饲料和营养调控的高品质河蟹生态养殖技术体系",并将河蟹生态养殖技术和稻渔综合种养新工艺对口帮扶到贵州平塘、铜仁、遵义等地,与政府指导小组一起,通过驻地指导(研究生为主)、技术培训、实地观摩现场指导、技术合作等方式,实现"一水两用、一地多收",助力当地生态保护和资源循环高效利用。

(二) 开展亚东鲑鱼人工繁育科技服务,助推西藏亚东县脱贫摘帽

2015年以来,贯彻中央打赢脱贫攻坚战决策部署,亚东县成为上海重点对口支援地区,在上海市委、市政府强有力统筹协调下,上海海洋大学和亚东县签署合作协议,着力加快亚东鲑鱼产业化、规模化进程。针对亚东县在亚东鲑鱼人工繁育技术缺乏和相关技术人才匮乏的产业发展瓶颈问题,学校以"扶贫先扶智,兴业先兴技"为指导思想和总要求,以学科平台为依托,技术成果为支撑,组建了"亚东鲑鱼人工繁育科技服务团",开展了亚东鲑鱼的人工规模化繁育的科技服务与相关理论、技术培训,取得了显著成效,成功探索形成了"攻克一批难题、传授一批技术、培养一批人才、支撑一项产业、脱贫一方民众"的精准扶贫可持续发展之路。学校立足入选国家"双一流"建设的优势学科水产学,组建了王成辉教授领衔的科技服务团队,先后派出4名教授,2名高工,2名讲师,4名博士生,7名硕士生深入生产一线。经过近三年的科技攻坚,2017年11月,西藏自治区人民政府新闻办公室召开新闻发布会宣布,城关区、亚东县、乃东区、巴宜区、卡若区五个贫困县(区)率先实现脱贫摘帽,亚东成为五个区县唯一的一个脱贫摘帽县,以鲑鱼为代表的产业在人口仅有1.3万人的亚东县发挥了重要作用。

在亚东鲑鱼人工繁育科技服务过程中取得显著成效,主要体现在以下四个方面:

1. 技术成效。通过持续技术攻关,初步掌握了亚东鲑鱼的亲鱼培育、催熟促产、人工授精、控温孵化等关键技术,在关键环节上取得了重要突破,为亚东鲑鱼的产业化奠定了坚实的技术和物质基础。2017年12月亚东鲑鱼人工繁育共获受精卵4 100万粒,目前第一批鱼卵已孵化出鱼苗400万尾,其他鱼卵正在孵化中,预计全部鱼卵可孵出鱼苗约1 500万尾左右,三至四年后有望形成900万尾的商品鱼规模,为亚东鲑鱼的产业化奠定了坚实的技术和物质基础。

2. 人才成效。截至目前,已为亚东县培养了7名技术骨干和50名鲑鱼养殖合作社成员,他们初步掌握了亚东鲑鱼繁育的全流程操作技术要点。比如,旦增拉杰,从一名贫穷的牧羊少年成为亚东乡嘎林岗村的科技特派员,不仅自己成功脱贫,还带动贫困户搞生产。2017年上海海洋大学有12名毕业学生被上海市选派到西藏日喀则从事援疆工作,其中3名硕士生已到亚东鲑鱼繁育基地工作。

3. 产业成效。2017年上海援建投资4 600万元建设亚东鲑鱼商品鱼生态养殖产业园,产业园占地12万平方米,这是上海对口支援西藏地区发展的第一个大型水产建设项目。2018年,上海将再援建投资3 500万元完善生态产业园功能。同时建成1个亚东鲑鱼繁育基地,以及3个苗种培育基地。繁育基地建有6套循环水加温立体盒式孵化系统,可一次性满足近2 000万受精卵的孵化要求,是国内第一套冷水鱼现代化、集约化孵化系统。该繁育基地也是西藏地区功能最齐全、设施最完备、现代程度最高的鲑鱼养殖场。亚东鲑鱼已初步形成从"繁育——养殖——冷链储运——线上、线下销售"的完整产业链。

4. 脱贫成效。合作社的建立共计带动3个乡镇4个村(居)849户、2 343人增收,其中建档立卡贫困户156户、442人。措姆是下亚东乡切玛村鲑鱼养殖专业合作社的一员,她说:"政府帮我们把合作社建起来,贫困户优先就业,而鱼饲料是政府供应,销路由政府解决,等第一批鱼苗长成,卖出的收入也归我们合作社,没有后顾之忧,受益的都是我们百姓。"如今在亚东鲑鱼品牌号召下,社会资本也积极参与进来,直接带动亚东县资本投资近 3 亿元进行鲑鱼产业化开发。这些都将为亚东群众增收致富、同步奔小康创造扎实条件。

目前,上海海洋大学协同上海绿色技术银行,将冷水性鱼类的繁殖养殖技术存储到绿色技术银行,借助绿色技术银行对技术收储、升值、转化、转移以及与金融相融合的独特支撑优势,共同推动亚东鲑鱼产业的持续快速发展,并通过绿色技术银行对技术的转移转化功能及金融支撑的特点,把这项养殖技术推送到其他贫困地区,为精准脱贫共奔小康持续发力。

结　语

2018年,上海海洋大学水产学科进入双一流学科建设第一年,水产与生命学院为适应新形势下水产养殖学科的内涵建设,在学科管理上注重组织结构优化,将原来的7系调整为水产养殖技术与工程系、水产种质与育种系、水产营养与饲料系、水产动物医学系、水生生物系、发育生物系、水生动物生理系和海洋生物系等8个系;在学科结构优化的同时,将进一步加强水产学科师资队伍的建设工作,继续引进和培养高水平的学科人才;在人才培养上将进一步提高国际化学生的培养比例,拓展学科人才的国际视野;在科学研究及科技应用上,注重渔业产业转型对水产学科建设带来的机遇和挑战,以习近平总书记"两山理论"为指导,继续把论文写在江河湖海上,写在祖国的大好河山里。以李家乐、严兴红、成永旭、陈良标、李伟明、谭洪新、邱高峰、周志刚、邹钧、吕利群和吕为群等为代表的新一批水产人将继续投身"双一流"建设工作,继往开来,推进水产养殖学科的可持续发展。

主要参考文献

李家乐：《辉煌的历程——水产与生命学院发展史》，上海科学技术出版社，
  2012 年
叶骏：《侯朝海传》，上海人民出版社，2006 年
叶骏、潘迎捷：《湛湛人生》，上海人民出版社，2007 年
潘迎捷、乐美龙：《上海海洋大学传统学科、专业与课程史》，上海人民出版
  社，2012 年

附　录

附录一　不同时期教职工名册

1921 年-养殖科(8 人)

陈椿寿　陈谋琅　陈祝年　毛殿荣　彭望恕　钱时霖　沙惠嘉
吴金祥

1952 年-养殖生物系(11 人)

陈子英　蒋性均　刘琴宗　陆　桂　缪学祖　王以康　王义强
肖树旭　杨亦智　翟新林　朱元鼎

上海水产学院养殖系教职工名录(1956 年)(59 人)

陈子英　方纪祖　顾新根　华汝成　黄琪琰　黄世焦　金鑫波
雷慧僧　李秉道　李仁培　李松荣　梁象秋　林新濯　刘　铭
刘琴宗　柳传吉　陆　桂　陆家机　路　俨　罗云林　骆启荣
吕莉莱　缪学祖　彭德喜　邱望春　沈金鳌　施鼎钧　石　镛
宋德芳　苏锦祥　孙宝璐　孙宗杰　谭玉钧　唐士良　汪天生
汪养林　王嘉宇　王素娟　王尧耕　王义强　伍汉霖　席兴恒
萧树旭　徐森林　许成玉　严生良　杨　枢　杨亦智　俞泰济

虞纪刚　张菡初　张媛嫆　郑德崇　郑　刚　钟荣华　钟展烈
朱家彦　朱元鼎　祝皓明

厦门水产学院养殖系教职工名录(1977 年)(38 人)

蔡完其　陈国宜　陈佳荣　陈马康　顾功超　郭大德　洪惠馨
华汝成　纪成林　江福来　江维琳　李芳兰　李庆民　李思发
李思发　李婉端　李元善　楼允东　马家海　施正峰　宋天复
苏锦祥　童合一　王道尊　王维德　王　武　徐森林　许为群
杨和荃　张　英　张毓人　章景荣　章志强　赵维信　赵长春
周碧云　朱学宝　庄材琴

1993 年渔业学院教职工名册(106 人)

蔡完其　陈国宜　陈马康　陈文银　陈雪怡　戴习林　邓伯仁
顾功超　郭大德　何国强　何培民　何　为　黄旭雄　汲长海
纪成林　江　敏　姜仁良　姜新耀　蒋争春　金丽华　金鑫波
匡　梅　李家乐　李思发　李应森　梁象秋　凌国建　刘　红
刘其根　楼允东　卢卫平　陆宏达　陆　君　陆伟民　路安明
罗其智　吕国庆　马家海　梅志平　孟庆闻　牟　阳　潘兆龙
沈根媛　沈和定　施正峰　宋龙官　宋天复　苏锦祥　孙其焕
谭玉钧　唐宇萍　涂小林　王道尊　王　霏　王丽卿　王瑞霞
王素娟　王　武　王义强　王逸妹　魏海丽　魏　华　翁志毅
翁忠惠　吴嘉敏　吴建农　伍汉霖　徐森林　严兴洪　杨和荃
姚超琦　姚纪花　叶美珍　殷名称　俞　政　虞冰如　臧维玲
张朝平　张道南　张登沥　张建达　张金标　张克俭　张　敏
张饮江　张英培　张毓人　章志强　赵　玲　赵尚林　赵万兵
赵维信　赵振官　郑德崇　钟俊生　周碧云　周洪琪　周平凡
周胜耀　周孝康　周昭曼　周志美　朱学宝　朱迎国　朱正国
诸华文

2003 年　生命科学与技术学院教职工名册(81 人)

鲍宝龙	蔡生力	蔡完其	曹金顺	岑伟平	陈立婧	陈乃松
陈雪怡	陈再忠	成永旭	戴习林	龚小玲	何国强	何培民
何 为	何文辉	胡 鲲	胡娅梅	黄伟毅	黄旭雄	江 敏
冷向军	李家乐	李思发	李小勤	李 怡	李应森	林 高
林喜臣	刘 红	刘其根	陆宏达	路安明	罗春芳	罗国芝
马家海	牟 阳	潘连德	彭自然	瞿小英	曲宪成	邵 露
沈和定	沈伟荣	谭洪新	唐文乔	汪桂玲	王成辉	王丽卿
王 武	王 岩	魏海丽	魏 华	翁志毅	熊清明	严兴洪
杨东方	杨先乐	杨 勇	姚庆祯	叶宏玉	俞 政	郁黎平
臧维玲	张金标	张 敏	张庆华	张小明	张饮江	赵金良
赵振官	周洪琪	周平凡	周胜耀	周孝康	周志刚	朱 琴
朱迎国	朱正国	诸华文	邹曙明			

2012 年　水产与生命学院教职工名册(153 人)

白志毅	鲍宝龙	毕燕会	蔡春尔	蔡生力	曹海鹏	曹金顺
陈阿琴	陈 杰	陈立婧	陈丽平	陈良标	陈乃松	陈桃英
陈晓武	陈雪怡	陈再忠	陈作舟	成永旭	程千千	戴习林
丁德文	范纯新	范志锋	方淑波	冯建彬	高建忠	龚小玲
郭弘艺	何国强	何培民	何 珊	何 为	何文辉	胡 鲲
胡乐琴	胡梦红	胡忠军	华雪铭	黄林彬	黄伟毅	黄旭雄
霍元子	季高华	贾 亮	贾 睿	江 敏	姜有声	柯 蓝
李晨虹	李家乐	李娟英	李 丽	李 琳	李 爽	李伟明
李文娟	李小勤	李 怡	李应森	李 云	梁 潇	林海悦
凌 云	刘 东	刘 红	刘利平	刘其根	刘 伟	刘至治
刘志伟	陆宏达	路安明	罗春芳	罗国芝	吕利群	吕为群
马旭洲	牟幸江	牛东红	潘宏博	潘连德	彭自然	邱高峰
邱军强	裘 江	曲宪成	商利新	邵 留	邵 露	沈和定
沈伟荣	沈玉帮	宋佳坤	宋增福	孙大川	孙 净	谭洪新
唐首杰	唐文乔	陶贤继	汪桂玲	王成辉	王 春	王丽卿

王梦昭	王晓杰	王有基	魏海丽	翁志毅	吴　昊	吴惠仙
吴旭干	徐　灿	许　丹	薛俊增	严继舟	严兴洪	颜　标
杨东方	杨金龙	杨金权	杨先乐	杨筱珍	杨志刚	于克锋
俞　政	郁黎平	喻文娟	袁　林	翟万营	张登沥	张东升
张金标	张俊彬	张俊玲	张　敏	张庆华	张瑞雷	张文博
张饮江	赵金良	赵振官	钟国防	钟英斌	周洪娟	周平凡
周涛峰	周志刚	朱　琴	朱迎国	朱正国	邹曙明	

2018 年　水产与生命学院教职工名册(158 人)

白志毅	鲍宝龙	毕燕会	曹海鹏	陈阿琴	陈　杰	陈立婧
陈丽平	陈良标	陈乃松	陈桃英	陈晓武	陈再忠	陈作舟
成永旭	程千千	戴习林	董绍建	范纯新	范志锋	冯建彬
付元帅	高建忠	高　谦	高于欣	龚小玲	顾冰清	关桂君
桂　朗	郭弘艺	郭　婧	韩兵社	何国强	何　为	胡　鲲
胡乐琴	胡梦红	胡忠军	华雪铭	黄道芬	黄林彬	黄伟毅
黄旭雄	季高华	贾　亮	江守文	姜佳枚	姜有声	柯　蓝
冷向军	李晨虹	李嘉尧	李名友	李　爽	李松林	李文娟
李小勤	李一峰	李　怡	李　云	梁　箫	林海悦	刘　东
刘　红	刘利平	刘其根	刘　伟	刘晓军	刘　颖	刘至治
刘志伟	陆宏达	陆　颖	罗春芳	罗国芝	吕利群	吕为群
马克异	马旭洲	牛东红	潘宏博	潘连德	彭司华	邱高峰
邱军强	曲宪成	任建峰	邵　露	沈和定	沈伟荣	沈玉帮
施志仪	宋小尊	宋增福	孙大川	孙悦娜	孙　净	谭洪新
唐首杰	唐文乔	陶贤继	汪桂玲	王成辉	王　春	王　浩
王　建	王　军	王　磊	王丽卿	王梦昭	王晓杰	王有基
温　彬	吴　昊	吴旭干	吴智超	谢　菁	徐　灿	徐田军
徐晓雁	许　丹	严继舟	严兴洪	杨金龙	杨金权	杨筱珍
杨志刚	姚妙兰	俞　政	喻文娟	翟斯凡	翟万营	张东升
张金标	张俊芳	张俊玲	张庆华	张瑞雷	张文博	张旭光
张　亚	张　也	张宗恩	赵金良	赵　岩	钟国防	周洪娟

周平凡　周涛峰　周　艳　周志刚　朱其健　朱正国　竹攸汀
邹华锋　邹　钧　邹曙明　祖　尧

附录二　历届专著教材

一、历年出版的教材

1. 王以康,1958,鱼类学讲义,科学技术出版社。

2. 王以康,1958,鱼类分类学,科技卫生出版社。

3. 上海水产学院水产养殖系 1959 级学生,1959,池塘养鱼学讲义,高等教育出版社。

4. 王嘉宇,1961,水生生物学,农业出版社。

5. 王瑞霞(第二主编),1961,水产动物胚胎学(高浩第一主编),农业出版社。

6. 谭玉均、雷慧僧、李元善、姜仁良、施正峰,1961,池塘养鱼学,农业出版社。

7. 王素娟(第二主编),1961,藻类养殖学(张定民第一主编),农业出版社。

8. 张媛溶(参编),1961,贝类养殖学(戴国雄、王如才主编),农业出版社。

9. 黄琪琰、唐士良,1961,鱼病学,农业出版社。

10. 王义强、张瑛瑛等,1961,鱼类生理学,农业出版社。

11. 孟庆闻、缪学祖、张菡初、苏锦祥,1961,鱼类学(上册),农业出版社。

12. 孟庆闻、缪学祖、苏锦祥、俞泰济、刘铭,1962,鱼类学(下册),农业出版社。

13. 雷慧僧等,1961,水产养殖(中专教材),农业出版社。

14. 刘凤贤(参编),1979,海藻学(李伟信主编),上海科技出版社。

15. 张英(第二主编),1979,贝类学概论(蔡英亚第一主编),上海科技出版社。

16. 李松荣（参编），1980，贝类养殖学（王子臣主编），农业出版社。

17. 张道南、许为群（参编），1980，海洋饵料生物培养（陈明耀主编），农业出版社。

18. 雷慧僧、姜仁良、王道尊，1981，池塘养鱼学，上海科技出版社。

19. 楼允东、郑德崇等，1981，组织胚胎学，农业出版社。

20. 苏锦祥（主编）、凌国建等（参编），1982，鱼类学与海水鱼类养殖，农业出版社。

21. 严生良、梁象秋、杨和荃（参编），1982，淡水生物学（上册）（何志辉主编），农业出版社。

22. 徐森林（主编）、钟为国（参编），1983，淡水捕捞学，农业出版社。

23. 黄琪琰（主编）、唐士良（参编），1983，鱼病学，上海科技出版社。

24. 曾呈奎、王素娟等，1985，海藻栽培学，上海科技出版社。

25. 张克俭，1986，生物学基础，农业出版社。

26. 杨和荃，1986，淡水生物学（中央农业广播电视学校教材），农业出版社。

27. 张克俭，1989，普通生物学（中央农业广播电视学校教材），农业出版社。

28. 孟庆闻、缪学祖、俞泰济等，1989，鱼类学（形态、分类），上海科技出版社。

29. 楼允东、李元善，1989，鱼类育种学，百家出版社。

30. 王义强（主编）、赵维信、宋天复（参编），1990，鱼类生理学，上海科技出版社。

31. 李亚娟（参编），1990，普通生物学，高等教育出版社。

32. 赵维信（主编）、周洪琪（参编），1992，鱼类生理学，高等教育出版社。

33. 王瑞霞（主编），1993，组织学与胚胎学，高等教育出版社。

34. 李婉端（参编），1993，鱼类学（叶富良主编），高等教育出版社。

35. 杨和荃（参编），1993，淡水生物学（李永函主编），高等教育出版社。

36. 臧维玲（参编），1993，淡水养殖水化学，广西科技出版社。

37. 谭玉均（主编）、王武、蔡完其、陆伟民（参编），1994，淡水养殖，中央广播电视大学出版社。

38. 孟庆闻、李婉端、周碧云，1995，鱼类学实验指导，中国农业出版社。

39. 殷名称，1995，鱼类生态学，中国农业出版社。

40. 苏锦祥（主编）、凌国建等（参编），1995，鱼类学与海水鱼类养殖（第二版），中国农业出版社。

41. 张道南（参编），1995，生物饵料培养（陈明耀主编），中国农业出版社。

42. 梁象秋、方纪祖、杨和荃，1996，水生生物学（形态和分类），中国农业出版社。

43. 臧维玲（参编），1996，水化学（陈佳荣主编），中国农业出版社。

44. 臧维玲（参编），1996，水化学实验指导书（陈佳荣主编），中国农业出版社。

45. 王道尊（副主编），1996，水产动物营养学与饲料学（李爱杰主编），中国农业出版社。

46. 楼允东（主编）、郑德荣（参编），1996，组织胚胎学（第二版），中国农业出版社。

47. 童合一（副主编）、陈马康（参编），1996，内陆水域鱼类增养殖学（史为良主编），中国农业出版社。

48. 纪成林（参编），1997，虾蟹类增养殖学（王克行主编），中国农业出版社。

49. 王武（主编），2000，鱼类增养殖学，中国农业出版社。

50. 楼允东（主编），2001，鱼类育种学，中国农业出版社。

51. 周洪琪（副主编），2002，动物生理学，高等教育出版社。

52. 王丽卿（副主编），2003，水生生物学，中国农业出版社。

53. 王丽卿（副主编），2003，水生生物学实验指导书，中国农业出版社。

54. 杨先乐（主编），2003，水产动物病害学，中国农业出版社。

55. 臧维玲（副主编），2004，养殖水环境化学，中国农业出版社。

56. 黄琪琰（主编），2004，水产动物疾病学，上海科学技术出版社。

57. 魏　华（主编），2005，水产动物营养与饵料培养，中国农业出版社。

58. 成永旭(主编),2005,生物饵料培养学,中国农业出版社。

59. 马家海(参编),2005,海藻遗传学,中国农业出版社。

60. 臧维玲(副主编),2006,养殖水环境化学实验,中国农业出版社。

61. 沈和定(副主编),2007,贝类增养殖学,中国农业出版社。

62. 冷向军(参编),2007,食品原料安全控制,中国轻工业出版社。

63. 李家乐(副主编),2008,水产英语,辽宁师范大学出版社。

64. 陈立婧(参编),2008,普通动物学,中国农业出版社。

65. 薛俊增(主编),2009,甲壳动物学,上海教育出版社。

66. 楼允东(主编),2009,鱼类育种学,中国农业出版社。

67. 魏　华、曲宪成(参编),2009,动物生理学,高等教育出版社。

68. 魏　华、曲宪成(参编),2009,动物生理学实验,高等教育出版社。

69. 黄旭雄、华雪铭(参编),2010,营养与饵料生物培养实验教程,高等教育出版社。

70. 李家乐(主编),2011,池塘养鱼学,中国农业出版社。

71. 魏　华(主编),2011,鱼类生理学,中国农业出版社。

72. 杨先乐(主编),2011,鱼类药类学,中国农业出版社。

73. 华雪铭(副主编),2011,水产动物营养与饲料学实验教程,中国农业出版社。

74. 杨先乐(主编),2011,水产动物病害学(第二版),中国农业出版社。

75. 杨先乐(参编),2011,2011 年执业兽医资格考试大纲(水生动物类),中国农业出版社。

76. 杨先乐(参编),2011,2011 年执业兽医资格考试应试指南(水生动物类),中国农业出版社。

77. 江　敏(参编),2011,2011 年执业兽医资格考试应试指南(水产养殖环境),中国农业出版社。

78. 李家乐(主编),2011,池塘养鱼学,中国农业出版社。

79. 杨先乐,2011,渔药药理学,中国农业出版社。

80. 蔡生力,2015,水产养殖学概论,海洋出版社。

81. 吕利群,2017,水产动物检疫学,中国高等教育出版社。

82. 杨先乐,2017,水生动物寄生虫学,中国农业出版社。

83. 胡鲲,2017,渔药药理学实验,科学出版社。

84. 冷向军,2017,观赏水族营养与饲料学,中国农业出版社。

85. 李家乐,2018,水族动物育种学,中国农业出版社。

二、历年出版的专著、科技书籍

1. 朱元鼎、王文滨,1958,中国动物图鑑,鱼类第一册,科学出版社。

2. 缪学祖等(译著),1958,分门鱼类学,高等教育出版社。

3. 孟庆闻等,1959,灰星鲨的解剖,华东师范大学出版社。

4. 朱元鼎,1960,中国软骨鱼类志,科学出版社。

5. 孟庆闻、苏锦祥,1960,白鲢的系统解剖,科学出版社。

6. 朱元鼎等,1962,南海鱼类志,科学出版社。

7. 朱元鼎(参编),1962,中国经济动物志·海产鱼类,科学出版社。

8. 朱元鼎、罗云林、伍汉霖,1963,中国石首鱼类分类系统的研究及新属新种的叙述,上海科技出版社。

9. 朱元鼎(主编)、伍汉霖、金鑫波、许成玉等(参编),1963,东海鱼类志,科学出版社。

10. 梁象秋、严生良、纪成林,1974,养蟹,农业出版社。

11. 纪成林,1978,对虾,农业出版社。

12. 伍汉霖、金鑫波、倪勇,1978,中国有毒鱼类和药用鱼类,上海科技出版社。

13. 朱元鼎、孟庆闻,1979,中国软骨鱼类侧线管系统以及罗伦瓮和罗伦管系统的研究,上海科技出版社。

14. 伍汉霖、苏锦祥、金鑫波、孟庆闻(参编),1979,南海诸岛海域鱼类志(南海水产研究所主编),科学出版社。

15. 李松荣、张道南等(厦门水产学院贝类教研组),1979,贻贝养殖,科学出版社。

16. 蔡完其、李思发(译著),1979,稚鱼的摄饵和发育,上海科技出版社。

17. 蔡完其(译著),1980,养鱼饲料学,农业出版社。

18. 朱元鼎、伍汉霖、金鑫波、苏锦祥、孟庆闻等,1980,福建海洋经济鱼类,福建科技出版社。

19. 杨和荃(参编),1980,淡水习见藻类,农业出版社。

20. 宋天复(译著),1982,海洋动物环境生理学,农业出版社。

21. 朱元鼎、伍汉霖、金鑫波、苏锦祥、孟庆闻等,1984、1985,福建鱼类志(上、下卷),福建科技出版社。

22. 孟庆闻、苏锦祥(译著),1985,世界的鱼类,农业出版社。

23. 张道南(参编),海水养殖手册,上海科技出版社。

24. 窦厚培、王武,1985,池塘养鱼,农业出版社。

25. 张伟权、纪成林,1986,对虾养殖技术,上海科技出版社。

26. 伍汉霖、金鑫波、俞泰济、周碧云(参编),1986,海南岛淡水及河口鱼类志(珠江水产研究所主编),广东科技出版社。

27. 黄琪琰(参编),1986,动物检疫(第二版),上海科技出版社。

28. 孟庆闻、苏锦祥、李婉端,1987,鱼类比较解剖,科学出版社。

29. 朱元鼎、孟庆闻、苏锦祥、伍汉霖、金鑫波(参编),1987,中国鱼类系统检索(成庆泰等主编),科学出版社。

30. 苏锦祥、王义强、凌国建(参编),1987,海水鱼类养殖与增殖(郑澄伟主编),山东科技出版社。

31. 李思发、徐森林,1988,水库养鱼与捕鱼,上海科技出版社。

32. 童合一、纪成林等,1988,浅海滩涂海产养殖致富指南,金盾出版社。

33. 李思发,1989,淡水鱼类种群生态学,农业出版社。

34. 张扬宗、谭玉均、欧阳海(主编),1989,中国池塘养鱼学,科学出版社。

35. 纪成林等,1989,中国对虾养殖新技术,金盾出版社。

36. 施正峰、童合一等,1990,水产经济动物养殖,农业出版社。

37. 谭玉均(主编)、王道尊、王武(参编),1990,池塘高产养鱼新技术,上海科技出版社。

38. 梁象秋(参编),1990,中国内陆水域渔业资源,农业出版社。

39. 童合一(参编),1990,内陆水域渔业资源调查手册,农业出版社。

40. 顾功超,1990,鲨,中国大百科全书出版社。

41. 童合一,1990,鱼虾蟹饲料配制和饲喂,农业出版社。

42. 伍汉霖(副主编)、金鑫波、俞泰济、钟俊生(参编),1990,广东淡水鱼类志(潘炯华主编),广东科技出版社。

43. 李思发等,1990,长江、珠江、黑龙江鲢、鳙、草鱼种质资源研究,上海科技出版社。

44. 陈马康、童合一、俞泰济,1990,钱塘江鱼类资源,上海科技文献出版社。

45. 童合一(参编),1990,中国内陆水域渔业规划,浙江科技出版社。

46. 王素娟等,1991,中国经济海藻超微结构研究,浙江科技出版社。

47. 臧维玲(主编),1991,养鱼水质分析,农业出版社。

48. 雷慧僧(参编),1991,中国淡水养殖技术发展史,科学出版社。

49. 王武,1991,池塘养鱼高产技术,农业出版社。

50. 孟庆闻,1992,鲨和鳐的解剖,海洋出版社。

51. 黄琪琰、宋承方,1992,鱼病防止实用技术,农业出版社。

52. 黄琪琰、陆宏达,1993,暴发性鱼病防止技术,农业出版社。

53. 黄琪琰(主编)、陆宏达等(参编),1993,水产动物疾病学,上海科技出版社。

54. 王素娟(参编),1993,水产养殖手册,农业出版社。

55. Li Sifa(李思发)and J. Mathias (eds.),1994,Freshwater Fish Culture in China：Principle and Practice. ELSEVIER.

56. 王素娟等,1994,海藻生物技术,上海科技出版社。

57. 谭玉均(参编),1994,中国淡水鱼类养殖学(第三版),农业出版社。

58. 潘连德,1994,经济动植物生产新技术,吉林人民出版社。

59. 潘连德,1994,淡水养殖实用技术,解放军出版社。

60. 王素娟、凌国建(参编),1995,海水增养殖技术问答,中国农业出版社。

61. 李应森(参编),1995,游钓,中国农业出版社。

62. 孟庆闻、苏锦祥、缪学祖,1995,鱼类分类学,中国农业出版社。

63. 黄琪琰(参编),1995,动物传染病学,吉林科技出版社。

64. 杨先乐等,1995,鳖病及其防治,中国农业科技出版社。

65. 王道尊,1995,鱼用配合饲料,中国农业出版社。

66. 朱学宝、施正峰(主编),1995,中国鱼池生态学研究,上海科技出版社。

67. 李思发,1996,中国淡水鱼类种质资源和保护,中国农业出版社。

68. 陈马康(参编),1996,淀湖渔业高产模式及生态渔业研究论文,中国农业出版社。

69. 王素娟(参编),1996,植物原生质体培养和遗传操作(许智宏、卫志明主编),科学出版社。

70. 马家海、蔡守清,1996,条斑紫菜的栽培与加工,科学出版社。

71. 王武,1996,特种水产品养殖新技术,科学出版社。

72. 李思发(主编),1997,中国淡水主要养殖鱼类种质研究,上海科技出版社。

73. 王素娟(参编),1997,海洋生物技术(曾呈奎、相间海主编),山东科技出版社。

74. 雷慧僧、王武,1997,池塘养鱼高产高效技术,金盾出版社。

75. 李应森,1997,名特水产品稻田养殖技术,中国农业出版社。

76. 杨先乐(主编)、黄琪琰(参编),1998,鱼药手册,中国农业科技出版社。

77. 李思发(参编),1999,Sustainable Aquaculture。

78. 李思发(参编),1999,Genetics in sustainable fisherie management。

79. 楼允东(主编)、杨先乐(参编),1999,鱼类育种学,中国农业出版社。

80. 杨先乐,1999,特种水产动物病害防治技术问答,中国盲文出版社。

81. 黄琪琰(主编)、陆宏达、涂小林(参编),1999,鱼病防止实用技术,第二版,中国农业出版社。

82. 黄琪琰(主编),1999,鱼病防治与诊断图谱,中国农业出版社。

83. 黄琪琰(主编)、陆宏达、涂小林等(参编),水产养殖动物病害防治问答,上海科学技术出版社。

84. 孟庆闻、苏锦祥、伍汉霖、金鑫波、唐文乔(参编),2000,中国脊椎动物大全,辽宁大学出版社。

85. 李思发(参编),2000,生物安全,科学出版社。

86. 唐文乔(参编),2000,中国动物志硬骨鱼纲鲤形目(下卷),科学出版社。

87. 李思发,2001,长江重点鱼类生物多样性与保护研究,上海科技出版社。

88. 朱元鼎、孟庆闻,2001,中国动物志圆口纲、软骨鱼纲,科学出版社。

89. 王素娟(参编),2001,中国藻类学研究,武汉出版社。

90. 伍汉霖等,2002,中国有毒和药鱼类新志,中国农业出版社。

91. 李应森、何文辉(主编),2002,河蟹养殖新技术,上海科学技术出版社。

92. 伍汉霖(主编),2002,中国有毒及药用鱼类新志,中国农业出版社。

93. 苏锦祥(主编),2002,中国动物志(硬骨鱼纲鲀形目海蛾鱼目喉盘鱼目鮟鱇目),科学出版社。

94. 唐文乔(参编),2003,上海九段沙湿地自然保护区科学考察集,科学出版社。

95. 何文辉(主编),2003,家庭观赏鱼饲养,上海科学技术出版社。

96. 杨先乐(主编),2003,渔用药无公害使用技术,中国农业出版社,。

97. 王道尊、黄旭雄(主编),2003,渔用饲料实用手册,上海科学技术出版社。

98. 王素娟(主编),2004,中国常见红藻超微结构,宁波出版社。

99. 楼允东(参编),2004,淡水养殖实用全书,中国农业出版社。

100. 杨东方(主编),2004,胶州湾浮游植物的生态变化过程与地球生态系统的补充机制,海洋出版社。

101. 杨先乐(主编),2005,新编渔药手册,中国农业出版社。

102. 钟俊生(策划、设计及统稿),2005,内蒙古水生经济动植物原色图文集,内蒙古教育出版社。

103. 伍汉霖(主编),2005,有毒、药用及危险鱼类图鉴,上海科学技术出版社。

104. 黄琪琰（主编），2005，淡水鱼病防治实用技术大全，中国农业出版社。

105. 蔡生力（主编），2005，海水生态养殖理论与技术，海洋出版社。

106. 杨东方（主编），2006，海湾生态学，中国教育文化出版社。

107. 伍汉霖（主编），2006，江苏鱼类志，中国农业出版社。

108. 钟俊生（主编），2006，舟山海域鱼类原色图鉴，浙江科学技术出版社。

109. 张饮江（编著），2006，水产生物运输与保鲜技术，化学工业出版社。

110. 何培民（主编），2007，海藻生物技术及其应用，化学工业出版社。

111. 蔡生力、黄旭雄（主编），2007，甲壳动物的健康养殖与种质改良，海洋出版社。

112. 李家乐等（编著），2007，中国外来水生动植物，上海科学技术出版社。

113. 李小勤（参编），2007，鹅高效生产技术手册（第二版），上海科学技术出版社。

114. 杨东方（主编），2007，胶州湾和长江口的生态变化，海洋出版社出版。

115. 伍汉霖（主编），2008，中国动物志，科学出版社。

116. 李应森（主编），2008，鳄龟健康养殖新技术，上海科学技术出版社。

117. 杨东方（主编），2008，海洋生态学词汇，海洋出版社。

118. 杨先乐（主编），2008，水产养殖用药处方大全，化学工业出版社。

119. 杨先乐（参编），2008，渔药药剂学，中国农业出版社。

120. 杨先乐（参编），2008，渔药制剂工艺学，中国农业出版社。

121. 曹海鹏、杨先乐（参编），2008，Aquaculture Research Trends，Nova Science publishers。

122. 魏华（参编），2008，Microinjection，Microinjection。

123. 杨先乐（主编），2009，水产健康防病养殖用药处方手册，化学工业出版社。

124. 杨先乐(主编),2009,黄鳝泥鳅养殖用药处方手册,化学工业出版社。

125. 杨先乐(主编),2009,淡水虾蟹养殖用药处方手册,化学工业出版社。

126. 杨先乐(主编),2009,常规淡水鱼类养殖用药处方手册,化学工业出版社。

127. 杨先乐(主编),2009,名优淡水鱼类养殖用药处方手册,化学工业出版社。

128. 杨先乐(主编),2009,淡水特种动物养殖用药处方手册,化学工业出版社。

129. 杨先乐(主编),2009,海水虾蟹养殖用药处方手册,化学工业出版社。

130. 杨先乐(主编),2009,海水名优动物养殖用药处方手册,化学工业出版社。

131. 杨先乐(主编),2009,海水鱼类养殖用药处方手册,化学工业出版社。

132. 杨东方(主编),2009,数学模型在生态学的应用及研究(1),海洋出版社。

133. 杨东方(主编),2009,数学模型在生态学的应用及研究(2),海洋出版社。

134. 杨东方(主编),2009,数学模型在生态学的应用及研究(3),海洋出版社。

135. 杨东方(主编),2009,数学模型在生态学的应用及研究(4),海洋出版社。

136. 杨东方(主编),2009,数学模型在生态学的应用及研究(5),海洋出版社。

137. 杨东方(主编),2009,数学模型在生态学的应用及研究(6),海洋出版社。

138. 魏华(参编),2009,Microinjection, Humana Press。

139. 何培民(副主编),2009,中国海洋本草,上海科学技术出版社。

140. 李家乐（参编），2009，水产学学科发展报告，中国科学技术出版社。

141. 邹曙明（主编），2009，基因资源与现代渔业，中国科学技术出版社。

142. 唐文乔、刘东（参编），2010，《中国动物志（鳗鲡目、背脊鱼目）》，科学出版社。

143. 王武、李应森（主编），2010，河蟹生态养殖，中国农业出版社。

144. 杨东方、张饮江（主编），2010，海湾生态学，海洋出版社。

145. 鲍宝龙、李家乐、邱高峰、王成辉、魏华、邹曙明（译），2011，水产基因组学技术，中国化工出版社。

146. 李应森、王武（主编），2011，河蟹高效生态养殖问答与图解，海洋出版社。

147. 刘其根等（主编），2011，千岛湖鱼类资源，上海科学技术出版社。

148. 邹曙明（参编），2011，水产基因组技术与研究进展，海洋出版社。

三、历年出版的辞书

1. 英汉水产词汇，1979，科学出版社。（伍汉霖、金鑫波）

2. 辞海，1979、1989、1999 版，上海辞书出版社。（朱元鼎、伍汉霖、金鑫波、黄琪琰、刘凤贤等参编）

3. 简明生物学词典，1983，上海辞书出版社。（伍汉霖、金鑫波参编）

4. 少年自然百科辞典（生物、生理卫生），1986，上海少年儿童出版社。（殷名称参编）

5. 百科知识辞典，1989，中国大百科全书出版社。（雷慧僧参编）

6. 中国大百科全书（农业卷），1990，中国大百科全书出版社。（朱元鼎、孟庆闻、王素娟、伍汉霖、苏锦祥、金鑫波等参编）

7. 中国大百科全书（生物学卷），1991，中国大百科全书出版社。（朱元鼎、孟庆闻、苏锦祥、伍汉霖、金鑫波参编）

8. 中国农业百科全书（水产业卷），1994，中国农业出版社（谭玉均、王素娟、伍汉霖、孟庆闻、苏锦祥、金鑫波等参编）

9. 英汉渔业辞典，1995，中国农业出版社。（李思发、苏锦祥、伍汉霖参编，孟庆闻参加审定）

10. 少年自然百科辞典（工农业分册），1995，上海少年儿童出版社。（殷名称参编）

11. 农业大辞典，1998，中国农业出版社。（伍汉霖、黄琪琰、刘凤贤参编）

12. 拉汉世界鱼类名典，1999，台湾水产出版社。（伍汉霖、邵广昭主编）

13. 简明中国水产养殖百科全书，2001，中国农业出版社。（宋天复等参编）

14. 水产辞典，2007，上海辞书出版社。（李家乐、何培民、江敏、李思发、楼允东、马家海、苏锦祥、王丽卿、王武、杨先乐、臧维玲、张饮江、周洪琪等参编）

四、优秀教材奖、教学成果奖和优秀科技图书奖

（一）优秀教材奖

1. 《海藻栽培学》1990 年获国家教委"全国高等学校教材优秀奖"（曾呈奎、王素娟主编）。

2. 《鱼类比较解剖》1992 年获国家教委"第二届普通高等学校优秀教材全国优秀奖"（孟庆闻、苏锦祥、李婉端）。

3. 《淡水养殖水化学》1995 年获国家教委优秀教材二等奖（臧维玲参编）。

4. 《水产动物疾病学》1995 年获农业部优秀教材一等奖（黄琪琰主编）。

5. 《鱼类生态学》1997 年获上海市高校优秀教材二等奖（殷名称）。

6. 《鱼类育种学》2005 年度全国高等农业院校优秀教材（楼允东）。

7. 《养殖水环境化学》2005 年度全国高等农业院校优秀教材（臧维玲）。

8. 《鱼类增养殖学》2005 年上海市优秀教材成果三等奖（王武）。

9. 《生物饵料培养学》2008 年全国高等农业院校优秀教材奖（成永旭）。

10.《甲壳动物学》2011 年上海普通高校优秀教材二等奖(薛俊增)。

（二）教学成果奖

1. "鱼类学课程建设"1989 年获上海市优秀教学成果奖(完成人：缪学祖、孟庆闻、苏锦祥等)。

2. "鱼类生理学课程建设"1993 年获上海市普通高校优秀教学成果二等奖(完成人：赵维信、王义强、宋天复、周洪琪、魏华)。

3. "渔业学院教学改革为核心,科技服务为依托,创造'产、学、研'一体教学模式"1996 年获上海市教学成果二等奖(完成人：陈马康等)。

4. "上海河口区特种水产科研开发课题"1997 年获上海市优秀产学研项目二等奖(完成人：臧维玲等)。

5. "温室集约化养鳖疾病防治"1999 年获上海市优秀产学研项目三等奖(完成人：蔡完其)。

6. "水产养殖专业产学研合作教育模式的探索与实践"1999 年获上海市产学研合作教育"九五"试点阶段成果二等奖,2001 年获上海市产学研工程三等奖(完成人：吴嘉敏、臧维玲等)。

7. "水产养殖专业(本科)人才培养方案教学内容和课程改革的研究与实践"2001 年获上海市教学改革三等奖(完成人：王武等)。

8. 2002—2003 学年王丽卿承担水生生物学课程建设项目获校级重点课程建设一等奖。

9. 2002 年周志刚教授承担的"水产养殖专业产学研合作教育模式的探索与实践"获上海市优秀产学研工程项目三等奖。

10. 2003 年,臧维玲入选第一届上海高校教学名师。

11. 2003 年,江敏被评为上海市新长征突击手。

12. 2003 年,臧维玲、魏华、江敏被评为校师德标兵。

13. 2003 年,臧维玲、江敏承担的《养殖水化学》被评为上海市精品课程。

14. 2003 年,臧维玲、江敏承担的《养殖水化学》课件被评为 2003 年校级优秀 CIA 课件。

15. 2003 年,陈立婧承担的《动物学》获校级课程建设二等奖。

16. 2003 年,汪桂玲承担的《遗传学》获校级课程建设二等奖。

17. 2004 年,魏华获上海市育才奖,获校优秀教育工作者。

18. 2004 年,张庆华被评为校优秀教师。

19. 2004 年,马家海被评为校教学名师。

20. 2004 年,周志刚、王丽卿承担的《水生生物学》被评为上海市精品课程奖。

21. 2005 年,唐文乔、龚小玲承担的《鱼类学》被评为上海市精品课程奖。

22. 2005 年,龚小玲、鲍宝龙承担的鱼类学 CAI、王丽卿承担的“《水生生物学》课程建设与改革”、江敏承担的“《养殖水化学课程》课程建设与改革”等项目获校级教学成果一等奖。

23. 2005 年,龚小玲、鲍宝龙承担鱼类学 CAI 课件获高等教育上海市级教学成果奖评审结果(三等奖)

24. 2006 年,周平凡承担的《光镜与电镜技术》课件获校级建设课程优秀奖。

25. 2006 年,王武承担的《鱼类增养殖学》获上海市精品课程奖。

26. 2006 年,龚晓玲获校优秀青年教师,江敏获校优秀教育工作者等。

27. 2006 年,唐文乔、龚小玲、鲍宝龙承担的《鱼类学》被评为水产学科第一门国家级精品课程。

28. 2006 年,王武教授被评为上海市教学名师。

29. 2007 年,王武教授获全国优秀教师荣誉称号。

30. 2007 年,江敏老师获上海市育才奖。

31. 2007 年,蔡生力,校师德标兵。

32. 2007 年,华雪铭,校优秀青年教师。

33. 2008 年,李应林、王武等,《鱼类增养殖学》获国家级精品课程。

34. 2008 年,陈再忠、王武、何为、何文辉、马旭洲,水族科学与技术本科人才培养模式的研究与实践,上海海洋大学教学成果一等奖。

35. 2008 年,唐文乔、龚小玲、鲍宝龙、钟俊生、杨金权、刘至治,鱼类学国家精品课程建设的探索与实践,上海海洋大学教学成果一等奖。

36. 2008 年,王丽卿、季高华、张瑞雷、陈立婧、薛俊增,《水生生物学》精品课程建设,上海海洋大学教学成果一等奖。

37. 2008 年,何培民、吴维宁、蔡春尔、郭婷婷、林成,《分子生物学》课程建设,上海海洋大学教学成果一等奖。

38. 2008 年,戴习林、臧维玲、蔡生力、江敏、丁福江,坚持特色、充实内涵——水产养殖专业产学研合作实践教学的深化改革与实践,上海海洋大学教学成果二等奖。

39. 2008 年,成永旭、黄旭雄、魏华、华雪铭、陈乃松,适应水产养殖学科发展的饵料与营养生理系列课程教学改革与实践及教材编写,上海海洋大学教学成果二等奖。

40. 2008 年,张庆华、高建忠、姜有声、宋增福、欧杰,《微生物学》课程建设,上海海洋大学教学成果二等奖。

41. 2008 年,王丽卿,上海市三八红旗手。

42. 2008 年,冷向军,上海高校优秀青年教师。

43. 2008 年,李思发,全球水产养殖联盟终身成就奖。

44. 2008 年,周志刚,校师德标兵。

45. 2008 年,李应森,校优秀教育工作者。

46. 2008 年,唐文乔,上海市教学名师。

47. 2008 年,唐文乔,校教学名师。

48. 2008 年,吴旭干,校优秀青年教师。

49. 2008 年,沈伟荣,校优秀青年管理干部。

50. 2009 年,李思发,荣获第三届中华农业英才奖。

50. 2009 年,王　武,获"新中国成立 60 周年'三农'模范人物"称号。

51. 2009 年,孟庆闻、臧维玲,获"新中国成立以来上海百位杰出女教师"称号。

52. 2009 年,蔡生力,上海市育才奖。

53. 2009 年,李应森,上海市模范教师。

54. 2009 年,唐文乔等,鱼类学国家精品课程建设的探索与实践,上海市教学成果一等奖。

55. 2009 年,成永旭、黄旭雄等,生物饵料培养,上海市精品课程。

56. 2009 年,唐文乔、龚小玲等,鱼类学课程,上海市教学团队。

57. 2009 年,江敏等,水产科学实验教学中心,国家级示范中心。

57. 2009 年,何培民,校优秀教育工作者。

58. 2009 年,邱高峰,校师德标兵。

59. 2009 年,成永旭,校教学名师。

60. 2009 年,李娟英,校优秀青年教师。

61. 2009 年,李爽,校优秀青年管理干部。

62. 2010 年,沈和定,师德先进个人。

63. 2010 年,刘利平,优秀青年教师。

63. 2010 年,黄旭雄,创先争优师德标兵。

64. 2010 年,黄旭雄、华雪铭等,浙江粤海饲料有限公司,校优秀实习基地。

66. 2010 年,蔡生力、刘红等,上海海洋大学海洋生物(青岛)教学实践基地,校优秀实习基地。

67. 2010 年,唐文乔、鲍宝龙等,水生生物系鱼类教研室,校实习教学先进集体。

68. 2010 年,邹曙明、孙大川、李娟英,校实习教学先进个人。

69. 2010 年,戴习林、凌云、曲宪成、张俊玲,本科毕业设计(论文)优秀指导教师。

70. 2011 年,李娟英,活性炭对苯酚的吸附作用,校优秀实验项目。

71. 2011 年,陆宏达,嗜水气单胞菌的人工感染及分离大实验,校优秀实验项目。

72. 2011 年,李家乐、汪桂玲等,遗传育种学,校级重点建设课程项目优秀奖。

73. 2011 年,李娟英、江敏等,环境化学,校级重点建设课程项目优秀奖。

74. 2011 年,成永旭、黄旭雄等,营养饲料与生理系,校优秀基层教育教学组织。

75. 2011 年,何培民、李娟英等,海洋环境与生态系,校优秀基层教育教学组织。

76. 2011 年,唐文乔、陈立婧、王丽卿、刘至治、刘东,以增强创新能力为目标的生物科学特色专业建设,上海海洋大学教学成果特等奖。

77. 2011 年,刘其根、李家乐、李应森、成永旭、谭洪新,水产养殖本科专业实践教学体系的建设与创新,上海海洋大学教学成果一等奖。

78. 2011 年,江敏、李娟英、彭自然、凌云、罗春芳,环境科学专业实验实践课程体系优化与改革,上海海洋大学教学成果一等奖。

79. 2011 年,李娟英、江敏、彭自然、凌云、罗春芳,环境科学专业实验实践课程体系优化与改革,上海海洋大学教学成果二等奖。

80. 2011 年,黄旭雄、成永旭、华雪铭、陈乃松,与行业发展需求相匹配的动物科学专业实践教学改革,上海海洋大学教学成果三等奖。

81. 2011 年,徐灿、江敏、林海悦、张金标、商利新,大学生创新服务平台的构建,上海海洋大学教学成果三等奖。

82. 2011 年,张金标、江敏、郁黎平,高校二级学院本科教学管理的研究与实践,上海海洋大学教学成果三等奖。

83. 2013 年,"创新创业型水产养殖专业(本科)人才培养模式的探索与实践",获得上海市级教学成果奖二等奖。

84. 2017 年,"以现代渔业需求为导向的水产类人才培养模式的构建与实践"获得上海市级教学成果奖二等奖。

85. 2017 年,"多层次国际化合作教学模式的构建与实践"获得上海市级教学成果奖二等奖。

(三) 优秀科技图书奖

1. 《福建鱼类志》1988 年获全国优秀科技图书二等奖(朱元鼎等)

2. 《长江、珠江、黑龙江鲢、鳙、草鱼种质资源研究》1990 年获华东地区优秀科技图书一等奖、全国优秀科技图书二等奖(李思发等)

3. 《钱塘江鱼类资源》1990 年获华东地区优秀科技图书一等奖(陈马康、童合一、俞泰济)

4. 《中国池塘养鱼学》1992 年获国家新闻出版署科学技术图书一等奖(谭玉均等)

5. 《中国经济海藻超微结构研究》获 1992 年华东地区优秀科技图书

一等奖(王素娟等)

6. 《水产动物疾病学》1993 年获华东地区优秀科技图书二等奖(黄琪琰等)

7. 《中国淡水鱼类养殖学》1994 年获国家新闻出版署科学技术图书一等奖(谭玉均参编)

8. 《现代科技与上海》1997 年获首届上海市优秀科普作品奖(楼允东参编)

附录三　历届科研教学成果

一、国家级奖

1. "河蚌育珠"1978 年获全国科学大会奖,同年获福建省科技成果奖(完成人：郑刚、张英、李松荣、王维德)

2. "人工合成多肽激素及其在家鱼催产中的应用"1978 年获全国科学大会奖,同年获福建省科技成果奖(完成人：姜仁良、王道尊、谭玉均、郑德崇)

3. "池塘科学养鱼创高产"1978 年获全国科学大会奖,同年获福建省科技成果奖(完成人：谭玉均、王武、雷慧僧、姜仁良、施正峰、李元善)

4. "坛紫菜营养细胞直接育苗和养殖的研究"1987 年获国家科学技术进步奖三等奖,1986 年获农牧渔业部科学技术进步奖二等奖(完成人：王素娟、张小平、孙云龙)

5. "中国软骨鱼类侧线管系统以及罗伦瓮和罗伦管系统的研究"1988 年获国家自然科学奖三等奖,1978 年获福建省科技成果奖(完成人：朱元鼎、孟庆闻)

6. "青草鲢鳙鲂鱼受精生物学的光学显微镜和电子显微镜研究"1988 年获国家科学技术进步奖三等奖,1985 年获农牧渔业部科学技术进步奖二等奖(完成人：王瑞霞、张毓人等)

7. "上海市郊区池塘养鱼高产技术大面积综合试验"1989年获国家科学技术进步奖二等奖,1988年获上海市科学技术进步奖一等奖(完成人:谭玉均、王武、王道尊、黄琪琰等)

8. "鲤鱼棘头虫病的研究"1990年获国家科学技术进步奖三等奖,1989年获农业部科学技术进步奖二等奖(完成人:黄琪琰、郑德崇、邓伯仁)

9. "江口水库大水体养殖综合开发——大型水库脉冲电栏鱼电栅技术"1989年获国家星火奖三等奖,1989年获江西省星火奖二等奖(完成人:钟为国、李庆民等)

10. "千亩池塘商品鱼亩产1000公斤技术试验"1991年获国家星火奖二等奖(完成人:谭玉均、王武)

11. "草鱼出血病防治技术研究"1993年获国家科学技术进步奖一等奖,1991年获农业部科学技术进步奖一等奖(第六完成人:黄琪琰,参加人:郑德崇、蔡完其)

12. "长江天鹅洲故道鲢、鳙、草鱼、青鱼种质资源天然生态库"1998年获国家科学技术进步奖三等奖,1997年获农业部科学技术进步奖二等奖,1998年获水科院科学技术进步奖一等奖(完成人:李思发,周碧云等)

13. "中型草型湖泊渔业综合高产技术研究"1998年获国家科学技术进步奖二等奖,1996年获农业部科学技术进步奖二等奖(第五完成人:陈马康,参加人:童合一、陆伟民等)

14. "条斑紫菜病烂原理调查及防治的研究"1999年获得国家科学技术进步奖三等奖,1998年获农业部科学技术进步奖二等奖、水科院科学技术进步奖二等奖(完成人:马家海等)

15. "团头鲂'浦江1号'选育和推广应用":2004年度国家科技进步奖二等奖。(完成人:李思发、蔡完其、赵金良、邹曙明等)

16. "罗非鱼产业良种化、规模化、加工现代化的关键技术创新及应用":2009年度国家科技进步奖二等奖。(完成人:李思发、李家乐等)

17. "中华绒螯蟹育苗和养殖关键技术的研究和推广":2010年度国家

科技进步二等奖。(完成人:成永旭、王武、吴嘉敏、李应森等)

18. "坛紫菜新品种选育、推广和深加工技术":2011年度国家科技进步奖二等奖。(完成人:严兴洪、马家海、王素娟等)

二、省部级奖

1. "家鱼人工繁殖的研究"1977年获上海市重大科学技术成果奖(完成人:谭玉均、姜仁良、施正峰、雷慧僧)

2. "河蚌育珠"1978年获福建省科学技术成果奖(完成人:郑刚、张英、李松荣、王维德)

3. "中国石首鱼类分类系统的研究和新属新种的叙述"1978年获福建省科学技术成果奖(完成人:朱元鼎、罗云林、伍汉霖)

4. "人工合成多肽激素及其在家鱼催产中的应用"1978年获福建省科学技术成果奖(完成人:姜仁良、王道尊、谭玉钧、郑德崇)

5. "池塘科学养鱼创高产"1978年获福建省科学技术成果奖(完成人:谭玉钧、王武、雷慧僧、姜仁良、施正峰、李元善)

6. "鲢、鳙腐皮病及其防治方法的初步研究"1978年获福建省科学技术成果奖(完成人:唐士良、柳传吉)

7. "太湖渔业资源调查和增殖试验"1978年获福建省科学技术成果奖(完成人:赵长春、缪学祖、严生良、殷名称、童合一)

8. "长江流域渔具渔法渔船调查报告"1978年获福建省科学技术成果奖(完成人:张友声、徐森林、方忠浩、郭大德、李庆民、钟为国)

9. "河蟹人工繁殖的研究"1978年获福建省科学技术成果奖(完成人:梁象秋、严生良、郑德崇、郭大德)

10. "紫菜人工养殖研究"1978年获福建省科学技术成果奖(完成人:王素娟、章景荣、马家海、朱家彦、顾功超)

11. "真鲷人工繁殖与苗种培育的研究"1978年获福建省科学技术成果奖(完成人:苏锦祥、凌国建、楼允东等)

12. "高密度流水养鱼研究"1978年获福建省科学技术成果奖(完成人:翁忠惠、李元善、宋承方、谭玉均、王道尊)

13. "鱼类促性腺激素放射免疫测定法"1978 年获福建省科学技术成果奖(完成人:姜仁良、黄世蕉、赵维信)

14. "中国对虾南移人工育苗及养殖试验"1978 年获福建省科学技术成果奖(完成人:肖树旭、纪成林等)

15. "鱼类颗粒饲料"1978 年获福建省科学技术成果奖(完成人:王道尊、孙其焕、宋天复)

16. "利用高产水生植物草浆养鱼"1978 年获福建省科学技术成果奖,1980 年获福建省科技成果奖四等奖,1981 年获国家水产总局技术改进成果三等奖(完成人:朱学宝、李元善)

17. "坛紫菜自由丝状体培养和直接采苗试验"1978 年获福建省科学技术成果奖,1980 年获福建省科技成果三等奖(完成人:陈国宜)

18. "河鳗人工催熟催产及鳗苗早期发育的研究"1978 年获福建省科学技术成果奖(完成人:赵长春、王义强、施正峰、张克俭、李元善、谭玉均)

19. "紫菜人工养殖研究"1978 年获福建省科学技术成果奖(完成人:王素娟、马家海、朱家彦、顾功超)

20. "闽南——台湾浅滩鱼类资源调查"1979 年获福建省科学技术成果奖二等奖(参加人:伍汉霖、金鑫波、沈根媛等)

21. "池塘静水养鱼高产技术"1979 年获江苏省重大科技成果奖三等奖(完成人:王武)

22. "鲎人工饲养"1979 年获福建省科学技术成果奖二等奖(完成人:顾功超)

23. "石斑鱼白斑病的病原及其防治的研究"1980 年获福建省水产科技成果三等奖(完成人:黄琪琰、蔡完其、纪荣兴)

24. "鱼类种质资源的研究"1981 年获农业部科技进步奖二等奖(完成人:李思发等)

25. "池塘水质变化与控制的研究"1981 年获农牧渔业部科技进步奖二等奖(完成人:王武等)

26. "鱼类繁殖生理研究"1981 年获农牧渔业部科技进步奖二等奖(完成人:姜仁良、赵维信)

27. "诸岛海域鱼类志"1981 年获国家水产总局技术改进成果一等奖（完成人：朱元鼎、伍汉霖、苏锦祥、金鑫波、孟庆闻）

28. "池塘养鱼高产技术中试"1981 年获江苏省科技工作四等奖,1982 年获全国农林牧渔科技成果推广应用奖（完成人：王武、谭玉均）

29. "水库溢洪道脉冲电拦鱼电栅"1982 年获福建省科技成果二等奖,1983 年获农牧渔业部技术改进成果二等奖（完成人：钟为国）

30. "鲢、鳙、草、鲂鱼受精过程光、电镜观察"1985 年获农业部科技进步奖二等奖（完成人：王瑞霞等）

31. "精养鱼池水质管理的原理与技术"1985 年获农牧渔业部科学技术进步奖二等奖（完成人：王武等）

32. "草鱼出血病病毒的分离鉴定及其敏感细胞系的建立"1985 年获农牧渔业部科学技术进步奖二等奖（完成人：杨先乐等）

33. "饲料复合氨基酸营养源"1985 年获农牧渔业部科技进步三等奖（完成人：季家驹等）

34. "坛紫菜营养细胞直接育苗和养殖的研究"1986 年获农牧渔业部部级科学技术进步奖二等奖（完成人：王素娟、张小平、孙云龙）

35. "低盐度海水对虾养殖技术"1986 年获上海市科学技术进步奖一等奖（完成人：肖树旭、臧维玲、李小雄等）

36. "应用放射免疫测定鱼类促性腺激素、性腺激素的研究"1986 年获农牧渔业部科学技术进步奖二等奖（完成人：姜仁良、黄世蕉、赵维信）

37. "东张水库乙维混合捻线拦鱼网的设计与应用"1986 年获农牧渔业部科学技术进步奖三等奖（完成人：徐森林）

38. "渔牧复合生态系统工程研究"1987 年获上海市科学技术进步奖三等奖（完成人：李思发）

39. "池塘养鱼高产与综合养鱼技术"1988 年获上海市科学技术进步奖一等奖（完成人：谭玉均、王武、王道尊）

40. "尼罗罗非鱼溃烂病防治研究"1987 年获农业部科学技术进步奖三等奖（完成人：黄琪琰、蔡完其、孙其焕）

41. "上海市海岸带和海涂资源综合调查——上海市海岸带和海涂生

物资源调查"1988 年获上海市科学技术进步奖一等奖(参加人：肖树旭、方纪祖、李亚娟等)

42. "中国内陆水域渔业资源"1988 年获农业部科学技术进步奖三等奖(参加人：梁象秋)

43. "长江、珠江、黑龙江鲢、鳙、草鱼种质资源研究"1989 年获农业部科学科技进步奖二等奖(完成人：李思发、周碧云、陆伟民、蔡正伟)

44. "鲤鱼棘头虫病的研究"1989 年获农业部科技进步奖二等奖(完成人：黄琪琰、郑德崇、邓柏仁)

45. "太平湖大型多功能大跨度拦鱼网工程的设计与应用"1990 年获农业部科学技术进步奖三等奖(完成人：徐森林、余邦涵)

46. "大型水库脉冲电拦电栅技术"1990 年获江西省星火三等奖(完成人：钟为国、陈丽月、李庆民等)

47. 《中国鱼类系统检索》1990 年获中国科学院自然科学二等奖(参加人：孟庆闻、苏锦祥、伍汉霖、金鑫波)

48. "草鱼出血病防治研究"1991 年获农业部科技进步奖一等奖(完成人：黄琪琰、郑德崇、蔡完其)

49. "滆湖水产增养殖技术"1991 年获农业部科学技术进步奖二等奖(第四完成人：童合一,参加人：杨和荃、陈马康)

50. "主要水生动物饲料标准及检测技术——青鱼、对虾饲料标准及检测技术"1991 年获农业部科学技术二等奖(完成人：王道尊、王义强、周洪琪等)

51. "青鱼饲料标准及检测技术"1991 年获上海市科学技术进步奖二等奖(完成人：王道尊、潘兆龙等)

52. "湖泊围拦区捕捞技术研究"1991 年获农业部科学技术进步奖三等奖(完成人：钟为国、郭大德等)

53. "特种饲料加工技术"1991 年获商业部科学技术进步奖四等奖(完成人：王义强等)

54. "河口区中国对虾育苗与养成的水质研究"1992 年获上海市科学技术进步奖三等奖(完成人：臧维玲、张克俭等)

55. "高邮杂交鲫杂种优势利用及其遗传性状研究"1992 年获江苏省科

学技术进步奖四等奖(完成人:楼允东、张克俭、张毓人)

56. "精养鱼池有效磷变化规律及其控制的研究"1993年获上海市科学技术进步奖三等奖(完成人:王武、谭玉均、李家乐)

57. "家鱼秋繁及其对次年春繁的影响"1993年获江苏省水产科技进步奖二等奖(完成人;楼允东、张克俭)

58. "鲫鱼腹水病的研究"1995年获上海市科学技术进步奖二等奖(完成人:黄琪琰等)

59. "罗氏沼虾同步产卵、幼体饲料、育苗水质研究"1996年获上海市科学技术进步奖三等奖(完成人:赵维信、臧维玲、张道南、宋天复、魏华)

60. "大型湖泊渔业综合高产技术研究"1996年获农业部科技进步奖二等奖(完成人:陆伟民、童合一)

61. "中型草型湖泊渔业综合高产技术研究"1996年获农业部科技进步奖二等奖(完成人:陈马康、姜新耀、孙其焕等)

62. "罗氏沼虾与东方对虾联合工程育苗技术开发"1997年获上海市星火技术奖二等奖(完成人:臧维玲等)

63. "吉富品系尼罗罗非鱼的引进及其同现有养殖品系的评估"1997年获农业部科学技术进步奖三等奖(完成人:李思发,李家乐等)

64. "中国经济海藻超微结构研究"1997年获农业部科学技术进步奖二等奖(完成人:王素娟等)

65. "团头鲂、鲢、鳙细菌性败血症的研究"1997年获上海市科学技术进步奖三等奖(完成人:黄琪琰等)

66. "天鹅洲通江型故道'四大家鱼'种质资源天然生态库的研究"1997年获农业部科学技术进步奖二等奖(完成人:李思发、周碧云)

67. "对虾常见病的防治技术研究"获1997年农业部科技进步奖二等奖(完成人:蔡生力)

68. "长江水系家鱼种子库"1998年获上海市科学技术进步奖三等奖(完成人:李思发等)

69. "条斑紫菜病害防治技术的研究"1998年获农业部科技进步奖二等奖(完成人:马家海)

70. "水产养殖病害防治药物效果对比筛选试验"1999年获农业部科技进步奖二等奖(参与人：蔡生力)

71. "淡水鱼类种质标准参数及其应用"1999年获农业部科学技术进步奖二等奖(完成人：李思发等)

72. "虾蟹类增养殖学"1999年获教育部科学技术进步奖三等奖(教材类)(参编：纪成林)

73. "微囊型微粒子饲料"1999年获浙江省科学技术进步奖二等奖(完成人：王道尊等)

74. "现代科技与上海"1999年获上海市科学技术进步奖三等奖(参编：楼允东)

75. "GB17115–1999青鱼,GB17116–1999草鱼,GB17117–1999鲢,GB17118–1999鳙"2001年获国家质量监督检验检疫总局标准计量成果奖二等奖(完成人：李思发)

76. "团头鲂良种选育和开发利用'浦江1号'",2002年度上海市科技进步奖一等奖(完成人：李思发,参加人：赵金良、邹曙明等)

77. "鱼类营养及饲料技术研究"2002年获湖北省科技进步奖二等奖(第三完成人：王道尊)

78. "中华绒螯蟹种质研究和鉴定技术",2004年度上海市科技进步奖二等奖(完成人：李思发,参加人：赵金良等)

79. "紫菜养殖加工出口产业链开发",2005年度上海市科技进步奖二等奖(完成人：马家海等)

80. "三角帆蚌和池蝶蚌杂交优势利用技术",2005年度浙江省科技成果二等奖(完成人：李家乐,参加人：汪桂玲、李应森等)

81. "新疆额尔齐斯河特种鱼类种质、繁育及开发利用",2005年度新疆生产建设兵团科技成果二等奖(完成人：李思发,参加人：王成辉等)

82. "循环水工厂化水产养殖系统关键技术研究与开发",2006年上海市科技进步一等奖(完成人：朱学宝,参加人：李家乐、罗国芝、吴嘉敏等)

83. "瓦氏黄颡鱼生物学与养殖技术与产业化研究",2006年安徽省科

技进步二等奖（完成人：王武，参加人：马旭洲等）

84. "中国大鲵子二代全人工繁育技术及南方工厂化养殖模式的研究"，2005 年广东省科学技术奖二等奖（第三完成人：杨先乐）

85. "我国五大湖三角帆蚌优异种质评价和筛选"，2004 年上海市科技进步奖三等奖（完成人：李家乐，参加人：李应森等）

86. "渔用药物代谢动力学及药物残留检测技术"，2005 年上海市科技进步奖三等奖（完成人：杨先乐）

87. "草鱼出血病细胞培养灭活疫苗大规模生产工艺研究"，2002 年湖北省科技进步奖三等奖（完成人：杨先乐）

88. "海洋环境中银－110 m 监测方法及应用研究"，国防科学技术奖三等奖（第三完成人：唐文乔）

89. "中华鳖主要传染性疾病防治技术的研究"，2005 年湖北省科技进步二等奖（第二完成人：杨先乐）

90. "出口文蛤消毒净化技术研究及产业化"，2005 年江苏省科技进步三等奖（第三完成人：沈和定）

91. "生物技术在水产养殖生态系统修复中的应用研究与开发"，2006 年上海市科技进步奖二等奖（第六完成人：成永旭）

92. "上海九段沙湿地自然保护区科学考察与总体规划"，2006 年上海市科技进步奖二等奖（第七完成人：唐文乔）

93. "江黄颡鱼养殖技术与产业化开发研究"，2006 年安徽省科技进步奖二等奖

94. "设施渔业水处理装备的研究与开发"，2006 年获江苏省科技进步奖三等奖（完成人：朱学宝等）

95. "从吉富到新吉富罗非鱼选育与推广应用"，2007 年上海市科技进步奖一等奖（完成人：李思发，参加人：李家乐、赵金良等）

96. "海水养殖鱼虾用肽聚糖免疫增强剂的研制与应用"，2007 年度国家海洋局海洋创新成果奖二等奖（完成人：蔡生力等）

97. "淡水珍珠蚌新品种选育和养殖关键技术"，2008 年上海市科技进步奖一等奖（完成人：李家乐，参加人：汪桂玲、李应森、白志毅等）

98. "湖泊生物资源快速修复与渔业利用技术研究"，2008 年安徽省科

技进步三等奖(第二完成人:成永旭)

99. "中华绒螯蟹育苗和养殖关键技术的研究和推广",2009年上海市
    科技进步一等奖(第一完成人:成永旭,参加人:王武、李应森、吴
    旭干等)

100. "富营养化水域生态修复与控藻工程技术研究与应用",2009年上
    海科技进步奖(第一完成人:何培民)

101. "吉奥罗非鱼亲本选育和苗种规模化制种技术",2009年广东省科
    技进步奖(第二完成人:李思发)

103. "循环水工厂化养殖系统工艺设计与应用研究",2009年第四届中
    国技术市场协会金桥奖(第一完成人:谭洪新)

104. "基于生物活性的红藻膳食纤维和红藻糖的创新开发及其应用",
    2009年度教育部科技进步奖二等奖(完成人:何培民等)

105. "瘤背石磺生物学特性及增养殖技术研究与应用",2009年度国
    家海洋局海洋创新成果奖二等奖(完成人:沈和定等)

106. "养殖海区大型海藻生态修复产业链研究与应用",2010年度国
    家海洋局海洋创新成果奖二等奖(完成人:何培民等)

107. "坛紫菜良种选育技术与应用",2010年上海市科技进步奖一等奖
    (第一完成人:严兴洪)

108. 戴习林2010年获08—10年度全国农牧渔业丰收奖

109. "罗氏沼虾良种选育与无抗生素工厂化育苗技术开发应用",2011
    年获第一届科技特派员农村创新创业大赛初创项目组二等奖(完
    成人:戴习林)

110. "上海世博园水体生态景观系统关键技术研究与应用",2011年获
    上海市科技进步奖三等奖(完成人:张饮江等)

三、其他奖项

1. 中国2010上海世博后滩公园,2010年获美国景观设计师协会
   (ASLA)综合景观设计杰出奖(完成人:张饮江)

2. "海水养殖鱼虾用肽聚糖免疫增强剂的研制与应用",2008年度中

国水科院科学进步奖二等奖（完成人：蔡生力等）

3. "瓦市黄颡鱼养殖技术与产业化研究"，2008 年淮南市科技进步奖二等奖（第一完成人：王武）

4. "芽孢杆菌生物防治中华鳖主要病害"，2008 年嘉兴市科技进步奖三等奖（第一完成人：吴惠仙）

5. "复合型深湿地系统在生态农业园区水质净化上的应用"，2009 年上海市青浦区科技进步奖（第二完成人：王丽卿）

附录四　历届本科招生及毕业情况一览表

一、历年招生人数

表 1　1952—1965 年招生人数

专业＼年份	1952	1953	1954	1955	1956	1957	1958	1959	1960	1961	1962	1963	1964	1965	备注
合计	107	21	18	53	117	51	160	91	114	72	79	129	137	99	
水产养殖	71	21	18	53	—	—	—	—	—	—	—	—	—	—	1958 年后分为淡水养殖和海水养殖2 个专业。
水生生物	36	—	—	—	—	—	—	—	—	—	—	—	—	—	
鱼类学与水产资源	—	—	—	—	22	—	—	32	24	18	40	32	29		1957 年改学制为五年
淡水养殖	—	—	—	—	58	29	90	64	48	29	39	61	64	70	1957 年改学制为五年
海水养殖	—	—	—	—	37	22	70	27	34	19	22	28	41	—	1957 年改学制为五年

表2　1972—1979年招生人数

专业＼年份	1972	1973	1974	1975	1976	1977	1978	1979
合计	30	54	82	68	76	124	80	40
淡水渔业	30	39	42	40	49	62	40	40
海水养殖	—	15	40	28	27	62	40	—

注：1978、1979年为四年制本科专业。

表3　1980—1984年招生人数

专业＼年份	1980	1981	1982	1983	1984	备注
合计	30	29	90	70	60	
淡水渔业	—	29	65	70	40	
海水养殖	30	—	25	—	20	

表4　1985—1993年本科招生人数

专业＼年份	1985	1986	1987	1988	1989	1990	1991	1992	1993
合计	80	95	90	75	102	80	90	90	125
淡水渔业	60	64	60	55	62	40	49	50	70
海水养殖	20	31	30	20	19	20	22	20	30
水生生物	—	—	—	19	21	20	19	20	25

表5　1994—1996年本科招生人数

专业＼年份	1994	1995	1996
合计	100	30	110
水产养殖系（含淡水渔业和海水养殖专业）	60	—	80
生物技术	—	—	30
生命科学系	—	30	—
环境科学系	40	—	—

表 6　1997—2000 年本科招生人数

专业　＼　年份	1997	1998	1999	2000
本科合计（不含专升本）	97	142	137	264
生物学（水生生物）	20	30	—	—
生物科学	—	—	36	72
生物技术	29	25	32	76
水产养殖学	48	87	69	116
水产养殖系（师资班）	30	—	—	—
水产养殖学（专升本）	—	—	—	2
专升本合计	—	—	—	2

表 7　2001—2005 年本科招生人数

专业　＼　年份	2001	2002	2003	2004	2005
本科合计（不含专升本）	297	266	380	342	414
生物科学	101	97	90	63	75
生物技术	63	66	79	57	69
水产养殖学	133	103	89	94	99
环境科学	—	—	61	60	74
水产养殖学（都市渔业）	—	—	61	—	—
水族科学与技术	—	—	—	68	97
生物科学（专升本）	—	6	—	—	—
专升本合计	—	6	—	—	—

表 8　2006—2011 年本科招生人数

专业　＼　年份	2006	2007	2008	2009	2010	2011
本科合计（不含专升本、少数民族预科班）	455	541	419	348	339	259
动物科学（动物营养与饲料方向）	56	47	60	40	29	35
环境科学	61	99	61	62	33	36
生物技术	62	85	63	61	47	35

专业＼年份	2006	2007	2008	2009	2010	2011
生物科学	62	87	14	34	28	34
生物科学(海洋生物方向)	—	75	39	28	23	32
水产养殖学	92	56	60	57	55	33
水族科学与技术	64	48	61	66	62	54
园林(水域生态景观方向)	58	44	61	—	62	—

表9　20012—2018年本科招生人数

年度	录取专业	录取人数	年度	录取专业	录取人数
2012	动物科学	30	2015	生物科学类	139
	环境科学	34		水产类	180
	生物科学类	123	2016	生物科学类	147
	水产类	83		水产类	204
	园林	37	2017	生物科学类	111
2013	生物科学类	145		水产类	198
	水产类	146	2018	生物科学类	100
2014	生物科学类	144		水产类	210
	水产类	131			

二、历年毕业生人数

表10　1956—1962年毕业生人数

专业＼年份	1956	1957	1958	1959	1960	1961	1962
水产养殖	37	25	28	56	—	—	38
水生生物	37	—	—	—	—	—	—
淡水养殖	—	—	—	—	67	—	—
海水养殖	—	—	—	—	44	—	26
鱼类学与水产资源	—	—	—	—	37	—	—
合　计	74	25	28	56	148	0	64

表 11　1963—1970 年毕业生人数

专业＼年份	1963	1964	1965	1966	1967	1968	1969	1970
淡水养殖	96	69	53	38	45	65	65	72
海水养殖	78	32	41	27	26	29	41	—
鱼类学与水产资源	—	—	35	30	18	40	32	29
合　计	174	101	129	95	89	134	138	101

表 12　1981—1986 年毕业生人数

专业＼年份	1981	1982	1983	1984	1985	1986
淡水渔业	61	40	41	—	27	66
海水养殖	61	40	—	30	—	24
合　计	122	80	41	30	27	90

表 13　1987—1992 年毕业生人数

专业＼年份	1987	1988	1989	1990	1991	1992
海水养殖	—	19	17	30	31	21
淡水渔业	70	40	55	61	61	50
水生生物	—	—	—	—	—	19
合　计	70	59	72	91	92	90

表 14　1993—1999 年毕业生人数及就业率

专业＼年份	1993	1994	1995	1996	1997	1998	1999
海水养殖	21	21	22	28	30	30	34
淡水渔业	60	35	49	36	58	32	33
生物学（水生生物）	20	19	19	24	25	16	13
生物技术	—	—	—	—	—	—	27
就业率	67.3%	60.0%	74.4%	68.2%	76.1%	70.5%	85.0%

表 15 2000—2006 年毕业生人数及就业率

专业 \ 年份	2000	2001	2002	2003	2004	2005	2006
淡水养殖	32	—	—	—	—	—	—
海水养殖	37	—	—	—	—	—	—
生物技术	26	28	29	32	33	65	68
生物科学	—	—	—	37	77	93	97
水产养殖学	—	67	104	71	114	118	83
生物学（水生生物）	—	17	29	—	—	—	—
就业率	85.3%	81.3%	74.1%	70.3%	90.6%	93.5%	96.0%

表 16 2007—2011 年毕业生人数及就业率

专业 \ 年份	2007	2008	2009	2010	2011	2012
水产养殖学	129	65	86	83	56	50
生物技术	80	52	66	62	80	51
生物科学	85	62	70	59	142	15
环境科学	58	61	70	57	91	57
水族科学与技术	—	65	87	53	44	50
园林	—	—	—	57	39	50
动物科学	—	—	—	40	37	43
生物科学（海洋生物方向）	—	—	—	—	65	34
就业率	94.0%	97.3%	92.6%	94.1%	96.5%	96.6%

表 17 2013—2018 年毕业生人数及就业率

专业 \ 年份	2013	2014	2015	2016	2017	2018
水产养殖学	44	48	58	49	72	70
生物技术	43	45	27	32	37	35
生物科学	34	28	32	69	42	40
环境科学	52	28	37	33	37	

专业 ＼ 年份	2013	2014	2015	2016	2017	2018
水族科学与技术	48	40	44	—	28	25
园林	—	28	—	33	—	—
动物科学	28	19	25	18	—	—
生物科学（海洋生物方向）	24	17	28	40	25	21
动物医学				27	24	32
就业率	96.5%	96.1%	95.2%	95.4%	95.9%	96.4%

图书在版编目(CIP)数据

上海海洋大学水产学科史. 养殖篇/张宗恩,谭洪新主编.
—上海:上海三联书店,2020.1
ISBN 978-7-5426-6529-4

Ⅰ.①上… Ⅱ.①张…②谭… Ⅲ.①水产养殖-技术史-中
国 Ⅳ.①S96-092

中国版本图书馆 CIP 数据核字(2019)第 271509 号

上海海洋大学水产学科史(养殖篇)

主　　编 / 张宗恩　谭洪新
副 主 编 / 钟国防

责任编辑 / 徐建新
装帧设计 / 一本好书
监　　制 / 姚　军
责任校对 / 张大伟

出版发行 / 上海三联书店
　　　　　(200030)中国上海市漕溪北路 331 号 A 座 6 楼
邮购电话 / 021-22895540
印　　刷 / 上海惠敦印务科技有限公司

版　　次 / 2020 年 1 月第 1 版
印　　次 / 2020 年 1 月第 1 次印刷
开　　本 / 640×960　1/16
字　　数 / 256 千字
印　　张 / 18.25
书　　号 / ISBN 978-7-5426-6529-4/S·3
定　　价 / 66.00 元

敬启读者,如发现本书有印装质量问题,请与印刷厂联系 021-63779028